新編
化學
CHEMISTRY

黃秉炘・呂卦南｜編著

PREFACE

　　本書編寫目的，係作為相關科系學生之化學教科書，並根據教育部最新頒布專技院校之『化學』課程標準編輯而成。全書共十六章，涵蓋基礎化學、有機化學、生物化學及環境化學等，每章皆設有例題和練習題，幫助讀者把握學習重點，加深印象。內容除注重化學原理在日常生活之應用實例，以提高學習效果外，亦可作為對化學有興趣人士及化學初學者之參考。

　　本書化合物之名詞術語，均依據教育部公布之『化學名原則』命名，而藥物名稱則以衛生福利部公布之『中華藥典』為準，如有未經翻譯之名詞，則由編著者討論後共同翻譯，並附原文，以利對照。

　　雖校稿嚴謹，力求完善，但疏漏仍在所難免，懇祈學界先進及讀者不吝賜教指正，以臻完善。

編著者 謹識

目錄 CONTENTS

目錄
CONTENTS

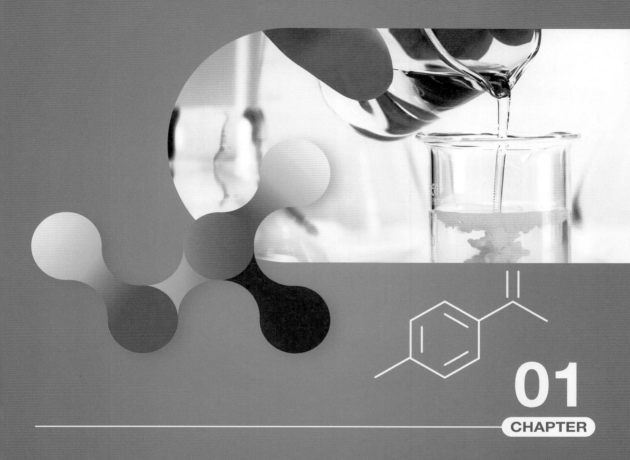

01
CHAPTER

基本概念

常聽到有人說：「化學只有在課堂上還有考試時派得上用場，出了教室離開學校後化學將一無是處。」乍聽之下，化學似乎是應付考試，應付學校的工具。事實不然，這一切的誤解來自於對化學的不了解所導致。化學是自然科學的一部分，絕對是一門與我們生活息息相關的科學，例如食物的代謝、植物的光合作用、發電廠的核子反應、醫藥的研發與製造、蓮花出汙泥而不染、臭氧層的破壞等都是我們生活周遭常見的化學反應。小至肉眼看不到的微小粒子，大至整個宇宙星辰也都是化學研究的範疇。

化學發展至今，已使人類的生活品質大大改善，但也相對地造成了許多問題如農藥汙染河川、食品添加物致癌、地球暖化、放射性廢棄物的處理等。所以如何解決我們的問題而又不製造新的問題，就必須藉由教育人們和對化學的認知去著手。

1-1　認識化學

整個宇宙可以說是**物質**和**能量**構成的世界。能量無形無相，但能量可以做功(work)，可以產生熱，可以許多型態存在，如光、聲音、電、熱、磁、動能、位能等；而物質泛指一切具有質量占有空間的東西，包含我們呼吸的空氣、喝的水、吃的食物，都是物質。**化學**(Chemistry)從中文字面來看，所代表的就是研究物質及其變化的科學。從物質的組成、結構變化時所表現出的種種性質都是化學研究的對象。化學雖然是研究物質但也不可忽略物質和能量的相關性，例如食物代謝後釋放出能量維持人類活動之所需，核子反應所產生的熱可轉換為電能供人們使用等。

近百年來，化學知識不斷擴張，可以說是一日千里，到底化學知識是如何建立的？是如何成為一門有系統的科學？下一節即告訴你探討科學的基本程序－科學方法。

1-2　科學方法

　　從過去到現在，科學家觀察自然現象發現問題，為了尋求答案，所以提出假設預測可能原因，並做許多實驗。反覆求證，最後對此自然現象提出合理的解釋（稱為理論或模型），而在特定條件下觀察自然現象所得到的規律性就稱為定律或自然律。隨著知識的累積和新的發現，理論亦可做適當的修改，使理論和知識相符合，我們將這些行動計畫，就稱之為科學方法(scientific method)（圖 1-1）。

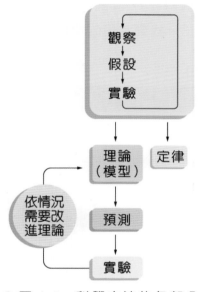

● 圖 1-1　科學方法的各部分

　　科學方法的首要工作是觀察。觀察可以是定性的描述（如鐵可以導電、海水是藍色的）；觀察亦可以是定量的記錄（如鉛筆長 20 公分，水 100°C 沸騰）。

　　定量的觀察就是測量，從以上的例子可以看出完整的測量必須包含數字大小和單位兩部分，例如鉛筆長 20 公分，20 就是數字大小，而公分就是單位。接下來的內容就是要探討如何選用單位？以及如何正確地表達數字的大小？

1-3　測量的單位

　　「五步路的距離」這是一個定量的描述，五是數字大小而步是單位。可是這樣的測量發現一個問題，就是我的步長和你的步長可能不一樣，所以得到的結果亦不會相同。由此可見，科學化的測量需要一個放諸四海皆準的單位，這就是現行所使用的公制單位，如質量單位使用公斤(kg)；長度單位使用公尺(m)等。

　　現在國際通用的國際系統單位(International System of Units)或簡稱 SI 制單位，包含了七個基本單位（表 1-1），其餘單位可使用表 1-2 的字首來改變單位大小。亦可參考附錄二、附錄三，找到常用的單位及彼此間的換算方式。

▼ 表 1-1　SI 制的七個基本單位

物理性質	單位	符號
長度	公尺	m
質量	公斤	kg
時間	秒	s
電流	安培	A
溫度	凱氏溫度	K
光強度	燭光	cd
物質含量	莫耳	mol

例如，　(1)　$10cm = 10 \times 10^{-2}\,m = 0.1m$

　　　　(2)　$10m = 10 \times 10^{6}\,\mu m = 10^{7}\,\mu m$　（微米）

　　　　(3)　$10m = 10 \times 10^{9}\,nm = 10^{10}\,nm$　（奈米）

▼ 表 1-2 公制中常用數字及其字首

字首	符號	因子	例子
pico	p	10^{-12}	1 picometer (pm) = $1×10^{-12}$m (0.000000000001m)
nano	n	10^{-9}	1 nanogram (ng) = $1×10^{-9}$g (0.000000001g)
micro	μ	10^{-6}	1 microliter (μL) = $1×10^{-6}$L (0.000001L)
milli	m	10^{-3}	2 milliseconds (ms) = $2×10^{-3}$s (0.002s)
centi	c	10^{-2}	5 centimeters (cm) = $5×10^{-2}$m (0.05m)
deci	d	10^{-1}	1 deciliter (dL) = $1×10^{-1}$L (0.1L)
kilo	K	10^{3}	1 kilometer (Km) = $1×10^{3}$m (1000m)
mega	M	10^{6}	3 megagrams (Mg) = $3×10^{6}$g (3,000,000g)
giga	G	10^{9}	5 gigameters (Gm) = $5×10^{9}$m (5,000,000,000m)
tera	T	10^{12}	1 teraliter (TL) = $1×10^{12}$L (1,000,000,000,000L)

1-4 測量上的不準度和有效數字

　　使用任何儀器測量，除了可以知道單位以外，還會出現一組數字。但是，就算是再精密的儀器，使用時還是會有其測量的極限。舉例來說，圖 1-2 是裝有某種液體的滴定管，滴定管上的刻度可測量液體的體積。由圖上觀之可發現，管內液體的液面介於 22.1~22.2 之間，現找五人讀出液面的刻度，結果得到的數據略有不同。不同的是 22.1 後面的值必須由估計而來，所以造成測量的不準度。

　　因此任何一個測量值一定包括一組準確值和一位估計值，且此估計值會出現在最小刻度的下一位。

測量值＝一組準確值＋一位估計值

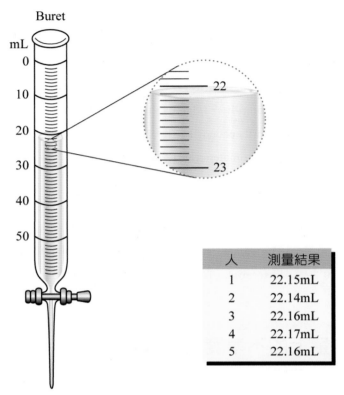

人	測量結果
1	22.15mL
2	22.14mL
3	22.16mL
4	22.17mL
5	22.16mL

⊃ 圖 1-2　使用滴定管來測量體積，用液面曲線最低位讀取

　　值得注意的是，估計值取一位即可，超過一位並沒有任何的意義。而此準確值加上估計值所得的數字就合稱為**有效數字**(significant figures)。也就是有效數字的最後一位即為估計值，也代表有效數字的倒數第二位即是儀器的最小刻度。從有效數字的估計值，可以決定測量的**精密度**。

　　精密度指的是測量再現性，儀器刻度越小，精密度越高；準確度是指測量值接近實際值的程度，與儀器是否被正確地校正有關。以射飛鏢為例（圖 1-3），彈著點越接近靶心（實際值）準確度越高；彈著點彼此越接近（再現性高），精密度越高。所以 32cm、32.0cm 和 32.00cm 數字大小雖一樣大，但所代表的意義完全不同。32cm 是以每 10cm 為一跳的尺所測量；32.0cm 是以每 1cm 為一跳的尺所測量；而 32.00cm 是以每 0.1cm 為一跳的尺所測量，因此精密度自然有所不同。

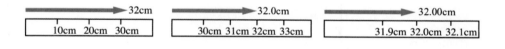

(a)低精密度，低準確度

(b)高精密度，低準確度

(c)高精密度，高準確度

➲ 圖 1-3　說明精密度和準確度的不同

　　記錄實驗數據時，應考慮有效數字使用。有效數字倒數第二位為儀器的最小刻度，至於最後一位則是估計值，其不準確度除非有特別標示，通常認為是 ±1。

　　舉例來說，長度 1.23km 的意思是 1.23±0.01km，此數字為三位有效數字，若經過單位換算為 123000cm，若視此換算過的數字為六位有效數字，則與實際情況有很大出入。

　　所以決定有效數字的位數，以下的規則是必須遵守的：

1. "1~9" 九個非零數字，在測量值中均為有效。

2. 測量值中的 "0" 則有三種可能：

   (1) 在第一個非零數字前的零不算有效。例如 0.037 只有二位有效。

   (2) 兩個非零數字間的零，視為有效。例如 2003 此為四位有效數字。

   (3) 在最後一個非零數字後的零若有小數點（或畫上標線）出現，則為有效。例如 2300，二位有效數字；2.300，四位有效數字；$23\overline{00}$，四位有效數字；$230\overline{0}$，三位有效數字。

3. 完全數字：計數的數字和測量無關，此種數字稱為完全數字。例如 3 個人、10 個硬幣、5 個分子等皆是。完全數字可視為具有無數個有效數字位數。單位換算來的數字也可定義為完全數字，如 1 台斤=0.6 公斤，0.6 即為完全數字。

例 1-1

試判斷下列數字的有效數字位數：

①0.010230；②0.0123；③1.2300；④$97\overline{000}$；⑤9.70；⑥9700。

 解 ①五位；②三位；③五位；④四位；⑤三位；⑥二位。

1-5 有效數字的取捨及運算

現有一個問題：七個橘子重 2.90kg，試問平均每個橘子多重？此時如果你的手上有計算機，相信你會拿起來直接按 2.90÷7，得到的結果為 0.414285714。

　　上述算式中，2.90kg 是測量值，是三位有效數字；7 個橘子是計數而來，為一完全數字（不需考慮有效數字位數），然而除起來的商卻得到九位有效數字。顯然計算機的答案過度精確，因為計算機無法決定答案的有效數字位數。所以碰到這樣的數字，我們必須學習運算時需如何的取捨。

1. 以有效數字位數的下一位為取捨位，採四捨五入法。例如：將下列數字取三位有效數字，則

　　<u>1.23</u>45　　　　　　⇒　　1.23　　　　採四捨五入法
　　三位　　取捨位

2. 加減運算時，準確值相加減後仍為準確值；但估計值相加減後只取到最前面一位的估計值。例如 5.334kg + 207.4kg 所得的結果為 212.7kg。

$$
\begin{array}{r}
5.33\boxed{4}\ \text{kg} \\
+\quad 207.\boxed{4}\quad\ \text{kg} \\
\hline
212.\boxed{7}3\boxed{4}\,\text{kg}
\end{array}
$$
　　　　　　　　　　　取捨位

數字中含□者為估計值。

3. 乘除運算時，其積或商的有效數字位數與各運算值中位數最少者相同。例如：

　　　　　　　　　　↓取捨位
　　6.632cm × 0.69 = <u>4.5</u>7608cm
　　四位　　　二位　　應取二位

記為　⇒ 4.6cm。

所以再回頭思考上頁每個橘子的平均重量 2.90kg（三位有效）÷ 7（完全數字）=0.414285714kg，我們只需回答 0.414kg 即可。

例 1-2

試求下列有效數字運算之結果：

① 140+7.68+0.014

② 16−0.16+0.016

③ 8.87×0.050÷4.75

 ①

$$
\begin{array}{r}
14\boxed{0} \\
+\quad 7.6\boxed{8} \\
+\quad 0.01\boxed{4} \\
\hline
14\boxed{7}.6\boxed{9}\boxed{4} \quad = \quad 148
\end{array}
$$

↑ 取捨位

②

$$
\begin{array}{r}
1\boxed{6} \\
-\quad 0.1\boxed{6} \\
+\quad 0.01\boxed{6} \\
\hline
1\boxed{5}.8\boxed{5}\boxed{6} \quad = \quad 16
\end{array}
$$

↑ 取捨位

③ $8.87 \times 0.050 \div 4.75 = 0.0\underline{93}368421$

　三位 二位　　三位　二位　　　　　　取捨位

記為 $\Rightarrow 0.093$。

1-6　科學記號－指數記法

在還沒有介紹科學記號表示法前，先來看看一些 10 次方的結果，其餘依此類推：

$$10^0=1 \qquad 10^{-1}=\frac{1}{10^1}=0.1$$

$$10^1=10 \qquad 10^{-2}=\frac{1}{10^2}=0.01$$

$$10^2=10\times10=100 \qquad 10^{-3}=\frac{1}{10^3}=0.001$$

$$\vdots \qquad\qquad \vdots$$

在科學測量上常會碰到一些極大或極小的數值，例如地球和太陽的距離或是一個電子的質量等等。記載這些數字時，最好的方法就是使用科學記號(scientific notation)，以避免因漏掉零或多寫個零而造成混淆。

在科學記號中，所有的數值都記為 "$A\times10^n$"，其中 $1\le A<10$，n 為整數，且 A 的位數必須顯示出此數值有效數字的位數。例如，氯化鈉晶體中，氯離子和鈉離子相距 0.000000002814cm，此數值若以科學記號可記為

$$2.814\times10^{-9}\text{cm}$$

其中 2.814 代表精密度為四位有效數字。再以 25000 為例，下列的科學記號分別代表不同的有效數值。

$$2.5\times10^4 \qquad 二位有效數字$$

$$2.50\times10^4 \qquad 三位有效數字$$

$$2.500\times10^4 \qquad 四位有效數字$$

例 1-3

將下列數字以科學記號表示：

①0.00470；②50203000000；③ $47\overline{2000}$ 。

 解

① $0.00470 = 4.70 \times 10^{-3}$

123

② $50203000000 = 5.0203 \times 10^{10}$

10 9 8 7 6 5 4 3 2 1

③ $472000 = 4.7200 \times 10^5$

5 4 3 2 1

1-7 質量的測量

質量(mass)顧名思義，指的就是物質本身所含量的多寡，所以質量並不會隨地點的改變而改變。常和質量混淆的是**重量**(weight)，重量指的是物質所受的重力，所以重量會隨地點的改變而有不同，高度越高，重力越小，所以重量也越輕。

質量常用的單位為公斤(kg)、公克(g)和毫克(mg)。測量質量的儀器為天平（圖1-4）。

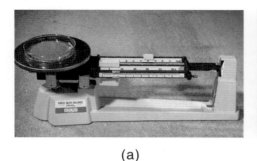
(a)

(b)

(c)

◯ 圖 1-4 三種常見的天平，(a)稱為三樑天平，精密度最低；
(b)為電子天平，精密度±0.01g；(c)電子微量天平，精密度最高
±0.0001g

1-8　體積的測量

　　體積(volume)是定量物體所占空間的大小，其 SI 制單位為立方公尺(m^3)。液體的體積常以量筒、滴定管或量瓶為測量工具，唯 SI 制單位 m^3 在實驗時稍嫌太大，所以常使用公制單位的公升(L)或更小的毫升(mL)為單位。

$$1m^3 = 1000L$$

$$1L = 1000mL = 1000c.c. = 1000cm^3$$

1-9　密度的測量

　　密度(density)是指單位體積所含質量的多寡，以數學式可表示為：

$$密度 = \frac{質量}{體積} \quad 或 \quad D = \frac{M}{V}$$

　　固體或液體的密度較大，所以它們的單位以 g/cm^3 表示之；而氣體的密度較小，所以它們以 g/L 為單位。表 1-3 是 1 大氣壓 25°C 下一些常見物質的密度。

▼ 表 1-3　1 大氣壓 25°C 下物質的密度

物質	密度
空氣	1.29 g/L
氦氣	0.179 g/L
水	0.997 g/cm^3
甘油	1.26 g/cm^3
水銀	13.6 g/cm^3
食鹽	2.17 g/cm^3
鐵	7.86 g/cm^3
銀	10.5 g/cm^3

例 1-4

取某種液體 5.6 升，測其質量為 7.05kg，試求此液體的密度，並對照表 1-3 判斷此液體可能是何種物質？

解 液體密度常用的單位為 g/cm^3，所以

$$V=5.6 \text{ 升}=5.6 \times 10^3 cm^3$$

$$M=7.05kg=7.05 \times 10^3 g$$

依密度公式：

$$D = \frac{M}{V} = \frac{7.05 \times 10^3 \, g}{5.6 \times 10^3 \, cm^3} = 1.3 g/cm^3$$

對照表 1-3，最可能的物質為甘油。

1-10　溫度的測量

　　溫度(temperature)是指物體的冷熱程度，測溫度的儀器稱為溫度計。SI 制以凱氏溫標(K)為單位，英美地區以華氏溫標(°F)為單位，而在世界其他各地及科學上常用的溫度單位是攝氏溫標(°C)。

　　圖 1-5 可顯現出三種溫標在水的冰點和水的沸點時的差異性。在水的冰點時相當於華氏 32°F，攝氏 0°C 和凱氏溫標 273K；而水沸騰的溫度相當於華氏 212°F，攝氏 100°C 和凱氏溫標 373K。由此我們可以知道在水的冰點和沸點之間華氏溫標劃分了 180 個刻度，攝氏和凱氏溫標同樣劃分了 100 個刻度，所以攝氏和凱氏溫標其差異性只在起點的不同而已。

$$K=°C+273$$

至於華氏和攝氏溫標之間的關係，我們可由它們相對應的高度找到如下的數學式：

$$\frac{°F - 32}{180} = \frac{°C - 0}{100}$$

或

$$°F = \frac{9}{5}°C + 32$$

或

$$°C = \frac{5}{9}(°F - 32)$$

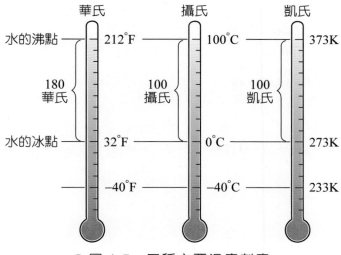

華氏　　　攝氏　　　凱氏

水的沸點 —— 212°F　　　100°C　　　373K

180
華氏

100
攝氏

100
凱氏

水的冰點 —— 32°F　　　0°C　　　273K

—— −40°F　　　−40°C　　　233K

○ 圖 1-5　三種主要溫度刻度

凱氏溫標又稱為絕對溫度，絕對零度指的是 0 K，也就是相當於–273°C，在此溫度下，一切物質都將停止所有的活動（熱能等於零）。

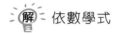

例 1-5

某病童發燒至 102°F，試問此溫度相當於攝氏多少度？絕對溫度又為多少？

解 依數學式

$$\frac{°F-32}{180} = \frac{°C-0}{100}$$

所以

$$\frac{102-32}{180} = \frac{°C-0}{100}$$

可得到°C=38.9，即 38.9°C。

又

$$K=°C+273=38.9+273=311.9$$

即 312K。

 課後練習

1. 下列測量值哪一個最精密？

    (1) 73.2g

    (2) 73.22g

    (3) 0.073kg

    (4) 0.7300kg

2. 試求下列數值的有效位數？

    (1) 30.00

    (2) 1.80×10^3

    (3) 1.080

    (4) 1.0×10^{-5}

    (5) 30

    (6) 0.003

    (7) 0.0030

    (8) 0.00303

    (9) 3.030

    (10) 30300

3. 試求下列有效數字運算之結果？

    (1) 0.145+0.0077+0.024

    (2) 30×740÷6.3

    (3) (12.69−11.0)×(8.75+2.7)

(4) $5.49 \times 10^3 - 7.23 \times 10^4$

(5) $(5.5 \times 10^{-2})(7.562 \times 10^5)$

4. 請將 60200000000000000000000 以科學記號表示為：

   (1) 一位有效數字

   (2) 二位有效數字

   (3) 三位有效數字

5. 已知鑽石的密度 3.51g/cm^3，1 克拉等於 0.2g，試求 1.5 克拉鑽石的體積為多少 cm^3？

6. 某日氣溫為 $35°\text{C}$，試將此溫度以華氏和凱氏溫標表示之。

7. 在何種溫度下，攝氏溫度的讀數恰等於華氏溫度的讀數？

8. 以指數記法表示下列數字：

   (1) 459.0

   (2) 0.00467

   (3) 45987600（三位有效）

   (4) 0.0000102

   (5) 34730000000

題組 9~11：

　　熔點是固體物質熔化成液體時的溫度，純物質在定壓時有固定的熔點，測量有機物的熔點，是判定其純度的方法。此實驗中，可將樣品置於毛細管中，將毛細管與溫度計一起浸入油中加熱，如右圖所示，從溫度計可以讀出樣品熔化時的溫度。每一種樣品的實驗可以做數次的測量，測量的平均值與標準值的差距越小，表示實驗的「準確度」越高。同一樣品的實驗，個別測量值間的平均差距越小，表示實驗的「精密度」越高。四種有機物質及一種混合物之熔點測定的數據列在下表，回答下列三題。

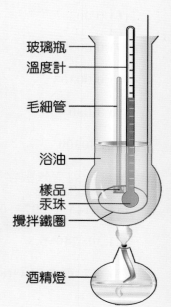

玻璃瓶
溫度計
毛細管
浴油
樣品
汞珠
攪拌鐵圈
酒精燈

樣品	熔點 (°C)				
	第一次	第二次	第三次	平均值	標準值
1. 苯(C_6H_6)	5.3	5.5	5.8	5.5	5.5
2. 環己烷(C_6H_{10})	6.0	6.5	6.5	6.3	6.5
3. 苯與環己烷體積 1：1 的混合物	−2.9	−4.0	−5.5	−4.1	−
4. 異丁醇(C_4H_9OH)	28	29	30	29	26
5. 苯甲酸(C_6H_5COOH)	122	124	−	123	122~123

（　） 9. 測量的準確度與精密度可以用槍靶來示意，假設下列各圖中最中心的圓圈代表標準值，越外圈的數值與標準值相差越大，每個黑點代表一次的測量值，下列關於準確度與精密度的敘述何者正確？

甲實驗　　　乙實驗　　　丙實驗

(A)甲實驗的精密度比乙的高　　　(B)乙實驗的精密度比丙的高
(C)丙實驗的精密度比甲的高　　　(D)丙實驗的準確度比乙的高

（　）10. 根據上表的數據，下列關於測量值精密度的推論，何者合理？
(A)測量熔點越高的物質時，精密度越差
(B)測量不同物質的熔點時，精密度不一定相同
(C)測量混合物熔點總是較測量純物質的精密度高
(D)本實驗所用的溫度計，能測到最好的精密度是 1°C

（　）11. 下列各種實驗操作，何者不會影響測量的準確度？
(A)毛細管中的樣品低於溫度計汞珠的底部
(B)毛細管裝有樣品的底端偏離了溫度計
(C)毛細管的上端管口高過溫度計刻度的最低位置
(D)樣品填裝在毛細管中的高度超過溫度計汞珠的上端

題組 12~13：

　　在奈米時代，溫度計也可奈米化。科學家發現，若將氧化鎵與石墨粉共熱，便可製得直徑 75 奈米、長達 6 微米的「奈米碳管」，管柱內並填有金屬鎵。鎵（Ga，熔點 29.8°C，沸點 2403°C）與許多元素例如汞相似，在液態時體積會隨溫度變化而冷縮熱脹。奈米碳管內鎵的長度會隨溫度增高而呈線性成長。在 310K 時，高約 1.3 微米，溫度若升高到 710K 時，溫度則成長至 5.3 微米。根據本段敘述，回答下列兩題。

（　）12. 當水在一大氣壓下沸騰時，上述「奈米溫度計」內鎵的高度會較接近下列哪一個數值（微米）？　(A)0.63　(B)1.9　(C)2.6　(D)3.7　(E)5.3

（　）13. 若欲利用上述奈米溫度計測量使玻璃軟化的溫度(400~600°C)時，下列哪一元素最適合作為鎵的代替物？
(A) Al（熔點 660°C，沸點 2467°C）
(B) Ca（熔點 839°C，沸點 1484°C）
(C) Hg（熔點-38.8°C，沸點 356.6°C）
(D) In（熔點 156°C，沸點 2080°C）
(E) W（熔點 3410°C，沸點 5560°C）

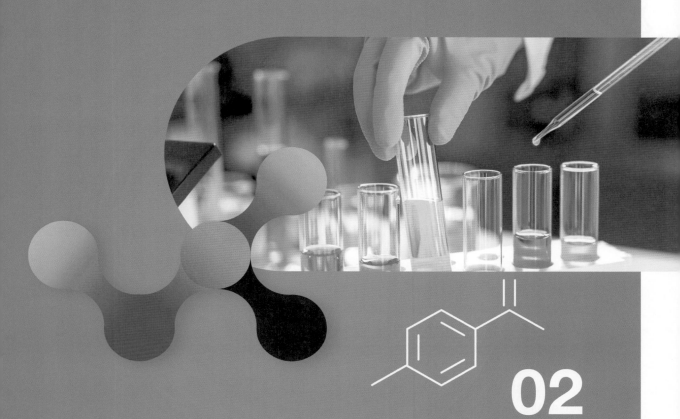

02
CHAPTER

原子結構與
電子組態

　　組成生物體最基本的單位是細胞，那麼構成物質的最小粒子到底是什麼？早在西元前 400 年左右希臘學者即提出物質是由不連續的質點所構成，例如：把金塊一半一半地切割下去，最後應該可以得到一個不可再分割的最小粒子，此稱為金原子。這個理論雖然很早就被提出，但一直到十八世紀才由道耳吞等科學家由質量守恆定律、定比定律和倍比定律推斷出原子的存在。其後的科學家更發現原子還不是最小的粒子，原子中尚有電子、質子、中子，甚至更小的粒子存在，目前所發現最小的粒子稱為夸克。首先，我們將討論原子的結構，原子是由更小的基本粒子所組成。

2-1　原子模型的建立

　　原子中首先被發現的次原子粒子是電子(electron)，是科學家湯姆生(J. J. Thomson)於 1897 年利用陰極射線管的裝置（圖 2-1），所找出帶負電的粒子，且此粒子為所有原子所共有。美國科學家密立根利用油滴實驗測出電子的帶電量為 $1.602×10^{-19}$ 庫侖，其質量為 $9.11×10^{-28}$ 克，亦可表示為 0.000549amu（1amu$=1.6606×10^{-24}$克）。

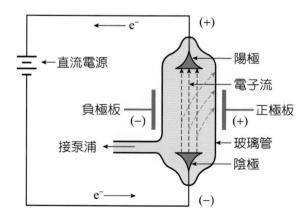

⊃ 圖 2-1　放電管的裝置。黑色的射線代表粒子由陰極射向陽極，紅色線代表粒子在外加電場的偏轉方向，這些證據顯示此種粒子帶有負電荷，稱為電子

湯姆生發現電子後，更進一步假設原子中含有等量的正電荷，用來中和電子的負電荷，因為原子呈電中性。湯姆生並認為正電荷均勻充滿整個原子中，而負電荷（電子）像顆粒般任意散布在其中，此種假設被稱為原子的李子布丁模型（圖2-2）。

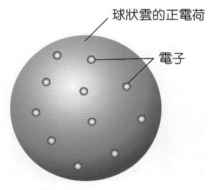

球狀雲的正電荷

電子

⊃ 圖 2-2　原子的李子布丁模型

1911 年，紐西蘭科學家拉塞福(Ernest Rutherford)企圖以圖 2-3 的裝置來驗證湯姆生的原子模型，在此裝置中天然的鈾礦所產生的 α 放射線（He^{2+}的粒子束）撞擊金箔後發現，大部分 α 粒子皆能穿過金箔，僅有極少數的 α 粒子產生大角度的反射現象（圖2-3）。這個結果顯示李子布丁模型有被修正的必要。

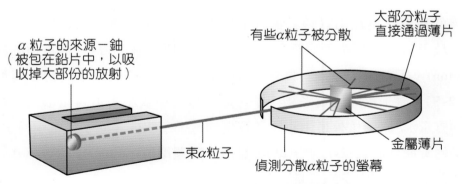

α 粒子的來源－鈾
（被包在鉛片中，以吸
收掉大部份的放射）

有些α粒子被分散

大部分粒子
直接通過薄片

一束α粒子

偵測分散α粒子的螢幕

金屬薄片

⊃ 圖 2-3　拉塞福的 α 粒子衝擊金屬薄片的實驗

據此，拉塞福重新建立新的原子模型（圖 2-4）：

1. 原子具有體積很小但質量很大的核心，此核心稱為**原子核**(nucleus)。原子核幾乎占據整個原子的質量，且帶正電。

2. 原子大部分的體積是由質量相對很小的電子所組成，所以大部分的 α 射線可以直接通過，只有少部分的 α 粒子與原子核碰撞產生大角度的偏折。

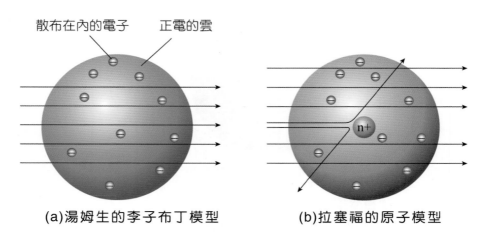

(a)湯姆生的李子布丁模型　　　　(b)拉塞福的原子模型

◯ 圖 2-4　(a) 假如湯姆生模型是正確的，所預期金屬薄片實驗的結果，α 射線應不會產生大角度的反射現象
　　　　　(b) 實際結果，少部分的 α 射線產生大角度的偏折

　　隨後的科學家更經由實驗證實原子核中，除了帶正電的粒子外，尚存在一種不帶電的粒子，且兩種粒子的質量接近，我們將原子核中帶+1 價電荷的粒子稱為**質子**(proton)，不帶電的粒子稱為**中子**(neutron)。所以整個原子的初步模型已可確定（圖 2-5）：原子核內含質子和中子，原子核體積很小，但質量很大（約等於整個原子的質量）；原子核外是由和質子等量的電子所組成（原子是電中性）。原子內三種粒子的數據列於表 2-1 中。amu 是**原子質量單位**，1amu=1.6606×10^{-24} 克，約等於 1 個質子或 1 個中子的質量。

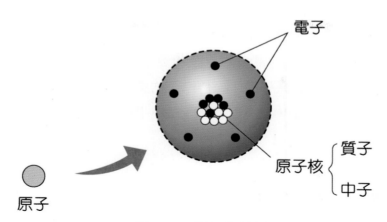

⊃ 圖 2-5   原子的結構

▼ 表 2-1   原子內三種粒子

粒子	符號	電荷	質量（克）	質量(amu)
電子	e	−1	$9.110×10^{-28}$ 克	0.000549
質子	P or H^+	+1	$1.673×10^{-24}$ 克	1.00728
中子	n	0	$1.675×10^{-24}$ 克	1.00867

2-2   原子序與質量數

　　既然原子中含有電子、質子和中子三種粒子，那麼我們如何由這三種粒子來決定原子的種類和質量呢？

　　1913 年英國科學家莫士勒(Henry Moseley)，利用陰極射線撞擊不同的金屬原子，發現會產生不同波長的 X 射線，將不同元素的 X 射線波長由長至短排列，所構成的順序就稱為**原子序**(atomic number)。因此原子序可判斷元素的種類及決定元素的化學性質。

原子核內質子的數目恰等於原子序，而原子核內質子和中子的數目總和，稱為**質量數**(mass number)，因為電子的質量和質子、中子相較起來是可以忽略不計的，所以質量數可約略代表原子量（一個原子的質量，以 amu 為單位）。X 代表元素的符號，以 Z 代表原子序，以 A 代表質量數，則元素 X 可記為：

$$_Z^A X$$

Z＝原子序＝質子數

A＝質量數＝質子數＋中子數

A－Z＝中子數

例如，鋁的元素符號表示為 $_{13}^{27}Al$，我們可由此判斷出鋁有 13 個質子和 14 個中子，又因為原子是電中性，所以電子的數目必等於質子的數目，所以亦有 13 個電子存在。

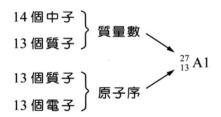

一般的化學反應只有原子核外的電子會發生轉移的現象，原子核內的粒子數並不會有所增減。若中性原子失去電子稱為**陽離子**（簡記為 X^{n+}，右上角的 $n+$ 代表失去 n 個電子）；中性原子得到電子稱為**陰離子**（稱記為 X^{n-}；右上角的 $n-$ 代表得到 n 個電子）。

例 2-1

試寫出 $^{39}_{19}K$、$^{32}_{16}S^{2-}$、$^{27}_{13}Al^{3+}$ 的電子數、質子數和中子數各有多少個？並判斷三種粒子的質量大小為何？

解 $^{39}_{19}K$ 質子數=原子序=19（個）

中子數=39−19=20（個）

電子數=質子數（電中性）=19（個）

$^{32}_{16}S^{2-}$ 質子數=原子序=16（個）

中子數=32−16=16（個）

電子數=16+2=18（個）

$^{27}_{13}Al^{3+}$ 質子數=原子序=13（個）

中子數=27−13=14（個）

電子數=13−3=10（個）

質量數約等於原子的質量，而電子的質量相對太小，所以得失電子不致影響原子的質量，所以三者質量的大小關係為 $^{39}_{19}K > {}^{32}_{16}S^{2-} > {}^{27}_{13}Al^{3+}$。

2-3 同位素

道耳吞的原子說認為相同的元素具有相同的組成原子，不同的元素組成原子亦不同。同一種元素其所有的原子是否真如道耳吞所言質量與性質均相同呢？自從設計出質譜儀後，我們發現這個答案是否定的。

利用質譜儀偵測純銅礦，我們發現兩種質量不同的銅原子，$^{63}_{29}Cu$ 和 $^{65}_{29}Cu$。銅的質子數（原子序）一定為 29，所以造成質量數不同的原因很明顯來自於中子數。我們將這種質子數（原子序）相同，但質量數（或中子數）不同的原子稱為同位素(isotope)。自然界中幾乎所有的元素都是同位素的混合物，所以原子的質量也

應以同位素的平均值表示，稱為**平均原子量**。例如，自然界中的氧原子以 $^{16}_{8}O$、
$^{17}_{8}O$ 和 $^{18}_{8}O$ 三種同位素存在，但三者所含比例不同。表 2-2 列出輕元素的同位素及
存在比例。

▼ 表 2-2　輕元素原子的原子核組成

	符號	原子序	質子數	中子數	質量(amu)	自然界含量(%)
氫	$^{1}_{1}H$	1	1	0	1.0078	99.985
	$^{2}_{1}D$	1	1	1	2.0141	0.015
	$^{3}_{1}T$	1	1	2	3.01605	－
氦	$^{3}_{2}He$	2	2	1	3.01603	0.00013
	$^{4}_{2}He$	2	2	2	4.0026	100
鋰	$^{6}_{3}Li$	3	3	3	6.0151	7.42
	$^{7}_{3}Li$	3	3	4	7.0160	92.58
鈹	$^{9}_{4}Be$	4	4	5	9.0122	100
硼	$^{10}_{5}B$	5	5	5	10.0129	19.6
	$^{11}_{5}B$	5	5	6	11.0093	80.4
碳	$^{12}_{6}C$	6	6	6	12.0000	98.89
	$^{13}_{6}C$	6	6	7	13.0033	1.11
	$^{14}_{6}C$	6	6	8	14.0032	－
氮	$^{14}_{7}N$	7	7	7	14.0031	99.63
	$^{15}_{7}N$	7	7	8	15.0001	0.37
氧	$^{16}_{8}O$	8	8	8	15.9949	99.759
	$^{17}_{8}O$	8	8	9	16.9991	0.037
	$^{18}_{8}O$	8	8	10	17.9992	0.204
氟	$^{19}_{9}F$	9	9	10	18.9984	100
氖	$^{20}_{10}Ne$	10	10	10	19.9924	90.92
	$^{21}_{10}Ne$	10	10	11	20.9940	0.257
	$^{22}_{10}Ne$	10	10	12	21.9914	8.82

➲ ^{12}C 質量由國際同意，指定為剛好 12amu。

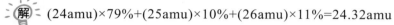

例 2-2

自然界的鎂，經質譜儀測定後含有三種同位素（圖 2-6），試計算鎂的平均原子量？

解 (24amu)×79%+(25amu)×10%+(26amu)×11%=24.32amu

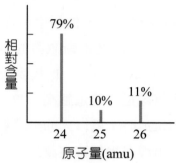

⊃ 圖 2-6　鎂的質譜圖。鎂有三個天然存在的同位素，故顯示三個吸收峰

請注意，質子和中子的質量只是約等於 1amu，所以質量數只是接近原子量的大小而已。而原子真正的質量（原子量）是以 ^{12}C（原子量定義為 12amu）為標準相互比較而來。平均原子量就是由同位素的原子量和重量百分率所得到，也就是週期表中所列的原子量。

有些元素的同位素可以放射出高能量的輻射線，可應用在醫療用途，藉以破壞腫瘤細胞。例如，^{198}Au 同位素能放射出 β 射線和 γ 射線，可治療惡性腫瘤引起的胸腔及腹腔積水；^{60}Co 同位素的放射線亦可用來對付耳、口、皮膚等部位的癌症。

2-4　氫原子的電子模型

　　拉塞福的原子模型只告訴我們電子散布在原子核外廣大的空間，但是並沒有告訴我們電子在核外如何分布？

　　首先提出電子模型的是科學家波耳，他觀察激發態的氫原子，所發散出來的光是不連續的線光譜（圖 2-7(b)），因此推斷激發的氫原子電子應處於具有固定半徑特定能量的軌道上做運動（圖 2-7(a)），$n=1$ 代表距原子核最近的軌道，能量最低；n 值越大的軌道，距原子核越遠，能量越高。激發態的氫原子電子，從外層高能量的軌道跳回內層低能量的軌道時，就以光的形式釋放出能量。因軌道間的能量差是固定的值，所以光也只會出現在幾個特定波長，呈現線光譜（圖 2-7）。

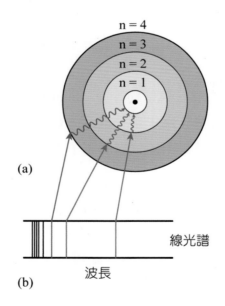

⊃ 圖 2-7　(a)波耳的氫原子電子軌道圖；(b)電子由高能量的外層軌道回到內層軌道時，以光的形式釋放能量

　　為何不連續的線光譜代表氫原子的電子是處於特定軌道上，而非原子核外的任意位置？為了解釋這個概念，我們以人處在斜坡或階梯上往下跳加以說明。如果電子可以處在原子核外任意位置，就好比人可以站在斜坡上任一點，當人往下跳時，任何能量變化都有可能出現，所觀察到的光譜應呈連續性變化（圖 2-8(a)）；

但是若人站在階梯上往下跳，所得到的能量變化應只會出現在某些特定的值，因為畢竟階梯和階梯之間是無法站人的，所以呈現的光譜應該是不連續的線光譜。顯然階梯式的能量改變（能階）符合我們觀察得到的事實。

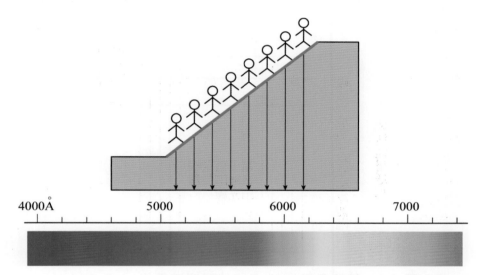

(a)人可以在斜坡上任一點往下跳，所以得到的能量變化應是連續性的

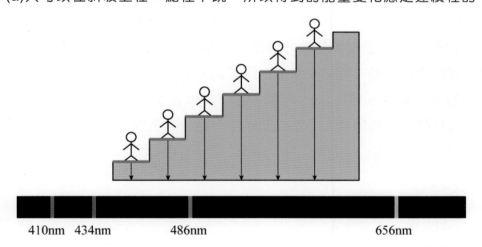

(b)人只可以在特定位置往下跳，所以只會出現特定能量變化的線光譜

⬤ 圖 2-8

一般情況下，氫原子的電子應處於能量最低的軌道上(n=1)，稱為**基態**(ground state)；當外界供給能量（如加熱或照光），則電子會吸收特定的能量，跳到較高的能階(n=2, 3...)稱為**激發態**(excited state)，當電子由激發態回到基態時，就會以光的形式放出（圖 2-9）。這個道理與日光燈管發亮的原理是相同的。

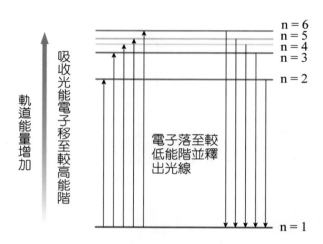

○ **圖 2-9 基態電子(n=1)吸收能量至激發態(n=2, 3...)再由激發態以光的形式釋放能量回到基態**

波耳的模型描述了電子運動的能階，而隨後的波動力學又證明了每一能階又可分為更細的次級能階，每個次級能階又可劃分若干個區域供電子活動，電子可能出現的區域稱為**軌域**。接下來的內容，我們將學習如何描述電子活動的區域（軌域）？並且比較它們的能量大小？以及可能存在的電子數目？

2-5　電子軌域

波耳的模型看到了電子運動的**主層**(shell)，而波動力學又將主層劃分為若干**副層**(subshell)。主層以**主量子數** n 加以描述：

1. $n=1$（K 層）　表示第一能階，距原子核最近，能量最低。

2. $n=2$（L 層）　表示第二能階，距原子核次近，能量次低。

3. $n=3$（M 層）　表示第三能階。

4. $n=\infty$　　　　表示最外層能階，距原子核最遠，能量最高，此時的電子代表即將脫離原子核的束縛。

副層則以 $s, p, d, f, g, h\cdots\cdots$ 的符號加以區別，同一層的副層軌域其能量大小為 $s<p<d<f<\cdots\cdots$。每一主層的 n 值恰等於副層的數目，也就是：

$n=1$　有一個副層 (s) 1s

$n=2$　有二個副層（s 和 p）............2s, 2p

$n=3$　有三個副層（s, p 和 d）........3s, 3p, 3d

$n=4$　有四個副層（s, p, d 和 f）.....4s, 4p, 4d, 4f

每個副層又可劃分為奇數個能量相同的軌域（電子存在的區域）。

s 副層　有一個軌域（形狀如圖 2-10）

p 副層　有三個軌域（形狀如圖 2-11），即 P_x, P_y, P_z

d 副層　有五個軌域（形狀如圖 2-12），即 $d_{xy}, d_{yz}, d_{xz}, d_{x^2-y^2}, d_{z^2}$

f 副層　有七個軌域

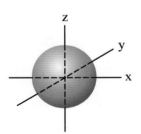

⊃ 圖 2-10　*s* 軌域。*s* 軌域是球形的

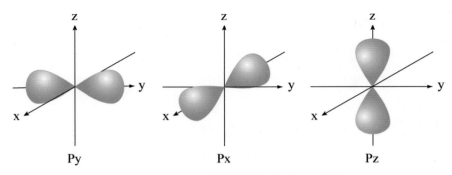

⊃ 圖 2-11　三個不同方向的 *p* 軌域

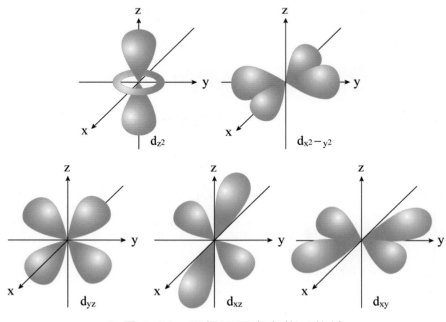

⊃ 圖 2-12　五個不同方向的 *d* 軌域

每個軌域最多可容納 2 個電子，我們將上述關係列於表 2-3 中。多電子原子中，軌域的能階大小必須同時考慮主層和副層的能量大小。主層和副層的能階關係以圖 2-13 表示，高度越高，能階也越高。

▼ 表 2-3　主層、副層、軌域數目和電子最大容量

主層	副層	軌域數目	電子最大容量
$n=3$	d 副層	5 個軌域	10 個電子
	p 副層	3 個軌域	6 個電子
	s 副層	1 個軌域	2 個電子
$n=2$	p 副層	3 個軌域	6 個電子
	s 副層	1 個軌域	2 個電子
$n=1$	s 副層	1 個軌域	2 個電子

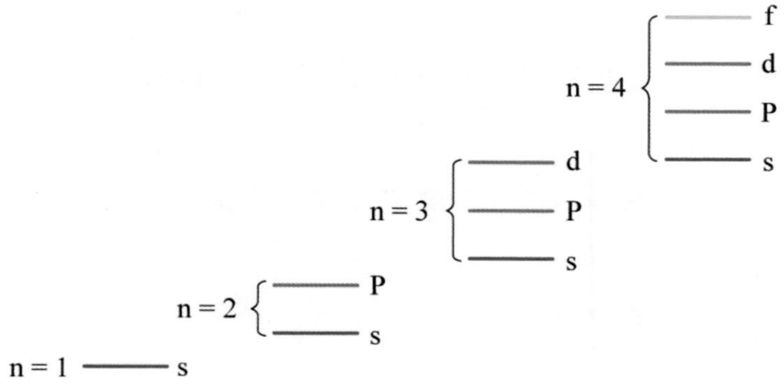

◐ 圖 2-13　$n=1$ 至 $n=4$ 主層和副層的能階關係圖

第一主層($n=1$)的 s 副層記做 $1s$；第二主層($n=2$)的 s 副層記做 $2s$，第二主層的 p 副層記做 $2p$，餘依此類推。從圖 2-13 中可看出各軌域能量大小依序為：

$$1s < 2s < 2p < 3s < 3p < 4s < 3d < 4p < 4d < 4f$$

　　從 $4s<3d$ 的關係中我們可以知道，判斷軌域能量的高低不能僅從主量子數 n 來判斷，必須主層和副層一起考慮才可。圖 2-14 是軌域能階記憶圖，軌域能階依箭頭方向，由上而下依次漸增：

$$1s < 2s < 2p < 3s < 3p < 4s < 3d < 4p < 5s < 4d$$

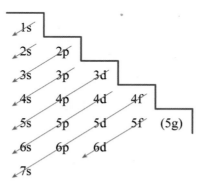

◯ 圖 2-14　軌域能階的順序

例 2-3

對多電子原子而言，下列原子軌域何者距原子核最遠？何者能量最高？何者不存在？

①$2s$；②$3d$；③$4p$；④$2d$；⑤$4g$。

 ① 電子距原子核的遠近，以主量子數判斷。n 值越大，距原子核最遠，故選③ $4p$。

② 參考圖 2-14 判斷能量高低，故選③$4p$。

③ $n=2$ 只有 $2s, 2p$ 沒有 $2d$；$n=4$ 只有 $4s, 4p, 4d, 4f$ 沒有 $4g$，故選④⑤。

2-6　電子組態

　　電子在主層和副層中的分布情形稱為**電子組態**(electron configuration)。電子組態通常以符號表示，例如第三主層($n=3$)的 d 副層含有 6 個電子，則以符號表示為：

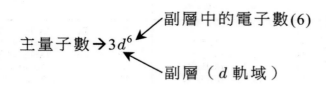

主量子數→$3d^6$ ← 副層中的電子數(6)

← 副層（d 軌域）

　　不要忘記 s 副層至多 2 個電子，p 副層至多 6 個電子，d 副層至多 10 個電子。基態的電子組態是電子依圖 2-14 的順序先填滿低能階再至高能階的排列順序（稱為**庖立構築原理**）；反之則稱為激發態。

例如：H 有一個電子，其基態電子組態為 $1s^1$

　　　　激發態電子組態可以是 $2s^1$ 或 $2p^1$ 等。

又如：$_2$He 有 2 個電子，其基態電子組態為 $1s^2$

　　　　激發態電子組態可以是 $1s^1 2s^1$ 或 $1s^1 2p^1$ 等。

　　電子組態中我們可以由 n 值的大小將電子區分為內層電子和外層電子。一般而言，越外層的電子越有機會參與化學反應，此種電子稱為**價電子**，其在軌域中的排列情形稱為**價電子組態**。對 A 族元素而言，n 值最大者在最外層稱為**價電子組態**；最外層的電子稱為**價電子**，而內層全滿的電子組態，可以用相對應的鈍氣加 [　] 表示，如：$_{13}$Al 有 13 個電子

　　　　電子組態為 $\underline{1s^2 2s^2 2p^6}\ \underline{3s^2 3p^1}$ = [Ne]$3s^2 3p^1$

　　　　　　　　　　內層　　最外層

　　　　價電子組態為 $3s^2 3p^1$

　　　　價電子數 2+1=3 個

至於 B 族元素的價電子數及價電子組態，留待第三章再詳加討論。

表 2-4 為元素基態時的電子組態，內層全滿的電子組態均以鈍氣加[ ]表示，不過若注意觀察可看出 $_{24}Cr, _{29}Cu, _{47}Ag$ 等原子的電子組態似乎未按低能階填滿後再至高能階的順序排列。

▼ 表 2-4　元素的基態電子組態

原子序	符號	電子組態	原子序	符號	電子組態	原子序	符號	電子組態
1	H	$1s^1$				73	Ta	$[Xe]6s^24f^{14}5d^3$
2	He	$1s^2$	37	Rb	$[Kr]5s^1$	74	W	$[Xe]6s^24f^{14}5d^4$
			38	Sr	$[Kr]5s^2$	75	Re	$[Xe]6s^24f^{14}5d^5$
3	Li	$1s^22s^1 = [He]2s^1$	39	Y	$[Kr]5s^24d^1$	76	Os	$[Xe]6s^24f^{14}5d^6$
4	Be	$[He]2s^2$	40	Zr	$[Kr]5s^24d^2$	77	Ir	$[Xe]6s^24f^{14}5d^7$
5	B	$[He]2s^22p^1$	41	Nb	$[Kr]5s^14d^4$	78	Pt	$[Xe]6s^14f^{14}5d^9$
6	C	$[He]2s^22p^2$	42	Mo	$[Kr]5s^14d^5$	79	Au	$[Xe]6s^14f^{14}5d^{10}$
7	N	$[He]2s^22p^3$	43	Tc	$[Kr]5s^24d^6$	80	Hg	$[Xe]6s^24f^{14}5d^{10}$
8	O	$[He]2s^22p^4$	44	Ru	$[Kr]5s^14d^7$	81	Tl	$[Xe]6s^24f^{14}5d^{10}6p^1$
9	F	$[He]2s^22p^5$	45	Rh	$[Kr]5s^14d^8$	82	Pb	$[Xe]6s^24f^{14}5d^{10}6p^2$
10	Ne	$[He]2s^22p^6$	46	Pd	$[Kr]4d^{10}$	83	Bi	$[Xe]6s^24f^{14}5d^{10}6p^3$
			47	Ag	$[Kr]5s^14d^{10}$	84	Po	$[Xe]6s^24f^{14}5d^{10}6p^4$
11	Na	$[Ne]3s^1$	48	Cd	$[Kr]5s^24d^{10}$	85	At	$[Xe]6s^24f^{14}5d^{10}6p^5$
12	Mg	$[Ne]3s^2$	49	In	$[Kr]5s^24d^{10}5p^1$	86	Rn	$[Xe]6s^24f^{14}5d^{10}6p^6$
13	Al	$[Ne]3s^23p^1$	50	Sn	$[Kr]5s^24d^{10}5p^2$			
14	Si	$[Ne]3s^23p^2$	51	Sb	$[Kr]5s^24d^{10}5p^3$	87	Fr	$[Rn]7s^1$
15	P	$[Ne]3s^23p^3$	52	Te	$[Kr]5s^24d^{10}5p^4$	88	Ra	$[Rn]7s^2$
16	S	$[Ne]3s^23p^4$	53	I	$[Kr]5s^24d^{10}5p^5$	89	Ac	$[Rn]7s^26d^1$
17	Cl	$[Ne]3s^23p^5$	54	Xe	$[Kr]5s^24d^{10}5p^6$	90	Th	$[Rn]7s^26d^2$
18	Ar	$[Ne]3s^23p^6$				91	Pa	$[Rn]7s^25f^26d^1$
			55	Cs	$[Xe]6s^1$	92	U	$[Rn]7s^25f^36d^1$
19	K	$[Ar]4s^1$	56	Ba	$[Xe]6s^2$	93	Np	$[Rn]7s^25f^46d^1$
20	Ca	$[Ar]4s^2$	57	La	$[Xe]6s^25d^1$	94	Pu	$[Rn]7s^25f^6$
21	Sc	$[Ar]4s^23d^1$	58	Ce	$[Xe]6s^24f^2$	95	Am	$[Rn]7s^25f^7$
22	Ti	$[Ar]4s^23d^2$	59	Pr	$[Xe]6s^24f^3$	96	Cm	$[Rn]7s^25f^76d^1$
23	V	$[Ar]4s^23d^3$	60	Nd	$[Xe]6s^24f^4$	97	Bk	$[Rn]7s^25f^86d^1$
24	Cr	$[Ar]4s^13d^5$	61	Pm	$[Xe]6s^24f^5$	98	Cf	$[Rn]7s^25f^{10}$
25	Mn	$[Ar]4s^23d^5$	62	Sm	$[Xe]6s^24f^6$	99	Es	$[Rn]7s^25f^{11}$
26	Fe	$[Ar]4s^23d^6$	63	Eu	$[Xe]6s^24f^7$	100	Fm	$[Rn]7s^25f^{12}$
27	Co	$[Ar]4s^23d^7$	64	Gd	$[Xe]6s^24f^75d^1$	101	Md	$[Rn]7s^25f^{13}$
28	Ni	$[Ar]4s^23d^8$	65	Tb	$[Xe]6s^24f^9$	102	No	$[Rn]7s^25f^{14}$
29	Cu	$[Ar]4s^13d^{10}$	66	Dy	$[Xe]6s^24f^{10}$	103	Lr	$[Rn]7s^25f^{14}6d^1$
30	Zn	$[Ar]4s^23d^{10}$	67	Ho	$[Xe]6s^24f^{11}$	104	Unq	$[Rn]7s^25f^{14}6d^2$
31	Ga	$[Ar]4s^23d^{10}4p^1$	68	Er	$[Xe]6s^24f^{12}$	105	Unp	$[Rn]7s^25f^{14}6d^3$
32	Ge	$[Ar]4s^23d^{10}4p^2$	69	Tm	$[Xe]6s^24f^{13}$	106	Unh	$[Rn]7s^25f^{14}6d^4$
33	As	$[Ar]4s^23d^{10}4p^3$	70	Yb	$[Xe]6s^24f^{14}$	107	Uns	$[Rn]7s^25f^{14}6d^5$
34	Se	$[Ar]4s^23d^{10}4p^4$	71	Lu	$[Xe]6s^24f^{14}5d^1$	108	Uno	$[Rn]7s^25f^{14}6d^6$
35	Br	$[Ar]4s^23d^{10}4p^5$	72	Hf	$[Xe]6s^24f^{14}5d^2$	109	Une	$[Rn]7s^25f^{14}6d^7$
36	Kr	$[Ar]4s^23d^{10}4p^6$						

這些例外的發生是因為，d 副層或 f 副層全滿或半滿時能量最低最穩定。

	預測電子組態	實際電子組態
$_{24}Cr$	$1s^2 2s^2 2p^6 3s^2 3p^6 4s^2 3d^4 \rightarrow$	$1s^2 2s^2 2p^6 3s^2 3p^6 4s^1 \underline{3d^5}$
		d 副層半滿
$_{29}Cu$	$1s^2 2s^2 2p^6 3s^2 3p^6 4s^2 3d^9 \rightarrow$	$1s^2 2s^2 2p^6 3s^2 3p^6 4s^1 \underline{3d^{10}}$
		d 副層全滿

當原子失去電子形成陽離子時，會先由最外層失去價電子；相對地，原子得到電子形成陰離子時，獲得的電子則仍是按能階高低填入。例如：

$$_{29}Cu \longrightarrow \ _{29}Cu^{2+}$$

$$[Ar] \ \underline{4s^1} \underline{3d^{10}} \qquad [Ar] \ 3d^9$$

外層 ↗ ↖ 內層

$$_{16}S \longrightarrow \ _{16}S^{2-}$$

$$1s^2 2s^2 2p^6 3s^2 3p^4 \qquad 1s^2 2s^2 2p^6 3s^2 3p^6$$

例 2-4

試寫出下列元素或離子的電子組態，價電子組態及價電子數。

① $_{13}^{27}Al$ ；② $_{20}^{40}Ca^{2+}$ ；③ $_{16}^{32}S^{2-}$ 。

解 ① $_{13}^{27}Al$ ： 電子＝13 個

電子組態 $1s^2 2s^2 2p^6 3s^2 3p^1$

價電子組態 $3s^2 3p^1$

價電子數 2+1=3 個

② $_{20}^{40}Ca^{2+}$ ： 電子＝20−2=18 個

電子組態 $1s^2 2s^2 2p^6 3s^2 3p^6$

價電子組態 $3s^2 3p^6$

價電子數 2+6=8 個

③ $_{16}^{32}S^{2-}$ ： 電子=16+2=18 個

電子組態 $1s^22s^22p^63s^23p^6$

價電子組態 $3s^23p^6$

價電子數 2+6=8 個

例 2-5

試寫出 $_{26}^{56}Fe^{3+}$ 的電子組態。

解 $_{26}^{56}Fe$ 電子組態 $1s^22s^22p^63s^23p^63d^64s^2$。

$_{26}^{56}Fe^{3+}$ 從最外層往內失去 3 個電子，所以電子組態為 $1s^22s^22p^63s^23p^63d^5$。

 課後練習

一、單選題

( ) 1. 鈷六十（原子序 27）可作放射性治療用，下列有關鈷六十的原子結構，何者正確？　(A)^{60}Co 有 27 個電子　(B)^{60}Co 有 60 個中子　(C)^{60}Co^{3+}有 30 個中子　(D)^{60}Co^{3+}有 33 個質子。

( ) 2. 拉塞福在 1919 年以α粒子($^4_2$He)撞擊氮原子核($^{14}_7$N)而產生核反應，其核反應為α+$^{14}_7$N→O+P（已知 P 為質子），則氧原子核為　(A)$^{17}_8$O　(B)$^{19}_8$O　(C)$^{15}_8$O　(D)$^{16}_8$O。

( ) 3. 某元素的電子組態最外層為 $6s^26p^6$，則該元素為　(A)Ba　(B)Fr　(C)Xe　(D)Rn。

( ) 4. 某正三價離子基態的電子組態，最高能量的軌域及所含電子數為 $3d^5$，則該原子的原子序為何？　(A)28　(B)26　(C)24　(D)22。

( ) 5. 下列中性原子的電子組態，何者具有最多的半滿軌域？　(A)$_{15}$P　(B)$_{21}$Sc　(C)$_{24}$Cr　(D)$_9$F。

( ) 6. 碳原子的電子組態以何者最安定？　(A)$1s^22s^12p_x{}^12p_y{}^12p_z{}^1$　(B)$1s^22s^22p_x{}^12p_y{}^1$　(C)$1s^22s^22p_x{}^2$　(D)$1s^22s^23s^2$。

( ) 7. 下列有關原子構造的敘述何者正確？　(甲)原子質量均分於整個原子中　(乙)原子的質量絕大部分集中在原子核　(丙)電子和質子數目必相等　(丁)質子與中子數不一定相等。　(A)甲丙　(B)乙　(C)乙丙丁　(D)乙丙。

( ) 8. 下列何者是鹼土族原子基態的電子組態？　(A)$1s^22s^22p^5$　(B)$1s^22s^22p^6$　(C)$1s^22s^12p^63s^1$　(D)$1s^22s^22p^63s^2$。

( ) 9. 根據量子力學，下列哪些軌域不可能存在？　(A)$1s$ 與 $8s$　(B)$2d$ 與 $3f$　(C)$3p$ 與 $5f$　(D)$6p$ 與 $2p$。

( ) 10. 下列有關電子組態的敘述，何者正確？ (A)具$[Ar]4s^2$ 電子組態的元素為鹼金屬 (B)$_{24}Cr$ 的基態電子組態為$[Ar]3d^44s^2$ (C)$_{30}Zn^{2+}$的電子組態為$[Ar]3d^{10}$ (D)具$[Ne]3s^23p^1$ 電子組態的元素為非金屬。

( ) 11. 若甲、乙、丙皆為中性原子，丁為一價陽離子，其電子組態分別為：甲 $1s^22s^22p^63s^1$、乙 $1s^22s^22p^65s^1$、丙 $1s^22s^22p^6$、丁 $1s^22s^22p^6$，則下列敘述何者正確？ (A)甲、乙、丁是同一元素 (B)丙、丁是同一族 (C)乙變成甲是吸熱反應 (D)丁是氖原子。

( ) 12. 某原子電子組態為 $1s^22s^22p^63s^23p^63d^54s^1$，它在週期表上的位置為？ (A)第四週期第 1 族 (B)第三週期第 6 族 (C)第四週期第 7 族 (D)第四週期第 6 族。

( ) 13. 下列各粒子，何者維持電中性狀態，並且是 C-12 的同位素？

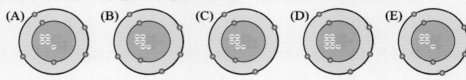

( ) 14. 下列哪一個示意圖是基態鉻原子的電子組態？

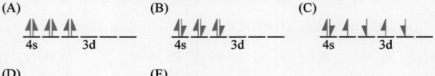

( ) 15. 某氮氧化合物的一分子中含有 38 個電子。試問該氮氧化合物是下列哪一選項？ (A)NO (B)NO_3 (C)N_2O (D)N_2O_3 (E)N_2O_5。

( ) 16. 放射性物質釙($^{210}_{84}Po$)，為 1898 年居里夫婦在處理瀝青鈾礦時所發現。據報導，前不久曾經造成一位俄羅斯前特工中毒身亡。下列有關原子($^{210}_{84}Po$)的敘述，何者正確？ (A)核外電子數為 126 (B)原子核內中子數為 84 (C)最外層有 4 個價電子 (D)為週期表中第 15 族元素 (E)為週期表中第六週期的元素。

（　）17. 溴的原子序為 35，已知溴存在兩個同位數，其百分率幾近相同，而溴的原子量為 80，則溴的兩個同位數中的中子數分別為何？　(A)43 和 45 (B)79 和 81　(C)42 和 44　(D)44 和 46　(E)45 和 47。

（　）18. 原子的電子組態中，若一軌域僅含一個電子，則此原子具有一個未配對電子。例如氫原子有一個未配對電子。試問氮氣態原子，於基態時，其未配對電子數和下列何者相同？　(A)硼　(B)碳　(C)釩　(D)鈦　(E)鎳。

（　）19. 教學上有時會用電子點式來表示原子結構。下列選項中的阿拉伯數字代表質子數、「＋」代表原子核所帶的正電荷、「●」代表核外電子，則哪一項代表離子？

(A) 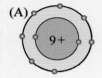　(B) 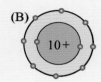　(C) 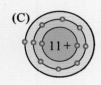　(D)

二、問答題

1. 試問下列粒子各具有多少個電子、質子和中子？
   (1) $^{63}_{29}Cu$　(2) $^{56}_{26}Fe^{3+}$　(3) $^{35}_{17}Cl^-$

2. 自然界中某元素有兩種同位素。其中一種同位素占 32.5%，原子量為 84.55amu；另一種同位素占 67.5%，原子量為 86.20amu，試求此元素的平均原子量？

3. 試寫出下列原子或離子的電子組態？
   (1) $_{25}Mn^{2+}$　(2) $_{29}Cu$　(3) $_8O^{2-}$　(4) $_{19}K$　(5) $_{47}Ag$

4. 在 $n=4$ 的主層中共有多少個軌域？至多可容納多少個電子？

5. 下列各電子組態：甲 $1s^22p^1$；乙 $1s^22s^22p^1$；丙 $1s^22s^22p_x^12p_y^12p_z^1$；丁 $1s^22s^22d^1$；戊 $1s^22s^12p_x^12p_y^12p_z^1$；己 $1s^22s^32p^5$，試回答下列問題：(1)何者為基態的電子組態？(2)寫法錯誤的有哪些，並指出其錯誤之處？(3)何者為激發態的電子組態？

6. 某元素之質譜圖如下圖，則該元素的原子量為： (A)90.0 (B)90.5 (C)90.8 (D)91.0。

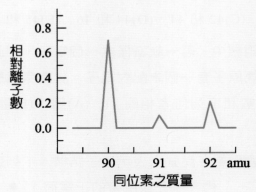

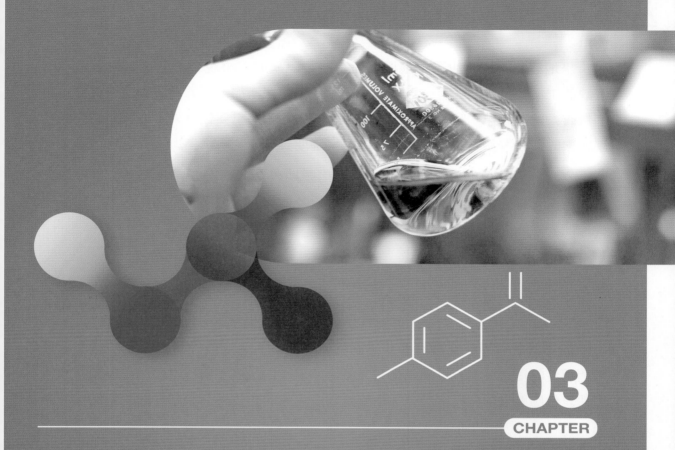

03
CHAPTER

週期表與物質
的命名

學地理的人一定少不了地圖，而對學習化學的人來說，週期表也絕對是不可或缺的工具。目前已知有一百多種原子，且不斷在增加，而週期表的功用就是將它們做有系統的分類。我們從表上除了可以知道元素的重要性質外，亦可預測尚未發現元素的性質，甚至連化合物的命名都與週期表有關。

本章主要的目的就是在學習如何使用週期表？週期表如何將元素加以歸類？週期表上元素的位置可顯示出哪些資訊？以及如何利用週期表命名化合物？我們先從週期表的簡介開始。

3-1　週期表的簡介

很早以前科學家就發現有些不同的元素卻具有共同的性質，亦有些性質會呈現週期性的變化。直至原子結構和電子組態理論的發展，科學家終於發現元素的週期性變化應與原子序較有關係，也就是說，元素的性質與其原子序間有週期性的關係。

目前我們所使用的**週期表**(Periodic table)是按原子序的大小加以排列的。表內同一直行元素稱為**族**(group)，同族元素性質相似。同一橫列元素稱為**週期**(period)，同週期的元素某些性質會呈現規律性的變化。

週期表（圖 3-1），綠色部分為**非金屬元素**(nonmetals)，集中在週期表的右上角和左上角的氫。其餘則為**金屬元素**(metals)。金屬元素又可分為三大類：紅色部分的**典型金屬元素**(representative metals)，黃色部分的**過渡金屬元素**(transitional metals)和藍色部分的**內過渡金屬元素**(inner transitional metals)。

週期表現有七個橫列（週期）和十八個直行（不含週期表下方的鑭系和錒系元素）。國際純粹及應用化學學會（簡稱 IUPAC）將週期表由左至右分成 18 族，並以阿拉伯數字表示。但傳統習慣上，族的標示是以大寫羅馬數字加上 A 或 B 來表示（如 IA~VIIIA 族，IB~VIIIB 族）。本書仍採傳統方式標示各族。

週 期 表

圖例說明：
- 非金屬
- 金屬
- 過渡金屬
- 內過渡金屬

週期	1 IA	2 IIA	3 IIIB	4 IVB	5 VB	6 VIB	7 VIIB	8 VIIIB	9 VIIIB	10 VIIIB	11 IB	12 IIB	13 IIIA	14 IVA	15 VA	16 VIA	17 VIIA	18 VIIIA
1	1 氫 H 1.008																	2 氦 He 4.003
2	3 鋰 Li 6.941	4 鈹 Be 9.012											5 硼 B 10.811	6 碳 C 12.011	7 氮 N 14.007	8 氧 O 15.999	9 氟 F 18.998	10 氖 Ne 20.180
3	11 鈉 Na 22.990	12 鎂 Mg 21.305											13 鋁 Al 26.982	14 矽 Si 28.086	15 磷 P 30.974	16 硫 S 32.066	17 氯 Cl 35.453	18 氬 Ar 39.948
4	19 鉀 K 39.098	20 鈣 Ca 40.078	21 鈧 Sc 44.956	22 鈦 Ti 47.88	23 釩 V 50.942	24 鉻 Cr 51.996	25 錳 Mn 54.938	26 鐵 Fe 55.847	27 鈷 Co 58.933	28 鎳 Ni 58.69	29 銅 Cu 63.546	30 鋅 Zn 65.39	31 鎵 Ga 69.723	32 鍺 Ge 72.61	33 砷 As 74.922	34 硒 Se 78.96	35 溴 Br 79.904	36 氪 Kr 83.80
5	37 銣 Rb 85.468	38 鍶 Sr 87.62	39 釔 Y 88.906	40 鋯 Zr 91.224	41 鈮 Nb 92.906	42 鉬 Mo 95.94	43 鎝 Tc (98)	44 釕 Ru 101.07	45 銠 Rh 102.906	46 鈀 Pd 106.42	47 銀 Ag 107.868	48 鎘 Cd 112.411	49 銦 In 114.82	50 錫 Sn 118.710	51 銻 Sb 121.75	52 碲 Te 127.60	53 碘 I 126.904	54 氙 Xe 131.29
6	55 銫 Cs 132.905	56 鋇 Ba 137.327	鑭系元素 (57–71)	72 鉿 Hf 178.49	73 鉭 Ta 180.948	74 鎢 W 183.85	75 錸 Re 186.207	76 鋨 Os 190.2	77 銥 Ir 192.22	78 鉑 Pt 195.08	79 金 Au 196.966	80 汞 Hg 200.59	81 鉈 Tl 204.383	82 鉛 Pb 207.2	83 鉍 Bi 208.980	84 釙 Po (209)	85 砈 At (210)	86 氡 Rn (222)
7	87 鍅 Fr (223)	88 鐳 Ra 226.025	錒系元素 (89–103)	104 鑪 Rf (261)	105 𨧀 Db (262)	106 𨭎 Sg (263)	107 𨨏 Bh (262)	108 𨭆 Hs (265)	109 䥑 Mt (267)	110 鐽 Ds (269)	111 錀 Rg (272)	112 鎶 Cn (285)	113 Uut	114 鈇 Fl (289)	115 Uup	116 鉝 Lv (293)	117 Uus	118 Uuo 294

金屬　過渡金屬　內過渡金屬

*鑭系元素	57 鑭 La 138.906	58 鈰 Ce 140.115	59 鐠 Pr 140.908	60 釹 Nd 144.24	61 鉕 Pm (145)	62 釤 Sm 150.36	63 銪 Eu 151.965	64 釓 Gd 157.25	65 鋱 Tb 158.925	66 鏑 Dy 162.50	67 鈥 Ho 164.930	68 鉺 Er 167.26	69 銩 Tm 168.934	70 鐿 Yb 173.04	71 鎦 Lu 174.967
**錒系元素	89 錒 Ac 227.028	90 釷 Th 232.038	91 鏷 Pa 231.036	92 鈾 U 238.029	93 錼 Np 237.048	94 鈽 Pu (244)	95 鋂 Am (243)	96 鋦 Cm (247)	97 鉳 Bk (247)	98 鉲 Cf (251)	99 鑀 Es (252)	100 鐨 Fm (257)	101 鍆 Md (258)	102 鍩 No (259)	103 鐒 Lr (260)

標示說明：
1 — 原子序
氫 H — 元素名稱、元素符號
1.008 — 原子量

圖 3-1 現代週期表：元素的原子序標示於元素符號的上方，原子量標示於下方。紅色代表典型金屬元素，黃色代表過渡金屬元素，藍色代表內過渡金屬元素，綠色代表非金屬元素

若以族群加以分類，各族元素大致可區分為下列四大類：

一、典型元素

由 IA 族~VIIA 族的元素所組成，最後一個電子落於 s 軌域或 p 軌域。IA 族元素，又稱鹼金屬(alkaline metal)，是化性最活潑的金屬；IIA 族元素又稱鹼土金屬(alkaline earth metal)，活性僅次於 IA 族。VIIA 族元素又稱鹵素(halogen)，是最活潑的非金屬。至於 IIB 族的 Zn, Cd, Hg，雖然最後一個電子填入 d 軌域，但其 d^{10} 全滿的組態，使其性質接近典型元素。

二、惰性氣體（鈍氣）

即 VIIIA 族元素。此族元素化性極為安定，在自然界中都以單原子存在，很少形成化合物。

三、過渡金屬

即 B 族元素（圖 3-1 中的黃色部分），但 IIB 族除外，包含許多重金屬元素在內，如銅、銀、金等。最後一個電子落於 d 軌域。

四、內過渡金屬

即週期表下方的鑭系和錒系元素（圖 3-1 中的藍色部分）。最後一個電子落於 f 軌域。

3-2　電子組態與週期表

週期表中將元素依原子序的增加排列，發現元素會週期性呈現相似的化學性質，事實上這些都與元素的價電子數有關。

　　圖 3-2 顯示原子序 1~18 元素的電子組態，〔鈍氣〕表內層的電子組態，而〔鈍氣〕之後的電子組態即為價電子組態，價電子組態中的電子數，則稱為價電子數。

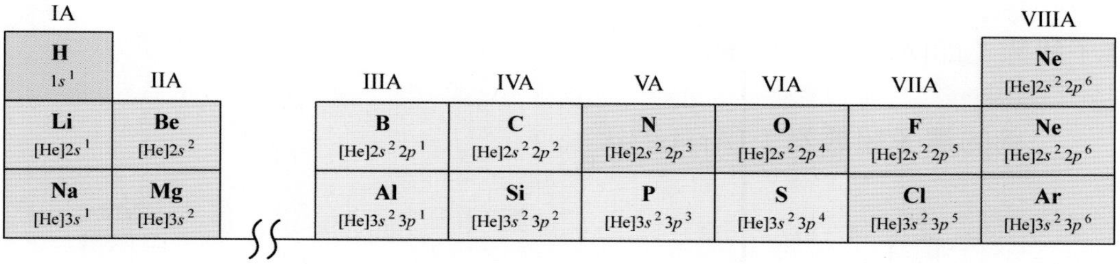

IA								VIIIA
H $1s^1$	**IIA**	IIIA	IVA	VA	VIA	VIIA		**Ne** $[He]2s^2 2p^6$
Li $[He]2s^1$	**Be** $[He]2s^2$	**B** $[He]2s^2 2p^1$	**C** $[He]2s^2 2p^2$	**N** $[He]2s^2 2p^3$	**O** $[He]2s^2 2p^4$	**F** $[He]2s^2 2p^5$		**Ne** $[He]2s^2 2p^6$
Na $[He]3s^1$	**Mg** $[He]3s^2$	**Al** $[He]3s^2 3p^1$	**Si** $[He]3s^2 3p^2$	**P** $[He]3s^2 3p^3$	**S** $[He]3s^2 3p^4$	**Cl** $[He]3s^2 3p^5$		**Ar** $[He]3s^2 3p^6$

⇒ 圖 3-2　週期表前 18 個元素的電子組態

　　從圖 3-2 中我們亦可發現同族元素具有相同的價電子組態，且具有和族數相等的價電子數，即：

族	價電子組態	價電子數
IA	ns^1	1 個
IIA	ns^2	2 個
IIIA	$ns^2 np^1$	3 個
IVA	$ns^2 np^2$	4 個
VA	$ns^2 np^3$	5 個
VIA	$ns^2 np^4$	6 個
VIIA	$ns^2 np^5$	7 個
VIIIA	$ns^2 np^6$	8 個（He 除外）

　　在 VIIIA 族中除了 He 只填滿 $1s$ 軌域外，其餘元素最外層的 s 副層（1 個軌域）和 p 副層（3 個軌域）共四個軌域皆填滿電子，所以化學性質極為安定。對 A 族元素而言，最外層的 s 副層和 p 副層四個軌域若填滿 8 個電子，此時原子將處於能量最低的安定狀態，此稱為**八隅體學說**。

我們也可以利用週期表決定原子的電子組態。在圖 3-3 中列出原子所在位置的價軌域。例如釩(V)在週期表中的第四週期第 5 族，所以我們馬上可以寫出釩的價電子組態為 $4s^2 3d^3$，至於釩的內層電子組態自然應與上一個週期（第三週期）的鈍氣電子組態（即[Ar]）相同，即：

釩的電子組態為：$[Ar]4s^2 3d^3$

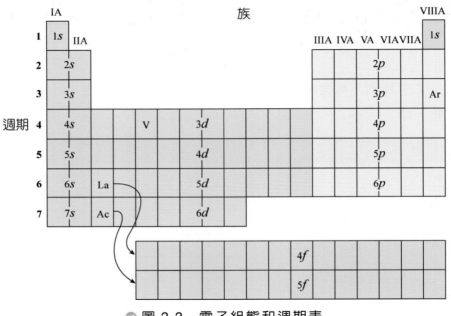

⊃ 圖 3-3　電子組態和週期表

從表中我們除了可馬上判斷出上述提過的 A 族元素的價電子組態外，我們亦可得知另外兩大類（過渡金屬和內過渡金屬）的價電子組態，即：

過渡金屬：$ns^2(n-1)d^x$

內過渡金屬：$ns^2(n-1)d^1(n-2)f^x$

典型元素：ns^x 或 ns^2np^x

惰性元素：ns^2np^6（He 為 $1s^2$）

例 3-1

試利用圖 3-3 並配合週期表寫出①Mn 及②Pb 的電子組態。

解 ① Mn 在週期表第四週期第 7 族，所以配合圖 3-3 其電子組態應為：

$$\underline{\text{[Ar]}} \qquad \underline{\quad 4s^2 3d^5 \quad}$$

第三週期的 　　　價電子組態

鈍氣電子組態

② Pb 在週期表第六週期第 14 族，配合圖 3-3 其電子組態為：

$$\text{[Xe]}6s^2 4f^{14} 5d^{10} 6p^2$$

因 Pb 為典型元素，所以價電子組態為 $6s^2 6p^2$。

例 3-2

電子組態為 $\text{[Kr]}5s^2 4d^{10} 5p^3$ 的元素為何？

解 Kr 是第四週期的鈍氣，所以此元素在第五週期上；又第五週期上的電子組態為 $5s^2 4d^{10} 5p^3$，電子數共 2+10+3=15 個，所以應為第五週期第 15 族元素，查週期表可知此元素為銻(Sb)。

例 3-3

週期表中哪一族元素其價軌域具有下列電子組態？

①ns^2；②$ns^2 np^4$；③$ns^2 (n-1)d^6$。

解 ① IIA 族（2 族）。

② VIA 族（16 族）。

③ VIIIB 族（8 族）。

3-3 元素的週期性

　　元素的許多性質會隨價電子數而呈週期性的改變。在此我們主要探討原子的大小（半徑），移去一個價電子所需的能量和加入一個電子所釋放出的能量與電子組態的關聯性。其中後兩個性質與第四章的化學鍵結有非常密切的關係。

一、原子半徑的週期性變化

　　從原子核到最外層電子的距離稱為原子半徑(atomic radius)。測量原子的半徑並非易事，目前已有數種方法可以定義原子的半徑（圖 3-4），並決定它們的相對大小。圖 3-5 列出前四列典型元素的原子半徑，原子半徑常用的單位是微微米(pm; $1pm=10^{-12}m$)。

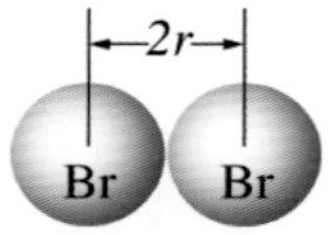

⊃ 圖 3-4 原子半徑定義為兩相同原子組成的
分子中，兩原子核間距離的一半

　　我們可以發現典型元素的半徑，在由上而下漸增，由左至右漸減。同族元素原子半徑由上而下漸增，很容易理解，因為每多一個週期，最外主層數又多一層，所以電子離原子核越遠，半徑越來越大；同週期元素由左至右雖然電子數增加，但仍在同一主層，所以改變不大，但是由於質子數也跟著增加，所以原子核和電子的吸引力增加，反而半徑越來越短。

　　而陽離子的半徑一般會比中性原子的半徑小，因為電子數減少，電子和電子的斥力變小。陰離子的半徑一般也會比中性原子的半徑大，一樣是因為電子的加入造成電子間的斥力變大所致。

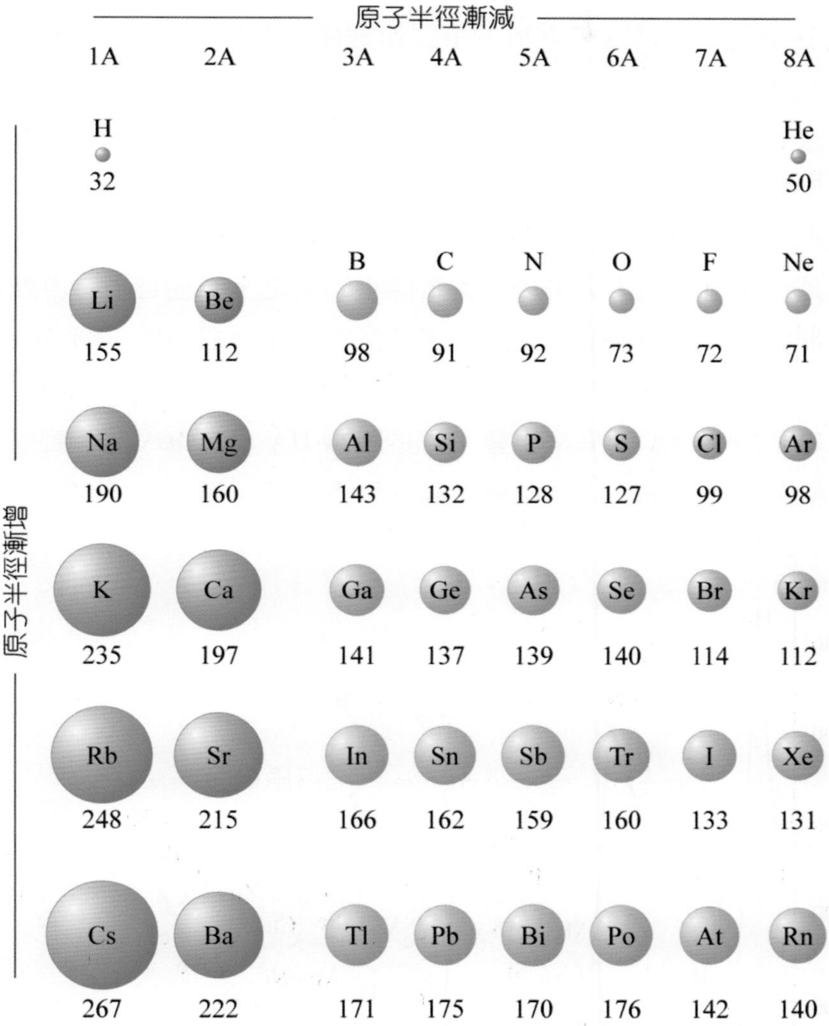

圖 3-5　某些原子的共價半徑，以 picometer 表示，留意在同一週期中由左至右漸減，同一族中上往下漸增。鈍氣由於無法鍵結，直接以氣態原子半徑代替

二、游離能的週期性變化

游離能（ionization energy，簡記為 IE），是指將氣態的中性原子移去一個最外層電子所需要的能量或稱為第一游離能(IE_1)。

$$M_{(g)} + 游離能 \rightarrow M^+_{(g)} + e^-$$

移去最外層的第二個電子則稱為第二游離能（second ionization energy，記為 IE_2），其餘依此類推。

$$Mg^+ + IE_2 \rightarrow Mg^{2+} + e^-$$

游離能是失去電子難易度的指標，不難想像原子半徑越大，外層電子受原子核的束縛也越小，所以易失去電子，游離能小；總之，半徑越小，游離能越大。因此可預測週期中原子的游離能，由上而下漸減，由左而右漸增。圖 3-6 中列出各原子的游離能，確實可看出同族元素由上而下漸減的週期性變化，但同週期元素卻發生了 IIA>IIIA，VA>VIA 的異常現象。這是因為 IIA 具有 ns^2 之 s 副層全滿的電子組態，而 VA 族具有 ns^2np^3 之 p 副層半滿的穩定電子組態所致。

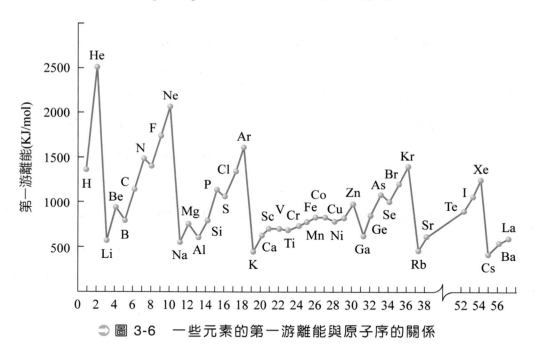

◯ 圖 3-6 一些元素的第一游離能與原子序的關係

所以依照游離能的週期性變化，銫(Cs)和鍅(Fr)的游離能最小，最易失去電子，是最活潑的金屬（金屬性最強），也是絕佳的光電材料。

三、電子親和力的變化

電子親和力(electron affinity, EA)是指中性氣態原子獲得電子形成氣態陰離子所釋放出的能量：

$$X_{(g)} + e^- \rightarrow X^-_{(g)} + EA$$

電子親和力大者，代表原子易接受電子，反過來說就是不易失去電子，所以游離能也較大。所以週期表的右上角的 F 和 Cl（不含鈍氣）不喜歡失去電子，是游離能最大者；但相對地，亦代表它們喜歡得到電子，也就表示其電子親和力亦最大。因此它們極喜歡獲得電子並以陰離子的方式存在。

四、電負度的變化

電負度是兩原子結合時對共用電子的吸引力（詳見第四章），電負度越大吸引共用電子的能力越強。電負度是指對共用電子的吸引力，而電子親和力是指對自由電子的吸引力，兩者略有不同，但週期性的變化則一致。圖 3-7 是週期表中各項性質週期性變化的趨勢。

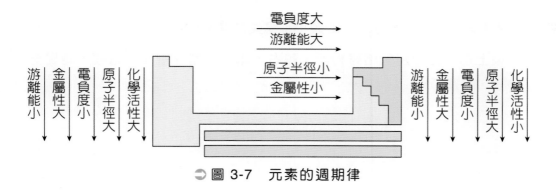

⊃ 圖 3-7　元素的週期律

例 3-4

下列各對元素中，何者的半徑較大？

①Ge 或 As；②K 或 Rb；③Br 或 I；④N 或 F。

解 依元素的週期律，原子半徑由左而右漸減；由上而下漸增，所以原子半徑：

①Ge > As

②Rb > K

③I > Br

④N > F

例 3-5

下列元素何者最易形成陽離子？何者最易形成陰離子？

①B；②Al；③P；④N。

解 ① 依週期律，越左，越下，IE 越小越易失去電子，故選②Al。

② 與上個問題的趨勢恰好相反，越右，越上，電子親和力越強，越易得到電子，故選④N。

例 3-6

考慮具有下列電子組態的原子：

$$1s^22s^22p^6$$

$$1s^22s^22p^63s^1$$

$$1s^22s^22p^63s^2$$

哪一個原子具有最大的第一游離能？哪一個具有最小的第二游離能？試說明之。

 解 ① 三者相比 $1s^22s^22p^6$ 的價電子在第二主層(n=2)，而其餘兩者的價電子在第三主層(n=3)，第二主層的電子離原子核較近，束縛較強所以 IE_1 較大，且其為價軌域全滿的安定狀態。

② 前二者的第二個電子均在第二主層，而最後者的第二個電子仍在第三主層。同理，$1s^22s^22p^63s^2$ 的應為最小。

3-4 化合物的命名

Chemistry

週期表列出目前所有已知的元素及其符號，讓我們可以很快地判斷其電子組態，接下來我們將運用這些知識學習化合物的命名。

純物質(pure substance)指具有一定的組成和不變性質的物質。純物質依其組成又可分為**元素**(element)和**化合物**(compound)二大類。元素是由相同原子組成的物質，有些以單原子形式存在，如鈍氣(He, Ne, Ar)等；有些則以多原子結合的方式存在，如氫氣(H_2)、氧氣(O_2)、磷(P_4)、硫(S_8)、臭氧(O_3)等。請注意 2H 和 H_2 所代表的意義不同。2H 是指 2 個單獨存在的 H 原子，而 H_2 則是兩個氫原子結合在一起的粒子稱為一個氫分子（圖 3-8）。

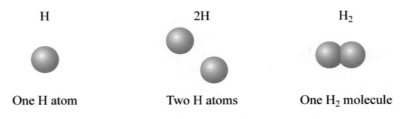

One H atom	Two H atoms	One H₂ molecule

◯ 圖 3-8　一個 H 原子、兩個 H 原子及一個 H_2 分子的區別

化合物則是不同原子以一定比例結合的物質，如水(H_2O)、鹽($NaCl$)及葡萄糖($C_6H_{12}O_6$)等。

原子結合成元素或化合物的方式都與電子組態有關，詳細內容留在第四章探討，目前我們先學習化合物的命名。

化學的命名規則大致可分為下列幾大類：

一、金屬－非金屬的二元化合物

金屬易失去價電子，形成鈍氣電子組態的陽離子，如：

$$Na \qquad \rightarrow \qquad Na^+ \quad + \quad e^-$$
$$[Ne]3s^1 \qquad\qquad [Ne]$$

而非金屬易得到電子形成鈍氣電子組態的陰離子，如：

$$Cl \quad + \quad e^- \qquad \rightarrow \quad Cl^-$$
$$[Ne]3s^2 3p^5 \qquad\qquad [Ne]3s^2 3p^6 = [Ar]$$

陽離子和陰離子再以靜電吸引力結合成中性的化合物稱為離子化合物，命名時以（非金屬）化（金屬）稱呼之。

例如：$NaCl$ 氯化鈉、Na_2O 氧化鈉、Mg_3N_2 氮化鎂、LiH 氫化鋰。

表 3-1 是 A 族元素形成陰陽離子的情形，據此我們可反過來依化合物的名稱寫出其化學式。

▼ 表 3-1　A 族元素的單原子離子

IA	IIA	IIIA	IVA	VA	VIA	VIIA
H^-						
Li^+	Be^{2+}		C^{4-}	N^{3-}	O^{2-}	F^-
Na^+	Mg^{2+}	Al^{3+}		P^{3-}	S^{2-}	Cl^-
K^+	Ca^{2+}				Se^{2-}	Br^-
Rb^+	Sr^{2+}				Te^{2-}	I^-
Cs^+	Ba^{2+}					

例 3-7

試命名下列化合物：

①CdS；②CaI_2；③Ca_3P_2；④Al_4C_3。

 ①硫化鎘。

②碘化鈣。

③磷化鈣。

④碳化鋁。

例 3-8

試寫出下列二元化合物的化學式：

①矽化鎂；②氧化鋰；③氮化鈣；④溴化鉀。

 ①Mg_2Si

②Li_2O

③Ca_3N_2

④KBr

有些金屬（尤其是過渡金屬）會有不只一種的陽離子時（表 3-2），命名法則如前，但其價數以羅馬字括號在金屬的後面，如：$FeCl_2$ 命名為氯化鐵(II)或氯化亞鐵；$FeCl_3$ 則稱為氯化鐵(III)。

▼ 表 3-2　常見的多種價數的金屬

Mn^{2+} Mn^{7+}	Fe^{2+} Fe^{3+}	Co^{3+} Co^{2+}	Pb^{4+} Pb^{2+}
Cr^{3+} Cr^{6+}	Cu^{2+} Cu^{+}	Sn^{4+} Sn^{2+}	Hg^{2+} Hg_2^{2+}

二、多原子離子化合物的命名

要命名多原子離子化合物，首先必須先熟記多原子離子的名稱。表 3-3 是一些常見的多原子離子的名稱。

▼ 表 3-3　常見的多原子離子

離子	英文	名字	離子	英文	名字
Hg_2^{2+}	Mercury (I)	汞離子(I)	NCS^-	Thiocyanate	硫氰酸根離子
NH_4^+	Ammonium	銨根離子	CO_3^{2-}	Carbonate	碳酸根離子
NO_2^-	Nitrite	亞硝酸根離子	HCO_3^-	Hydrogen carbonate	碳酸氫根離子
NO_3^-	Nitrate	硝酸根離子	ClO^-	Hypochlorite	次氯酸根離子
SO_3^{2-}	Sulfite	亞硫酸根離子	ClO_2^-	Chlorite	亞氯酸根離子
SO_4^{2-}	Sulfate	硫酸根離子	ClO_3^-	Chlorate	氯酸根離子
HSO_4^-	Hydrogen sulfate	硫酸氫根離子	ClO_4^-	Perchlorate	過氯酸根離子
OH^-	Hydroxide	氫氧根離子	$C_2H_3O_2^-$	Acetate	醋酸根離子
CN^-	Cyanide	氰根離子	MnO_4^-	Permanganate	過錳酸根離子
PO_4^{3-}	Phosphate	磷酸根離子	$Cr_2O_7^{2-}$	Dichromate	重鉻酸根離子
HPO_4^{2-}	Hydrogen phosphate	磷酸氫根離子	CrO_4^{2-}	Chromate	鉻酸根離子
$H_2PO_4^-$	Dihydrogen phosphate	磷酸二氫根離子	O_2^{2-}	Peroxide	過氧根離子
			$C_2O_4^{2-}$	Oxalate	草酸根離子

多原子離子化合物命名時，是將陰離子名稱寫在前，而陽離子名稱寫在後，例如：

$CaSO_4$ 硫酸鈣

$NaHCO_3$ 碳酸氫鈉

NH_4NO_3 硝酸銨

$KMnO_4$ 過錳酸鉀

金屬－非金屬二元化合物和多原子離子化合物都是以離子靜電力結合的離子化合物或稱為鹽類（但不包含氫氧化物和金屬氧化物），所以 $NaCl$, $CuSO_4$, $NaHCO_3$ 等是離子化合物也是鹽類，而 KOH, Na_2O 等是離子化合物但不是鹽類。

例 3-9

試寫出下列化合物的名稱，並判斷何者並非鹽類。
①$K_2Cr_2O_7$；②CaC_2O_4；③NH_4OH；④KCN。

解 ①化合物的名稱依序為：二鉻酸鉀；草酸鈣；氫氧化銨；氰化鉀。

②NH_4OH 含有 OH^- 離子，所以並非鹽類。

例 3-10

寫出下列化合物的化學式：
①醋酸鎂；②磷酸銨；③次氯酸鈉；④硝酸鉛(II)。

解 ①$Mg(C_2H_3O_2)_2$ 或 $Mg(CH_3COO)_2$

②$(NH_4)_3PO_4$

③$NaClO$

④$Pb(NO_3)_2$

三、非金屬－非金屬二元化合物

非金屬原子和非金屬原子彼此結合的力量並非離子間的靜電吸引力，而是彼此原子核吸引對方的電子的力量，此種力量稱為共價鍵（詳見第四章），所形成的化合物稱為分子化合物。

此種化學式的寫法是先寫週期表下方的元素再寫上方的元素，例如 Cl 和 O 的化合物，寫為 Cl_2O；N 和 S 的化合物寫為 S_3N_2。若是同週期元素則先寫左再寫右，如 CO_2, N_2O 等。

命名時必須包含原子的數目，但若前面的非金屬原子數目為 1 時，則不需使用數字。例如：

N_2O_4　　四氧化二氮

CO_2　　　二氧化碳

NO　　　一氧化氮

四、氫－非金屬的二元化合物

H 和 VIA, VIIA 原子結合時，化學式的寫法是先寫 H 再寫 VIA 或 VIIA 元素，如 H_2O, HCl；當 H 和 IIIA, IVA, VA 原子結合時則反過來，先寫 IIIA, IVA 或 VA 元素再寫 H，如 B_2H_6, CH_4, NH_3；命名時則以（非金屬）化氫為原則，有俗名者則以俗名稱呼之。而其水溶液(aq)則命名為氫（非金屬）酸，例如：

$HF_{(g)}$　　氟化氫　　　$HF_{(aq)}$　　氫氟酸

$HCl_{(g)}$　　氯化氫　　　$HCl_{(aq)}$　　氫氯酸（或鹽酸）

$H_2S_{(g)}$　　硫化氫　　　$H_2S_{(aq)}$　　氫硫酸

$NH_{3(g)}$　　氨　　　　　$NH_{3(aq)}$　　氨水

五、酸的命名

除了上述 H 和 VIA, VIIA 元素所形成的化合物溶於水後變成酸外，氫離子(H^+)和表 3-3 的多原子陰離子結合亦可成為酸（但不包括 OH^-，O_2^{2-}），命名時，含有氧者，直接以酸稱呼；不含氧者則與二元化合物的酸相同。例如：

▼ 含氧酸命名

陰離子	中文	英文	酸	中文	英文
$C_2H_3O_2^-$	醋酸根離子	acetate	$HC_2H_3O_2$	醋酸	acetic acid
CO_3^{2-}	碳酸根離子	carbonate	H_2CO_3	碳酸	carbonic acid
NO_3^-	硝酸根離子	nitrate	HNO_3	硝酸	nitric acid
PO_4^{3-}	磷酸根離子	phosphate	H_3PO_4	磷酸	phosphoric acid
ClO_2^-	亞氯酸根離子	chlorite	$HClO_2$	亞氯酸	chlorous acid
ClO_4^-	過氯酸根離子	perchlorate	$HClO_4$	過氯酸	perchloric acid
SO_3^{2-}	亞硫酸根離子	sulfite	H_2SO_3	亞硫酸	sulfurous acid
SO_4^{2-}	硫酸根離子	sulfate	H_2SO_4	硫酸	sulfuric acid

▼ 非含氧酸命名

陰離子	中文	陰離子	中文
CN^-	氰根離子	HCN	氫氰酸
F^-	氟離子	HF	氫氟酸

例 3-11

命名下列化合物：

①CCl_4；②N_2O_5；③$HCl_{(aq)}$；④$HI_{(g)}$；⑤$H_2C_2O_4$；⑥$H_2Cr_2O_7$。

解 ①四氯化碳。　　⑤草酸。

②五氧化二氮。　　⑥重鉻酸。

③氫氯酸。

④碘化氫。

 課後練習

一、單選題

( ) 1. 下列原子和離子半徑之大小順序，何者正確？ (A)S^{2-} > Cl^- > Ar > K^+ > Ca^{2+} (B)Ca^{2+} > K^+ > Ar > Cl^- > S^{2-} (C)Ar > K^+ > Ca^{2+} > S^{2-} > Cl^- (D)Cl^- > Ar > S^{2-} > K^+ > Ca^{2+}。

( ) 2. 下列有關游離能之敘述，哪一項錯誤？ (A)游離能是原子獲得電子形成離子時所釋放的能量 (B)游離能一定為吸熱 (C)週期表中同族元素的游離能隨原子序之增加而遞降 (D)週期表中，同列元素的游離能隨原子序之增加而作鋸齒狀的遞增。

( ) 3. 中性原子甲、乙、丙、丁、戊的電子組態分別如下所示：甲 $1s^2 2s^2 2p^6 3s^2$、乙 $1s^2 2s^2 2p^6 3s^1$、丙 $1s^2 2s^2 2p^6$、丁 $1s^2 2s^2 2p^5$、戊 $1s^2 2s^2 2p^4$ 則第一游離能由大而小的順序為？ (A)甲 > 乙 > 丙 > 丁 > 戊 (B)丙 > 丁 > 戊 > 甲 > 乙 (C)丁 > 戊 > 甲 > 乙 > 丙 (D)甲 < 乙 < 丙 < 丁 < 戊。

( ) 4. 某元素的第一至第五游離能，依序列出為 138、434、656、2767、3547kcal/mol，下列何者最有可能為此元素？ (A)鎂 (B)鋁 (C)矽 (D)磷。

( ) 5. 下列有關週期表的敘述，何者為正確？ (A)一般而言，元素在週期表的位置越右或越下方，其金屬性減小 (B)第四週期的過渡元素，其電子填入最高能階是 $4d$ 軌域 (C)一般而言，同族元素（A 族）隨原子序的增加，化學反應活性增大 (D)鑭($_{57}$La)，其電子填入最高能階是 $5d$ 軌域。

( ) 6. 下列有關元素週期性質及週期表的敘述，何者正確？ (A)現在的週期表是依各元素原子量從小到大的順序排列 (B)依導電性，元素大體上可分為金屬、類金屬、非金屬三大類 (C)週期表左下方的元素是往水中呈酸性的非金屬 (D)類金屬的化學性質介於金屬及非金屬之間，所以列在週期表中央，統稱 B 族。

（　）7. 下列各數字代表週期表元素之原子序，何組的化學性質最不相似？
(A)12，20，28　　(B)3，11，19　　(C)9，17，35　　(D)12，38，56。

（　）8. 做為光電材料，銫金屬比鋰金屬較受歡迎使用之理由是：　(A)銫金屬
之密度較大　(B)銫金屬之游離能較低　(C)銫金屬之氧化電位較小　(D)
銫金屬之升華熱較小。

（　）9. 下列關於鈍氣元素（VIIIA 族）的各項敘述，正確的是？　(A)在同列元
素中游離能最大　(B)最外層電子組態均是 s^2p^6　(C)在同列元素中電子
親和力最大　(D)均能與氟，氧等電負度極大的元素化合。

（　）10. 在下列各反應中，哪一個反應式中的反應熱代表元素 X 的游離能？
(A)$X_{(s)} \rightarrow X^+_{(g)}+e^-$　　(B)$X_{(s)} \rightarrow X^+_{(aq)}+e^-$　　(C)$X_{(g)} \rightarrow X^+_{(g)}+e^-$　　(D)$X_{(g)} \rightarrow$
$X^+_{(aq)}+e^-$。

（　）11. F, N, Ne, O 的第一游離能由小至大的順序排列是　(A)N ＜ O ＜ F ＜ Ne
(B)N ＜ O ＜ Ne ＜ F　(C)O ＜ N ＜ F ＜ Ne　(D)O ＜ N ＜ Ne ＜ F。

（　）12. 根據下列四種元素的價電子組態，試判定何種元素最可能在週期表上與
鉀同族？　(A)$4d^{10}5s^1$　(B)$1s^1$　(C)$4f^05d^06s^16p^0$　(D)$3d^54s^1$。

（　）13. 下列各組，何者為週期表的過渡元素？　(A)Li, Na, K　(B)Cu, Ag, Au
(C)N, P, As　(D)O, Se, Te。

（　）14. 右表為元素週期表的一部分，甲至戊表元素符
號，其中甲的原子序為 13。試問右表中，哪一個
元素的原子半徑最小？　(A)甲　(B)乙　(C)丙
(D)丁　(E)戊。

	甲	乙
丙	丁	戊

（　）15. 下列有關酸鹼命名，哪些正確？　(A)$HCN_{(aq)}$ 氫氰酸　(B)$Sn(OH)_2$ 氫氧
化錫　(C)$HClO_2$ 次氯酸　(D)H_2MnO_4 錳酸。

（　）16. 附圖是按元素特性而區分的週期表，許多的類金屬元素因性質介於金屬
與非金屬之間，故可作為半導體電子材料，這些元素在週期表中都分布
在何處？　(A)甲　(B)丙、丁　(C)丁、戊　(D)戊、己。

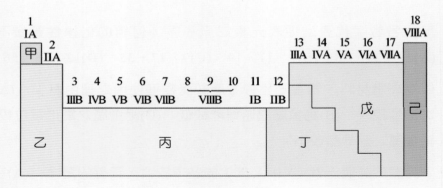

題組 17~18：

　　甲、乙、丙、丁、戊五種不同化合物的沸點及其 1.0M 水溶液的導電電流數據如下表。測量導電電流的實驗裝置如下圖所示，實驗時取用的化合物水溶液均為 1.0M 及 100 毫升，分別置於燒杯中，然後記錄安培計的導電電流讀數。試根據上文，回答下列兩題。

化合物	沸點（℃）	1.0M 水溶液的導電電流（安培）
甲	400（分解）註	1.10×10^{-1}
乙	140	9.93×10^{-4}
丙	64.8	1.07×10^{-4}
丁	56.5	4.95×10^{-3}
戊	−84.8	2.59×10^{-1}

註：分解表示該化合物到 400℃ 時，就分解了，因此沒有所謂的沸點。

（　　）17. 由表的數據推測，最可能為離子化合物的是下列哪一種物質？
(A)甲　(B)乙　(C)丙　(D)丁　(E)戊。

（　　）18. 由表的數據推測，最可能為分子化合物又是強電解質的是下列哪一種物質？　(A)甲　(B)乙　(C)丙　(D)丁　(E)戊。

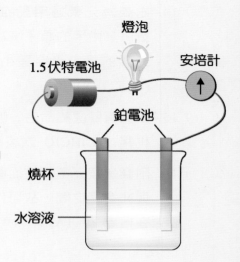

（　）19. 下列有關元素性質的敘述，哪些正確？

(A)同一原子的游離能和電子親和力的大小相同，僅符號相反

(B)第二週期原子的電子親和力中，以氟所釋出的能量最大

(C)第三週期原子的半徑大小隨原子序的增加而增大

(D)氟原子的電子親和力絕對值大於其游離能

(E)一般而言，金屬原子電負度大於非金屬原子的電負度。

題組 20~21：

下圖為部分的週期表，該表中標示有甲至己六個元素，根據週期表元素性質變化的規律與趨勢，回答下列兩題。

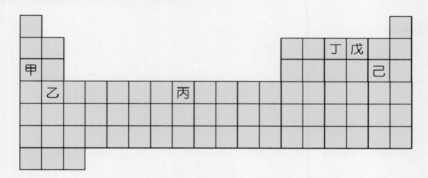

（　）20. 甲至己六個元素，何種組合形成的化合物，其化學式最可能是 AB_2 的型式？已知 A 為金屬元素、B 為非金屬元素。（應選兩項）

(A)甲、丁　(B)甲、戊　(C)乙、戊　(D)乙、己　(E)丙、己。

（　）21. 下列何種組合，可以共價鍵結合，形成分子化合物？（應選兩項）

(A)甲、戊　(B)乙、己　(C)丁、戊　(D)丙、戊　(E)戊、戊。

二、問答題

1. 試將下列原子由大到小依序排列。

(1) Be, Mg, Ca

(2) Na, Mg, Al

2. 承上，將各原子的第一游離能由小至大依序排列。

3. 將下列電子組態依元素的四大種類分類：

    (1) $[Ne]3s^2 3p^6$

    (2) $[He]2s^2 2p^3$

    (3) $[Xe]6s^2 5d^1 4f^8$

    (4) $[Xe]6s^2 4f^{14} 5d^3$

4. 請命名下列物質：

    (1) KBr

    (2) $Fe_2(SO_4)_3$

    (3) $HMnO_7$

    (4) $HI_{(aq)}$

    (5) Cl_2O_7

5. 請寫出下列物質的化學式：

    (1) 三氟化碘

    (2) 氫硒酸

    (3) 碳酸

    (4) 硫酸鋁

6. 下表是元素週期表的一部分，自表中所示 I~VII，選出適合於下列各題的元素，以化學符號作答。

1	H																	He
2	I	Be											B	II	III	IV	V	VI
3	Na	VII												Si				
4			Sc		V	Cr	Mn	Fe	Co	Ni			Ca		As			Kr

    (1) II 和 IV 結合成的化合物化學式為_____。

    (2) VII 和 V 結合成的化合物化學式為_____。

(3) III 的電子組態為＿＿＿＿＿＿。

(4) II、IV、VII 原子半徑以何者最大？＿＿＿＿＿＿。

(5) 第二列元素中，其氫化物有一對未共用電子對的元素符號為＿＿＿＿＿＿。

MEMO

CHEMISTRY

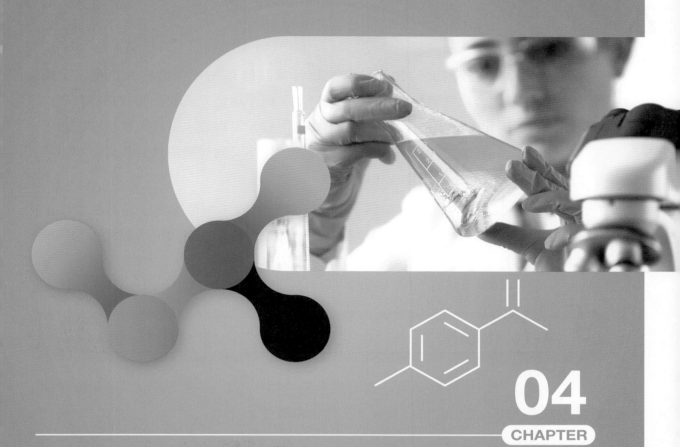

化學鍵、固體與液體

04
CHAPTER

我們生活周遭接觸到的物質，有些以元素狀態存在（如鑽石、石墨、金屬等），有些則以化合物的形態（如水、食鹽等）。但不論是元素或化合物都有軟硬之分，如鑽石由碳元素構成硬度很大；石墨亦是由碳元素構成，但卻柔軟滑順還可導電。是什麼原因造成物質的性質有如此大的差異性？又為什麼惰性氣體常以單原子存在，而鮮少與其他原子結合成化合物？

事實上，以上這些問題都與原子的電子組態有關。本章從電子組態的觀點出發，介紹化學鍵的理論，並藉此預測物質的結構及性質。同時由分子間的引力解釋固體和液體的行為。首先，來看看化學鍵是如何形成的。

4-1　化學鍵

上一章曾介紹過純物質可分為元素和化合物，而化合物又可依原子和原子間結合的方式不同，將化合物分為分子化合物和離子化合物。

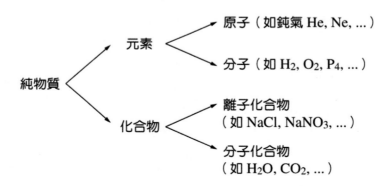

而這種原子和原子間的結合力量就稱為化學鍵，要使原子和原子間相結合，一定要有誘因存在，這個誘因就是可以使彼此的能量降低，比原本單獨原子時更穩定。因此我們不難想像，為什麼鈍氣可以單原子的形態存在了。因為鈍氣原子具有最外層軌域全滿的安定電子組態 ns^2np^6（He 為 $1s^2$），所以能量很低極為穩定。像這種最外主層的 s 副層（一個軌域）和 p 副層（三個軌域）共四個軌域填滿了 8 個電子的安定狀態，我們稱之為八隅體(octet)。

　　從這個結果的發現，我們可以知道許多典型元素化學鍵的形成都與追求八隅體的穩定狀態有關，也就是利用化學鍵的形成使彼此最外層都擁有 8 個電子，這種鍵結的規則亦稱為**八隅律**(octet rule)。

　　八隅律有助於描述典型元素的鍵結，但第三週期後的部分元素（如 Si, P, S, Cl），它們的價軌域除了 $3s$，$3p$ 外尚有 $3d$ 軌域，所以可能會出現不符合八隅律的鍵結（如 ClF_5），但本章將著重於描述遵守八隅律的化合物。而鄰近氦(He)的典型元素，如 H, Li 和 Be 在形成鍵結時，其電子組態則與 He 相同只有**二個電子**。

　　原子是如何改變電子組態形成八隅體呢？可能的情形如以下三種：

1. 金屬原子藉失去一至三個價電子形成陽離子，陽離子的電子組態與上一個週期的鈍氣相同。如：

$$Na \quad \rightarrow \quad Na^+ \quad + \quad e^-$$
$$[Ne]3s^1 \qquad\quad [Ne]$$

2. 非金屬元素藉得到一到三個價電子形成陰離子，陰離子的電子組態與同週期的鈍氣相同。如：

$$Cl \quad + \quad e^- \quad \rightarrow \quad Cl^-$$
$$[Ne]3s^23p^5 \qquad\qquad [Ne]3s^23p^6 = [Ar]$$

3. 兩原子核彼此互相吸引對方的價電子稱為共用電子，使彼此都滿足同週期的鈍氣電子組態。這個方式有點像人類合資的概念。例如甲出 3 元，乙出 5 元當共有基金，如此甲和乙都有 8 元在戶頭可以使用。

　　藉第三種共用電子方式所形成的化合物就是分子化合物，此種化學鍵就稱為**共價鍵**。而第一種方式產生的陽離子可以和第二種方式產生的陰離子彼此結合中和電性，所形成的化合物就是離子化合物，此種化學鍵就稱為**離子鍵**。

為了往後描述價電子與鍵結的關聯，首先我們先來認識價電子的表示法－路易士符號。路易士符號係以元素符號的上下左右四週代表最外主層的 s 副層和 p 副層的四個軌域，再以黑點代表價電子分別填入元素符號的四周，通常在元素的四周都有一個點後，才會再點上第二個電子。前三週期的 A 族元素其路易士符號列於表 4-1 中。第三章曾提到過 A 族元素的族數與價電子數相同（He 例外），所以同族元素其電子點式亦相同。

▼ 表 4-1　路易士符號（元素的電子點式）

I A	II A	III A	IV A	V A	VI A	VII A	VIII A
Ḣ							:He
L̇i	Be·	Ḃ·	·Ċ·	·N̈·	·Ö·	·F̈:	:N̈e:
Ṅa	Mg·	A̋l·	·S̋i·	·P̈·	·S̈:	·C̈l:	:Är:

4-2　離子鍵的形成

金屬－非金屬所形成的化合物（如 NaCl）或是多原子離子化合物（如 Na_2SO_4）都屬於離子化合物，而離子化合物中原子的結合方式就是靠陽離子和陰離子間的靜電吸引力所達成，此種吸引力的力量就稱為離子鍵。

金屬其低游離能的特性易失去電子，從能量的觀點來看，典型金屬失去電子後具有和上一個週期的鈍氣有相同的電子組態，符合八隅律。例如：

$$Na· \longrightarrow Na^+ + e^-$$

$$[Ne]\ 3s^1 \qquad\qquad [Ne]$$

IIA 族

$$\dot{Mg}\cdot \longrightarrow Mg^{2+} + 2e^-$$

[Ne] $3s^2$ [Ne]

IIIA 族

$$\dot{Al}\cdot \longrightarrow Al^{3+} + 3e^-$$

[Ne] $3s^2 3p^1$ [Ne]

    IIIA 族的硼(B)不是金屬，所以自鋁以下才會形成+3 價的陽離子。至於 IVA 族的金屬（如錫、鉛）若要失去 4 個電子則需要相當大的能量，所以通常只失去 2 個電子，形成+2 價的 Sn^{2+} 和 Pb^{2+} 並不符合八隅律。

    至於非金屬元素，因電子親和力大，所以易得到電子形成陰離子，陰離子的電子組態則與同週期的鈍氣相同。例如：

VIIA 族

$$\cdot\ddot{Cl}{:} + e^- \longrightarrow {:}\ddot{Cl}{:}^-$$

[Ne] $3s^2 3p^5$ [Ne] $3s^2 3p^6 = $ [Ar]

VIA 族

$$\cdot\ddot{O}{:} + 2e^- \longrightarrow {:}\ddot{O}{:}^{2-}$$

[He] $2s^2 2p^4$ [He] $2s^2 2p^6 = $ [Ne]

VA 族

$$\cdot\dot{\ddot{N}}\cdot + 3e^- \longrightarrow {:}\ddot{N}{:}^{3-}$$

[He] $2s^2 2p^3$ [He] $2s^2 2p^6 = $ [Ne]

氫也比鄰近的 He 少一個電子，所以 H 除了可失去 1 個電子形成 H^+ 外，也可以獲得 1 個電子，形成 -1 價離子。

$$H \cdot \ + \ e^- \ \rightarrow \ H:^-$$
$$1s^1 \qquad\qquad 1s^2 = [He]$$

在多數情況下，IVA 族的非金屬（如 C，Si）較不傾向於形成陰離子，而是以共用電子的方式形成鍵結。

當金屬和非金屬原子結合時，電子會從金屬原子轉移至非金屬原子，並形成電中性的離子化合物。下列實例以路易士符號（電子點式）說明形成離子化合物時電子的轉移過程。

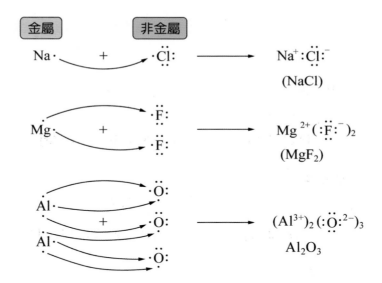

例 4-1

請寫出下列金屬元素和非金屬元素反應產生離子化合物的化學式為何？

①Al 和 Cl；②Mg 和 N；③K 和 O。

解 ① Al 為 IIIA 族元素易形成 Al^{3+}，Cl 為 VIIA 族元素易形成 Cl^-，所以一個 Al 需要 3 個 Cl 結合才可能形成中性化合物，故化學式為 $AlCl_3$。

② Mg 為 IIA 族元素易形成 Mg^{2+}；N 為 VA 族元素易形成 N^{3-}，為形成中性化合物必須有 3 個 Mg 和 2 個 N 原子才能達成，故化學式為 Mg_3N_2。

③ 同理，化學式應為 K_2O。

4-3 共價鍵的形成

　　當兩原子都是非金屬時，自然無法形成陰陽離子以離子鍵的方式結合，此時兩個原子就必須以共用電子的方式形成鍵結。此種結合的力量就稱為**共價鍵** (covalent bond)。

　　為了方便解釋共用電子的概念及離子鍵和共價鍵的差異，我們以 A 先生和 B 小姐這對夫妻的家庭財務管理為例。若 A 先生和 B 小姐，分別代表兩個原子，他們的錢代表電子，則：

狀況一：

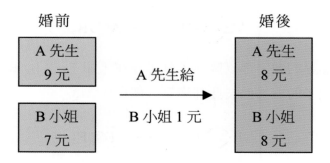

　　婚後 A 先生將 1 元存入 B 小姐戶頭中，請注意這 1 元已經完全不屬於 A 先生了，他們這樣的關係猶如離子鍵一般。

狀況二：

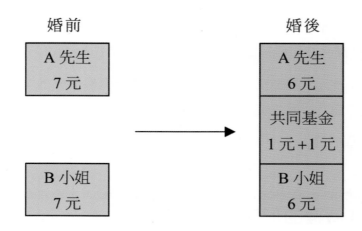

　　婚後 A 先生和 B 小姐各拿出 1 元當做共同基金，共同基金屬於兩人所共有，所以婚後 A 先生有(6+2)元，B 小姐也有(6+2)元，像這樣的結合方式就猶如共價鍵共用電子一般。

　　上述例子只是幫助我們了解，共用電子如何使兩個原子都能滿足八隅律。但接下來我們不禁要問兩個原子是以何種方式結合才能共用電子呢？事實上答案很簡單，就是利用兩個原本屬於各自原子的價軌域重疊成一個填滿電子的共用軌域即可，其可能的方式有二：

1. 半滿軌域＋半滿軌域→全滿軌域

$$A\,\textcircled{\cdot}\,\textcircled{\cdot}\,B \longrightarrow A\,\textcircled{\cdot}\,B$$

　　例如：自然界的鹵素都以雙原子分子存在，如 F_2, Cl_2, Br_2, I_2。兩個鹵素原子就是靠共同電子的方式使彼此都滿足八隅律。

$$:\overset{\cdot\cdot}{\underset{\cdot\cdot}{F}}\,\textcircled{\cdot}\,\overset{\cdot\cdot}{\underset{\cdot\cdot}{F}}: \longrightarrow :\overset{\cdot\cdot}{\underset{\cdot\cdot}{F}}\,\textcircled{\cdot}\,\overset{\cdot\cdot}{\underset{\cdot\cdot}{F}}:$$

我們可以看出每個 F 周圍有 3 對未共用電子對（6 個電子）和一對共用電子對（2 個電子），如此每個 F 周圍即有(6+2)個電子而能滿足八隅律的要求。本書為了區隔未共用電子對和共用電子對，在此我們點對(：)代表未共用電子對，以 " － " 代表共用電子對，所以 F_2 亦可表示為：

$$:\ddot{F} - \ddot{F}:$$

2. 空軌域＋全滿軌域→全滿軌域

$$A\bigcirc \quad \odot B \longrightarrow A\odot B$$

此種方式所形成的共價鍵稱為配位共價鍵。

例如：$NH_3 + H^+ \rightarrow NH_4^+$ 即為此例。

$$H-\underset{\underset{H}{|}}{\overset{\overset{H}{|}}{N}}\odot + \odot H^+ \longrightarrow H-\underset{\underset{H}{|}}{\overset{\overset{H}{|}}{N}}\odot H^+$$

表示成

$$H-\underset{\underset{H}{|}}{\overset{\overset{H}{|}}{N}}\rightarrow H^+$$

氫氣(H_2)、氧氣(O_2)和氮氣(N_2)也像 F_2 由相同的方式形成分子：

$$H\cdot \longleftrightarrow \cdot H \longrightarrow H:H \text{ 或 } H-H$$

$$:\ddot{O} \longleftrightarrow \ddot{O}: \longrightarrow :\ddot{O}::\ddot{O}: \text{ 或 } :\ddot{O}=\ddot{O}:$$

$$:\dot{N} \longleftrightarrow \dot{N}: \longrightarrow :N:::N: \text{ 或 } :N\equiv N:$$

　　H_2 共用一對電子（一條短槓）稱為**單鍵**，O_2 分子共用二對電子（二條短槓）稱為**雙鍵**；N_2 分子共用三對電子（三條短槓）稱為**參鍵**。打斷共價鍵使兩原子分開所需的能量稱為**鍵能**，鍵能依大小排列為**參鍵＞雙鍵＞單鍵**，這個道理好比三根筷子難折斷，兩根筷子稍難，而一根筷子最易折斷的道理是一樣的。所以我們可以想像 N_2, O_2 和 H_2 三者，N_2 一定是最穩定的氣體，所以在食品工業常以 N_2 來填充食物，避免食品氧化變質。表 4-2 是一些共價鍵的鍵能。

▼ 表 4-2　平均鍵能(KJ/mol)

單鍵								多重鍵	
H–H	432	N–H	391	I–I	149			C=C	614
H–F	565	N–N	160	I–Cl	208			C≡C	839
H–Cl	427	N–F	272	I–Br	175			O=O	495
H–Br	363	N–Cl	200					C=O	799
H–I	295	N–Br	243	S–H	347			C≡O	1072
		N–O	201	S–F	327			N=O	607
C–H	413	O–H	467	S–Cl	253			N=N	419
C–C	347	O–O	146	S–Br	218			N≡N	941
C–N	305	O–F	190	S–S	266			C≡N	891
C–O	358	O–Cl	203					C=N	615
C–F	485	O–I	234	Si–Si	340				
C–Cl	339			Si–H	393				
C–Br	276	F–F	154	Si–C	360				
C–I	240	F–Cl	253	Si–O	452				
C–S	259	F–Br	237						
		Cl–Cl	239						
		Cl–Br	218						
		Br–Br	193						

再來看一些相異原子形成共價鍵的情形：

1. 氯化氫的鍵結

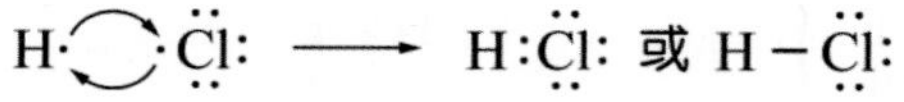

$$H \cdot \; \overset{\frown}{\underset{\smile}{:}} \; \overset{..}{\underset{..}{Cl}}: \longrightarrow H : \overset{..}{\underset{..}{Cl}}: \text{ 或 } H - \overset{..}{\underset{..}{Cl}}:$$

2. 水的鍵結

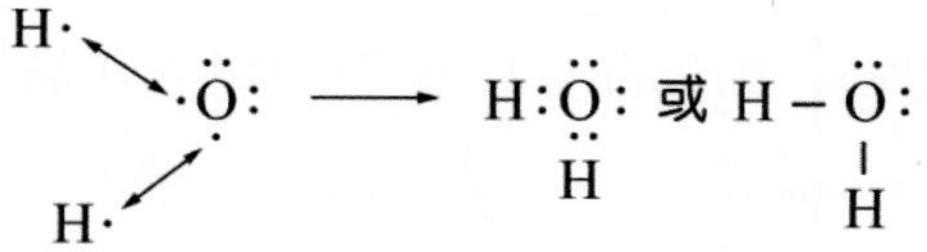

$$H \cdot \quad \overset{..}{O}: \longrightarrow H : \overset{..}{\underset{H}{O}}: \text{ 或 } H - \overset{..}{\underset{|}{O}}:$$

3. 氨的鍵結

$$H \cdot \overset{H}{\underset{H}{\cdot N:}} \longrightarrow H : \overset{H}{\underset{H}{N}}: \text{ 或 } H - \overset{H}{\underset{H}{N}}:$$

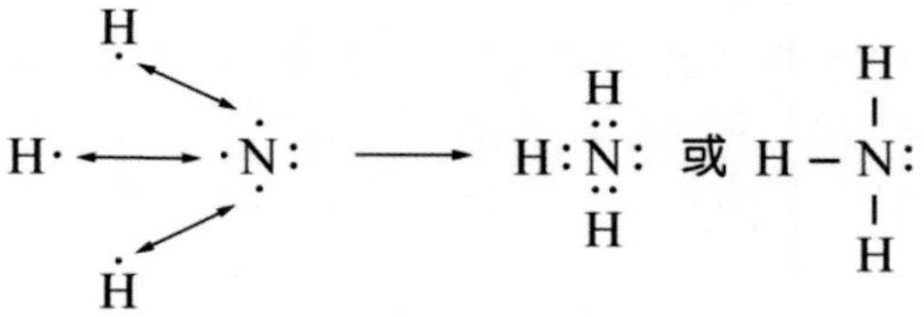

4. 配位共價鍵的形式

　　第二週期 IVA~VIIA 元素皆能遵守八隅律形成化合物，但同週期 IIIA 族的 B 所形成的化合物常少於 8 個電子，以致尚有空軌域存在，也因此這類化合物極不穩定，反應性高，例如三氟化硼即是如此。

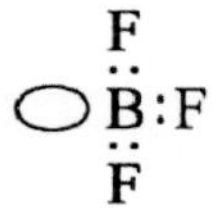

$$\bigcirc \overset{F}{\underset{F}{B}}:F$$

當三氟化硼遇到具有未共用電子對的化合物時（如 NH_3）會起劇烈反應，如下：

$$H-\overset{\overset{\displaystyle H}{|}}{\underset{\underset{\displaystyle H}{|}}{N}}: \quad + \quad \overset{}{\underset{\underset{\displaystyle F}{|}}{\underset{}{\overset{\displaystyle F}{|}}}}B-F \longrightarrow \quad H-\overset{\overset{\displaystyle H}{|}}{\underset{\underset{\displaystyle H}{|}}{N}}:\overset{\overset{\displaystyle F}{|}}{\underset{\underset{\displaystyle F}{|}}{B}}-F \quad 或 \quad H-\overset{\overset{\displaystyle H}{|}}{\underset{\underset{\displaystyle H}{|}}{N}} \longrightarrow \overset{\overset{\displaystyle F}{|}}{\underset{\underset{\displaystyle F}{|}}{B}}-F$$

N 和 B 之間的鍵結，即為前述曾提到的配位共價鍵，常以→符號代表配位共價鍵。注意箭頭的方向是由全滿軌域指向空軌域。

例 4-2

試判斷下列何者為離子化合物？何者為分子化合物（以共價鍵結合者）？

①$NaOH$；②CO_2；③NH_4Cl；④CH_3COOH；⑤H_2O_2。

解 離子化合物可以是金屬－非金屬化合物，亦可能為多原子離子化合物，所以①$NaOH$ 和③NH_4Cl 皆屬此類。

分子化合物是非金屬－非金屬化合物，所以②、④、⑤皆屬此類。

4-4 路易士結構

路易士結構是根據八隅律所畫出的，它可以顯示分子內價電子在原子間的分布情形。藉此我們除了可以知道化學式外，尚可知道分子的形狀，還能進一步預測物質的性質，因此熟悉路易士結構實為學習化學的基礎。

欲畫出分子的路易士結構有幾個規則必須遵守，在此我們僅介紹符合八隅律的分子：

1. 非氫原子總數目×8+氫原子總數目×2＝每個原子符合同週期鈍氣的價電子數。

2. 算出分子中所有原子的價電子數。

3. $\dfrac{\text{〔規則1〕}-\text{〔規則2〕}}{2}$＝鍵結數（共用電子對數）

4. 鍵結量多（半滿軌域多）的原子置於中央，稱為中心原子，其他原子則平均分配置於周圍。例如甲烷(CH_4)分子，C 原子($\cdot \dot{\underset{\cdot}{C}} \cdot$)有四個半滿軌域而 H 原子(H・)只有一個半滿軌域，所以 C 原子置於中央，而 H 原子平均分配於四周。

$$
\begin{array}{c}
H \\
H\ C\ H \\
H
\end{array}
$$

亦可將原子數少者置於中間，做為中心原子，但 H 原子一定置於周圍。

5. 將（規則 3）得到的總鍵結數分配於中心原子和周圍原子間（至少一個鍵）。

6. 檢查各原子是否滿足八隅律（H 除外，H 只能有一個鍵），不足者以未共用電子對補足所需。

　　首先我們以水分子為例，依上述規則畫出 H_2O 的路易士結構：

1. 規則一：

$$8 \times 1 + 2 \times 2 = 12 \text{ 個電子}$$

1 個 O 原子　2 個 H 原子

2. 規則二：

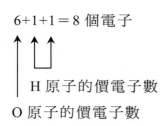

$$6 + 1 + 1 = 8 \text{ 個電子}$$

H 原子的價電子數

O 原子的價電子數

3. 規則三：

$$\frac{(12)-(8)}{2}=2 \text{ 個鍵}$$

4. 規則四：

$\ddot{\overset{\cdot\cdot}{\text{O}}}\cdot$ 有 2 個半滿軌域，H 有一個半滿軌域，所以 O 原子在中心，而 H 原子置於周圍。

H   O   H

5. 規則五：

H－O－H

2 個鍵

6. 規則六：

H－$\ddot{\text{O}}$－H

接著我們再以上述規則畫出氰離子 CN^- 的路易士結構：

1. 規則一：

8×2=16 個電子

↑

2 個非 H 原子（C 和 N 原子）

2. 規則二：

4+5+1=10 個電子

↑ ↑ ↑

－1 價

N 原子的價電子數

C 原子的價電子數

3. 規則三：

$$\frac{16-10}{2}=3\text{ 個鍵}$$

4. 規則四、五：

$$C \equiv N^-$$

5. 規則六：

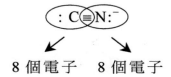

8 個電子　　8 個電子

例 4-3

畫出 SO_3 的路易士結構。

  ① 規則一：

8×4=32 個電子

↑

4 個非 H 原子（1 個 S+3 個 O）

② 規則二：

6+6+6+6＝24 個電子

O 原子的價電子數

S 原子的價電子數

③ 規則三：

$$\frac{32-24}{2} = 4 \text{ 個鍵}$$

④ 規則四：

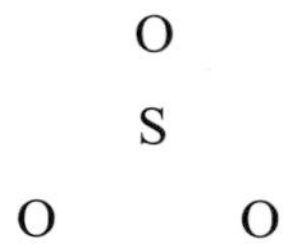

⑤ 規則五：

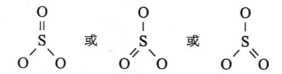

⑥ 規則六：

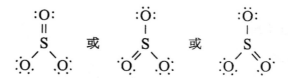

亦可以這三種結構的平均形式表示之。

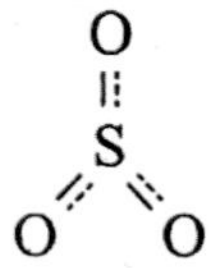

$$
\begin{array}{c}
O \\
\parallel \\
S \\
O \diagdown \diagup O
\end{array}
$$

S 原子和 O 原子間存在 $1\frac{1}{3}$ 鍵

像這種鍵結電子在各種結構中轉移的現象稱為共振(resonance structure)。例如亞硝酸根離子(NO_2^-)亦有如此的共振結構。

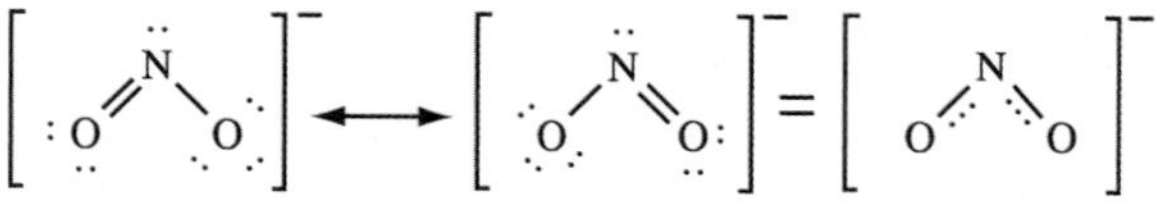

$$
\left[\ddot{O} = N - \ddot{O} \right]^- \longleftrightarrow \left[\ddot{O} - N = \ddot{O} \right]^- = \left[O \diagup N \diagdown O \right]^-
$$

N 和 O 的鍵結稱為 $1\frac{1}{2}$ 鍵

例 4-4

畫出 H_2O_2 的路易士的結構。

 ① 規則一：

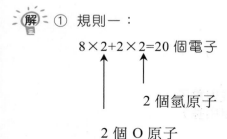

$8 \times 2 + 2 \times 2 = 20$ 個電子

　　　　↑　　　↑

　　　　　　　2 個氫原子

　　2 個 O 原子

② 規則二：

$6 \times 2 + 1 \times 2 = 14$ 個電子

　↑　　　↑

　　　　H 原子的價電子數

　O 原子的價電子數

③ 規則三：

$$\frac{20 - 14}{2} = 3 \text{ 個鍵}$$

④ 規則四、五：

$$H - O - O - H$$

⑤ 規則六：

$$H - \overset{..}{\underset{..}{O}} - \overset{..}{\underset{..}{O}} - H$$

例 4-5

畫出：①CH_3；②C_2H_5O；③NO 的路易士結構。

解 ①

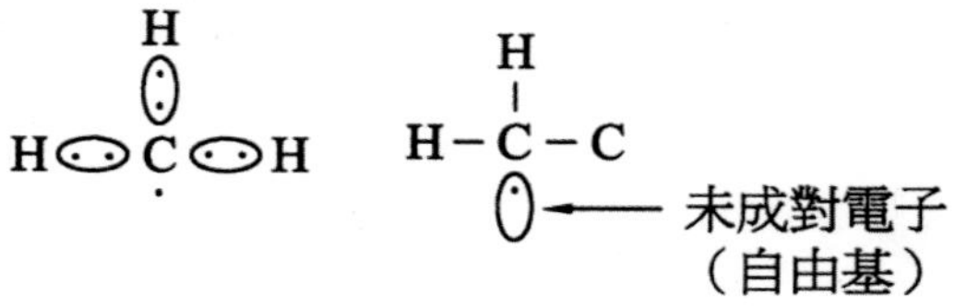

H○C○H 上方為 H，下方有未成對電子；右方 H—C—C 結構，C 下方 ○ ← 未成對電子（自由基）

②

$$H-\overset{\overset{H}{|}}{\underset{\underset{H}{|}}{C}}-\overset{\overset{H}{|}}{\underset{\underset{H}{|}}{C}}-\ddot{\ddot{O}}\cdot \longleftarrow 未成對電子（自由基）$$

③

$$:N○○: \Rightarrow :N=\ddot{O}: \quad 未成對電子（自由基）$$

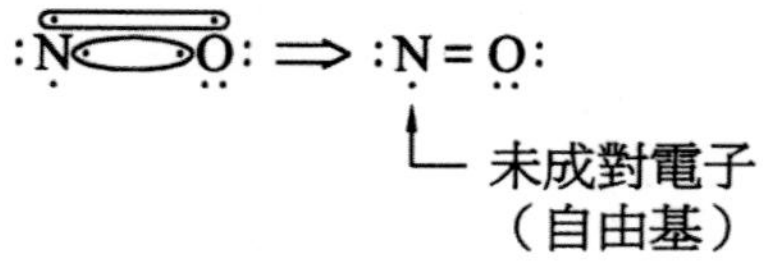

像例 4-5 這種帶有未成對電子的分子（或離子、原子）者稱為自由基。當化學鍵斷裂，若兩個電子可以平均分配到兩個原子上時，亦會有自由基的產生，如：

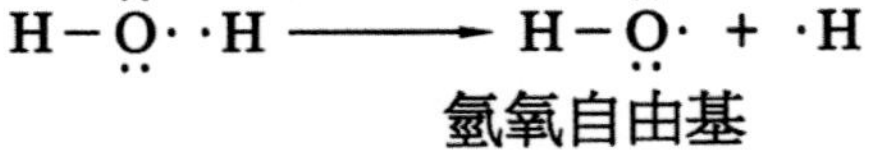

$$H-\ddot{O}\cdot\cdot H \longrightarrow H-\ddot{O}\cdot + \cdot H$$
氫氧自由基

自由基因具有不成對電子，極易去搶另一分子的電子或與另一自由基結合，所以化性活潑，反應性強極不安定。生物體內脂肪氧化或代謝的產物或者受到化妝品、染髮劑、藥物、食品添加物、油炸食品、空氣、水源汙染、過量紫外線照射，甚至精神壓力等外界因素刺激，都會使體內產生自由基，如：HO・、

R–O·、R–O–O·（R 是碳、氫鍵的組合，如 H–C–）、O_2^-（ :$\ddot{O}$–$\ddot{O}$: ）等。許多研究發現，如 DNA 突變、癌症、心血管病變、帕金森氏病、風濕性關節炎等都與自由基的堆積有關。尤其老人自體清除自由基的能力亦較差，所以年長者罹患上述疾病者較多亦是如此。

所以欲避免體內過多自由基的產生，除了可從生活作息、飲食習慣、改變心情、居住環境著手之外，亦可攝取維生素 A, C, E, β-胡蘿蔔素等之類的抗氧化劑抑制自由基的生成。

例 4-5 亦提到 NO 也是一個含有自由基的分子，最近的研究發現，NO 分子在體內可擴張血管，但此作用也同時使陰莖海綿體充血而勃起。所以威而鋼最先的用途是治療心血管疾病，不料副作用卻造福世界許多不舉的男士，這也是始料未及的。

4-5 分子的幾何形狀

上一節我們曾畫出水分子(H_2O)路易士結構為 **H–$\ddot{O}$–H**，看似一個直線型的分子。事實上，水分子的幾何形狀是一個 V 形的結構。

鍵角 104.5°。所以路易士結構只能看出分子中原子的鍵結情形，並不能判斷原子在空間中的位置。所以如何利用路易士結構的鍵結情形進一步預測分子的幾何形狀就是本節學習的重點。

分子的幾何形狀我們可以用**價殼層電子對排斥理論**（簡稱 **VSEPR**）加以預測。這個模型的主要理論是：分子的形狀主要是由減低原子周圍電子對相互斥力所決定。例如 BeH_2（不符合八隅律）的路易士結構為：

H–Be–H

Be 原子周圍僅有 2 對電子，顯然這 2 個共用電子對在相反的位置可以得到最小的斥力，因此：

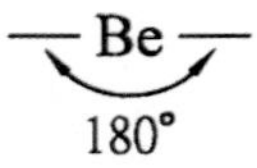

$$\underset{180°}{—Be—}$$

BeH$_2$ 分子應具有 180°鍵角的直線型結構。

再者繼續探討不符合八隅體的另一例三氟化硼(BF$_3$)的分子形狀。BF$_3$ 的路易士結構為：

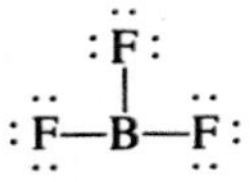

$$\overset{\displaystyle :F:}{\underset{}{:F—B—F:}}$$

B 原子被三對電子群所圍繞，欲使這三對電子群有最小的排斥力，所以這三對電子群會以鍵角 120°的排列方式達到最遠的距離。

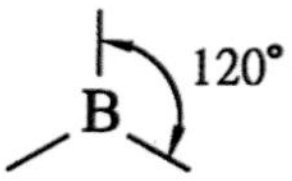

$$\underset{B}{\diagup}\overset{120°}{\diagdown}$$

因此，BF$_3$ 的分子結構應為鍵角 120°的**平面三角構造**。

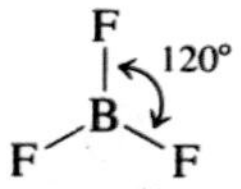

$$\overset{F}{\underset{F \quad F}{B}} \; 120°$$

再如甲烷(CH$_4$)的路易士結構如下：

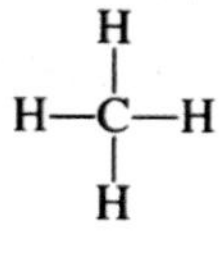

$$\underset{H}{\overset{H}{H—C—H}}$$

有四對電子群圍繞在 C 原子的周圍，如果在平面思考的話，我們會覺得夾 90°的平面四邊形有最小的斥力 $—\overset{90°}{C}—$ ，但是若換個角度由三度空間來思考，那麼具有鍵角 109.5°的四面體結構才應是最合適的答案。

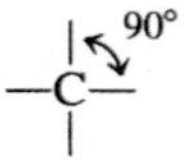

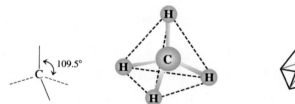

　　表 4-3 是中心原子的電子群數和分子形狀的關係，利用此表我們可立刻由分子的路易士結構，預測分子的幾何形狀。

▼ 表 4-3　產生最小斥力之原子周圍電子群的排列方式

電子群數		電子對排列方式	例子
2	線型	$:\!-\!\!A\!\!-\!:$	
3	平面三角形		
4	四面體型		
5	雙三角錐型	$120°$ $90°$	
6	八面體型		

　　此時或許有人會問，若路易士結構中出現雙鍵、參鍵或未共用電子對時，分子的形狀又將如何決定？雙鍵和參鍵占有的空間和單鍵相同，仍視為一個電子群，而未共用電子對雖看不見，但也占有空間，所以也視為一個電子群，再

參考表 4-3，一樣可以決定分子的形狀。例如氨(NH_3)分子，由路易士結構可知 NH_3 分子具有四對電子群（一個未共用電子對和 3 個共用電子對），參考表 4-3 應為四面體的幾何結構，但未共用電子對雖占有空間，但卻看不到，所以氨分子整體看來就是**三角錐**的幾何形狀。但因未共用電子對所占據的空間較大，以致 H–N–H 的鍵角較正四面體小，只有 107°。

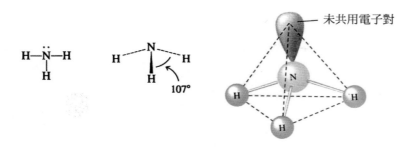

例 4-6

試描述水分子的構造。

解 水的路易士結構為 **H–Ö–H**，所以有四對電子群（2 對共用電子對和 2 對未共用電子對），參考表 4-3 應為四面體結構，但未共用電子對看不見，所以看起來水分子呈 V 型的分子構造 $\underset{104.5°}{H\overset{\ddot{O}}{\diagdown\diagup}H}$ 鍵角 104.5°（圖 4-1）。

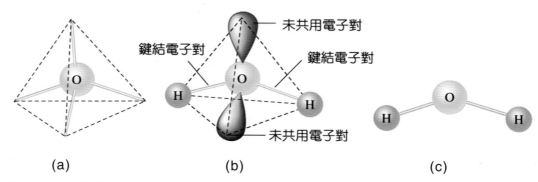

(a)　　　　　　　(b)　　　　　　　(c)

⊃ 圖 4-1 (a) 在水分子中，圍繞於氧原子上之 4 對電子的四面體排列；
　　　　　(b) 其中有兩對電子均為氧與氫原子共用，剩餘兩對電子為未共用電子對；
　　　　　(c) 水分子之 V 型分子構造

例 4-7

試描述二氧化硫(SO_2)的分子構造。

 SO_2 的路易士結構為：

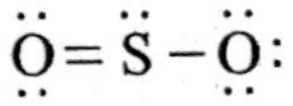

$$\ddot{O} = \dot{S} - \ddot{O}:$$

中心原子包含三個電子群（一個未共用電子對，一個單鍵和一個雙鍵），參考表 4-3 應為平面三角形的結構，但未共用電子對看不見，所以整個分子看起來呈 V 形結構，鍵角接近 $120°$。

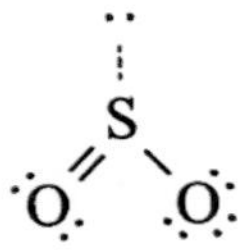

4-6　鍵的偶極矩與分子的極性

　　電池有正負極，磁鐵也有 N 極和 S 極；離子化合物中金屬端帶正電，非金屬帶負電，如此兩端性質不同的特性就稱為極性。至於以共價鍵結合而成的分子化合物是否也有如此的性質？

　　若兩原子核相同時（如 Cl–Cl），則兩原子核對共用電子對的吸引力一樣強，自然不在話下。但若兩原子核不同時（如 H–Cl），那麼共用電子對是否仍然會均勻分配在兩原子核中間呢？要回答這個問題必須使用到第三章週期律中曾提到過的電負度來解釋了。

　　電負度又稱為**陰電性**(electronegativity)是原子核在共價鍵中吸引共用電子對的能力，電負度（陰電性）大者，吸引共用電子對的能力較強。電負度和電子親和力在週期表中有相同的傾向，也就是越靠週期表的右邊和週期表的上方其電負度和電子親和力均較大，所以電負度最高者為氟(F)，其值定義為 4.0。至於其他元素的電負度則記錄於圖 4-2。

遞　增 →

1 H 2.1																	
3 Li 1.0	4 Be 1.5											5 B 2.0	6 C 2.5	7 N 3.0	8 O 3.5	9 F 4.0	
11 Na 0.9	12 Mg 1.2											13 Al 1.5	14 Si 1.8	15 P 2.1	16 S 2.5	17 Cl 3.0	
19 K 0.8	20 Ca 1.0	21 Sc 1.3	22 Ti 1.5	23 V 1.6	24 Cr 1.6	25 Mn 1.5	26 Fe 1.8	27 Co 1.8	28 Ni 1.8	29 Cu 1.8	30 Zn 1.6	31 Ga 1.6	32 Ge 1.8	33 As 2.0	34 Se 2.4	35 Br 2.8
37 Rb 0.8	38 Sr 1.0	39 Y 1.2	40 Zr 1.4	41 Nb 1.6	42 Mo 1.8	43 Tc 1.5	44 Ru 2.2	45 Rh 2.2	46 Pd 2.2	47 Ag 2.4	48 Cd 1.7	49 In 1.7	50 Sn 1.8	51 Sb 1.9	52 Te 2.1	53 I 2.5
55 Cs 0.7	56 Ba 0.9	57 La 1.1	72 Hf 1.3	73 Ta 1.5	74 W 1.7	75 Re 1.9	76 Os 2.2	77 Ir 2.2	78 Pt 2.2	79 Au 2.4	80 Hg 1.9	81 Tl 1.8	82 Pb 1.8	83 Bi 1.9	84 Po 2.0	85 At 2.2
87 Fr 0.7	88 Ra 0.9	89 Ac 1.1														

遞　減 ↓

◯ 圖 4-2　元素的電負度

因此當兩相異原子以共價鍵結合時，由於電負度的差異，共用電子對會比較靠近電負度大的電子，使其帶較多的負電荷（以 δ^- 表示）；相對地電負度小的原子則失去部分負電荷（以 δ^+ 表示），這種有一端帶部分正電(δ^+)而另一端帶部分負電(δ^-)的共價鍵稱為**極性共價鍵**(polar covalent bond)，所形成的偶極以 ↦ 表示，箭頭的方向由 δ^+ 指向 δ^-。

將我們目前所學過的化學鍵做個歸類，我們可以發現兩原子在鍵上競爭電子對時，對於電子對的分配有三種可能：

1. 相同兩原子核均分電子，形成非極性共價鍵，如 Cl_2 即是如此。

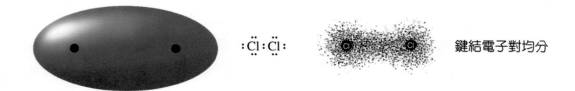

2. 相異兩原子核不均分電子，形成極性共價鍵如 HCl 分子。

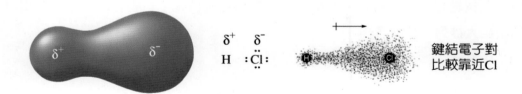

δ^+ δ^-
H :Cl:

鍵結電子對
比較靠近Cl

3. 相異兩原子電負度差大於 1.9，電子對完全由電負度大的原子所獲得，形成離子鍵，例如食鹽(NaCl)分子即是。

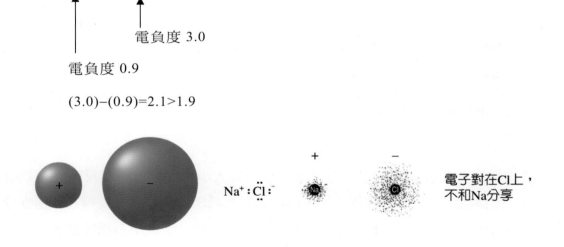

Na   Cl

電負度 3.0

電負度 0.9

(3.0)−(0.9)=2.1>1.9

Na^+:Cl:⁻

電子對在Cl上，
不和Na分享

例 4-8

判斷下列鍵結何者為非極性共價鍵？何者為極性共價鍵？何者為離子鍵？並依其極性由小至大排列（請參考圖 4-2）。

I–I, C–H, H–Cl, C–O, Be–F

解 參考圖 4-2 先算出兩原子的電負度差異。

$$I–I \qquad (2.5)–(2.5)=0 \qquad \Rightarrow 非極性共價鍵$$

$$
\left.\begin{array}{ll}
C–H & (2.5)-(2.1)=0.4<1.9 \\
H–Cl & (3.0)-(2.1)=0.9<1.9 \\
C–O & (3.5)-(2.5)=1.0<1.9
\end{array}\right\} \Rightarrow 極性共價鍵
$$

$$Be–F \qquad (4.0)–(1.5)=2.5>1.9 \qquad \Rightarrow 離子鍵$$

所以極性大小依次為

$$I–I<C–H<H–Cl<C–O<Be–F$$

鍵的極性（偶極）就好比合力一樣，當兩力大小相等，方向相反時就可以互相抵消。同樣地，若分子內數個偶極可以彼此互相抵消，此種分子就稱為非極性分子；相對地，若分子內的偶極無法完全抵消，那麼此種分子就稱為極性分子。

例如 CO_2 分子，分子中的 $\overset{\delta^+}{C}-\overset{\delta^-}{O}$ 鍵具有偶極，可是因 CO_2 呈直線型結構，所以兩個偶極彼此相抵消後，CO_2 分子就不具極性（圖 4-3）。

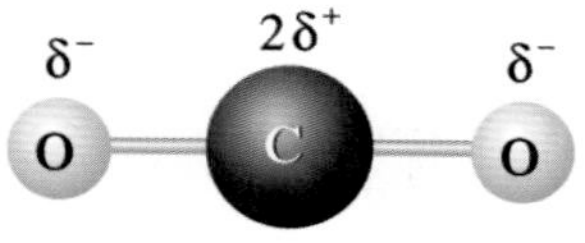

⊃ 圖 4-3　(a) 二氧化碳分子；

(b) 相反的鍵偶極被抵消，因而 CO_2 分子不具有極性

再來看看水分子(H_2O)的結構，$\overset{\delta^+}{H}-\overset{\delta^-}{O}$ 鍵具有偶極，且水分子的幾何結構呈

V 字形，所以兩個偶極無法完全抵消，因此 H_2O 為極性分子（圖 4-4）。

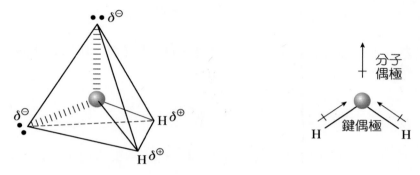

(a)水分子的四面體結構   (b)水的極性

⊃ 圖 4-4   水的結構：水分子呈 V 字型，所以具有極性

所以分子是否具有極性，除了鍵結是否具有偶極外，尚與其**分子結構**有關。
分子內若有相同的偶極矩，且這些偶極矩完全對稱，則此分子為非極性分子（表
4-4）；若偶極矩不相等，或相同偶極矩但不完全對稱，則此分子為極性分子。

▼ 表 4-4   具有偶極矩但不具有極性之分子種類

	種類	極性鍵的抵消	例子	球－和－棒模型
具有兩相同鍵	B—A—B	←—+ +—→	CO_2	
具有 3 個相同鍵之平面分子（鍵角 120°）			SO_3	
具有 4 個相同鍵之四體分子（鍵角 109.5）			CCl_4	

例 4-9

試判斷下列物質何者為極性分子？何者為非極性分子？
①CH_4；②SO_2；③$CHCl_3$。

解 ① CH_4 為一正四面體的結構，且有四個相同的 C–H 鍵，所以是非極性分子

$$
\begin{array}{c}
H\, \delta+ \\
| \\
C\, 4\delta- \\
\delta+\, H \diagup\ \big|\ \diagdown\ H\, \delta+ \\
H \\
\delta+
\end{array}
$$

② SO_2 為 V 形結構，雖為相同的 S–O 鍵，但因兩鍵偶極無法完全抵消，故 SO_2 為極性分子。

$$
\begin{array}{c}
S^{2\delta+} \\
\delta-\, O \qquad O\ \delta-
\end{array}
$$

③ $CHCl_3$ 雖與 CH_4 皆為四面體，但因並非全是相同的鍵，所以 $CHCl_3$ 具有極性。

$$
\begin{array}{c}
H \\
| \\
C \\
Cl \diagup\ \big|\ \diagdown\ Cl \\
Cl
\end{array}
$$

4-7　金屬鍵

Chemistry

　　金(Au)、銀(Ag)、銅(Cu)和鐵(Fe)都是日常生活中常見的金屬，具有導電、導熱、延展和明顯光澤的特性。很明顯地金屬所表現的特質與前面所介紹的離子化合物（如 NaCl，硬且脆，固態不導電）和分子化合物（如 CO_2、H_2O、蠟等大都柔軟，不導電）有非常大的差異。

　　金屬的性質和金屬原子彼此間的鍵結有關，此種鍵結形態有別於過去介紹過的離子鍵和共價鍵。金屬元素位於週期表的左半部，具有：(1)價電子數少；(2)空軌域多；(3)游離能低的特色。由於金屬的價電子數少，所以除了 s 副層被占用外，其餘如 p 副層、d 副層和 f 副層多為空軌域。因此金屬的價電子容易脫離原子核的束縛成為自由電子(free electron)，快速地游走於各原子核的空軌域之間形成所謂的電子海（圖 4-5）。金屬原子的原子核和自由運動的電子海之間的吸引力就稱為金屬鍵。

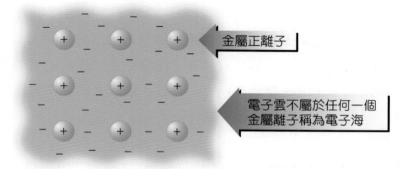

金屬正離子

電子雲不屬於任何一個
金屬離子稱為電子海

⟜ 圖 4-5　金屬鍵的形成。金屬陽離子與電子海

　　請注意，金屬鍵的電子游走於金屬原子之間所以沒有方向性；而共價鍵的電子局限於兩原子核間（定域化電子），具有方向性；離子鍵的正負電吸引力可發生在任何方向，亦沒有方向性。

4-8　分子間的作用力

Chemistry

　　冰的組成分子是 H_2O，將冰加熱變成液態的水，其組成分子仍是 H_2O；繼續將水加熱變成氣態的水蒸氣，其組成分子還是 H_2O。可見物質三態的改變並不會影響其組成，此種變化就是所謂的物理變化，所表現出來的性質就是所謂的物理性質（如顏色、導電性、熔點、沸點）。

　　如果通電將 H_2O 分解為 H_2 和 O_2，此種的改變破壞了物質的組成，打斷了原子和原子間的鍵結，就稱為化學變化（如燃燒、食物酸敗），所觀測到的性質就稱為化學性質（如水可被電解、鐵會生銹）。

　　既然物質三態的變化不涉及組成的改變，也就是說不會破壞原子和原子間的化學鍵結，那麼是什麼原因造成固態的分子不能移動，而氣態分子卻可任意擴散？造成這些差異的就是存在於分子和分子之間的作用力。

　　氣體分子間的引力非常小，幾乎可忽略不計，所以氣體分子可自由運動，體積可壓縮、可膨脹、可擴散。至於固體和液體分子之間的引力就相對較大，使分子和分子間靠在一起，所以這些物質不能壓縮，密度較大，受熱膨脹時，體積變化的程度也較小。

　　接下來我們就來看看存在於分子固體和液體分子之間的作用力。分子間的作用力可分為偶極－偶極力，偶極－誘導偶極力及分散力三種，通常以凡得瓦力(van der waals force)統稱這三種力。另外有些分子間還存在一種較前三者強的作用力稱為氫鍵。在某些情況下，同一個化合物中，存在一種以上的分子間作用力。

一、偶極－偶極力

　　偶極－偶極力是極性分子的正端(δ^+)和另一極性分子的負端(δ^-)的靜電吸引力（圖 4-6）。屬於凡得瓦力中最強的作用力。

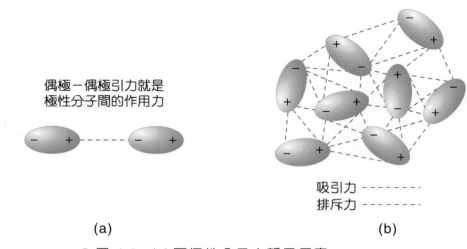

偶極－偶極引力就是
極性分子間的作用力

吸引力 --------
排斥力 - - - - - -

(a) 　　　　　　　　　　　　　　　　(b)

⊃ 圖 4-6　(a) 兩極性分子之靜電反應；

　　　　　　(b) 凝結狀態（固態和液態）時之許多偶極間的作用力

例如，水分子本身之間或者氯化氫(HCl)溶於水都會存在偶極－偶極力。另外離子化合物亦會和極性分子產生類似的靜電吸引力，稱為離子－偶極力，此種力使得離子化合物（如 NaCl）在極性溶劑中（如 H_2O）的分解扮演了重要的角色。

二、偶極－誘導偶極力

鐵片本身沒有磁力，但若鐵片與磁鐵接觸，則鐵片就變得有磁力可以吸起鐵釘或其他物質。在此，磁鐵就是偶極，而鐵片就是誘導偶極。

當極性分子與非極性分子（原子）靠近時，就會產生類似磁鐵和鐵片的作用力，非極性分子的電子產生瞬間極化，此時偶極－誘導偶極力於此產生（圖 4-7）。例如氧氣 O_2（非極性分子）溶於水（極性分子）中就存在這種作用力。

 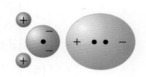

(a)非極性的 O_2 分子　　　(b)極性的 H_2O 分子將 O_2 分子上電子極化

⊃ 圖 4-7

三、分散力

分散力存在於非極性分子（原子）和非極性分子（原子）之間極微弱的吸引力，是凡得瓦力中最弱的作用力。此種作用力的產生是由於非極性分子中負電荷的運動造成瞬間電荷分布不均勻的現象（瞬間偶極），結果也感應了周遭的非極性分子產生瞬間偶極，如此存在的吸引力就是分散力（圖 4-8）。

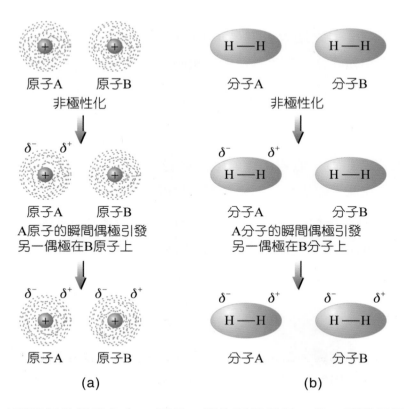

(a) **(b)**

⊃ 圖 4-8 (a)瞬間極性能發生在 A 原子，產生瞬間偶極，此一瞬間偶極又引起一偶
極在鄰近原子 B；(b)非極性分子如氫(H_2)也有瞬間偶極和偶極

　　分散力與分子的大小和形狀有關。大分子電子較多，比小分子容易被極化，分散力就比較明顯，所以分子較大的非極性物質常以液態或固態存在。例如，室溫下甲烷（CH_4，分子量=16）是氣體，而己烷（C_6H_{14}，分子量=86）是液體，分子量更大的石蠟（$C_{24}H_{50}$，分子量=338）就呈柔軟的固體。

四、氫　鍵

　　H_2S 是 V 形的極性化合物，H_2O 亦是 V 形的極性化合物；H_2S 的分子量為 34amu，H_2O 的分子量為 18amu。由以上資料研判，似乎 H_2S 的凡得瓦力大過 H_2O 的凡得瓦力，不過 H_2S 是氣體，H_2O 卻是液體。因此在 H_2O 分子之間必定存在一種比凡得瓦力更強的作用力，此種作用力就是氫鍵。氫鍵使水的比熱變大，溫度不致變化太快；氫鍵亦使冰的密度比水小，所以即使水面結冰，水中生物一樣可以生存。

氫原子和 F, O, N 等陰電性大的原子結合時，共用電子對受 F, O, N 原子的吸引，使氫原子的正電性較為顯著，當另一分子的 F, O, N, Cl 等電負度大的原子接近時，在它們之間就會形成一股較大的吸引力，稱為氫鍵（圖 4-9）。

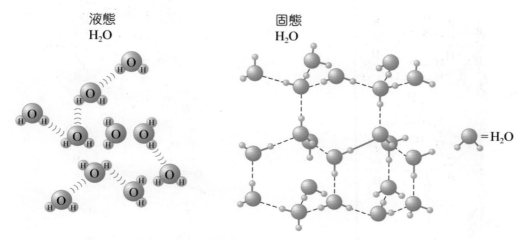

⮑ 圖 4-9　氫鍵：在液態及固態的水分子，靠氫鍵互相吸引。
固態的水分子間空隙較大，所以冰的密度比水小

氯化氫(HCl)、氨(NH_3)、甲醇(CH_3OH)等極易溶於水，也是因為這些物質和水產生氫鍵（圖 4-10），使溶解度變大。蛋白質也是利用氫鍵維持其螺旋形的立體結構（圖 4-11），如果將蛋白質加熱、加酸或加入酒精，蛋白質的氫鍵會遭破壞，無法復原，此稱為蛋白質變性。

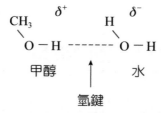

⮑ 圖 4-10　甲醇溶於水中，會和水產生氫鍵增加溶解度

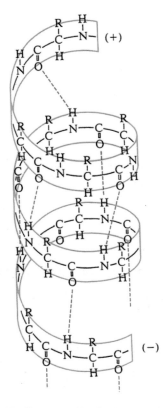

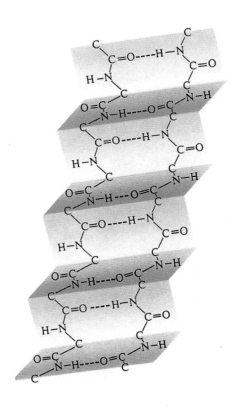

(a) 胜肽鏈的 α-螺旋構造，一種蛋白質分子的二級結構。穩定此構造的氫鍵以藍色虛線表示

(b) 蛋白質的另外一種二級結構，β-摺板。虛線表示氫鍵

⟴ 圖 4-11

 4-9　固體、液體和氣體的模型

　　鐵達尼號遊輪撞擊冰山沉沒；而吾人卻可搭乘飛機遨遊天際。為什麼我們可如此真實地感受到冰和水的存在，但卻很難察覺我們周遭的水蒸氣？事實上，物質三態的性質與組成粒子間的吸引力和其運動方式有很大的關係。固態、液態和氣態都是由具有動能的粒子所組成，且溫度越高，粒子的平均動能（或平均速率）越大。固體的組成粒子間存在較大的吸引力，使得固體的粒子間彼此緊密堆積，且只

能在原處擺動或振動，而不能移動，所以固體具有高密度，不可壓縮和能維持固定形狀的特性。氣體的組成粒子則彼此互相遠離，沒有方向性的快速移動，而且粒子間的吸引力相當地小，所以氣體的密度很低，可壓縮、可膨脹、可迅速擴散，並且可充滿整個容器。至於液體的性質則介於固體和氣體之間，組成粒子間的吸引力強度相似於固體但比固體稍弱，所以組成粒子間雖緊密結合，但其運動方式除了振動擺動外尚可較自由地移動，所以液體具有類似固體的高密度，不可壓縮和固定體積的性質外，又具有像氣體的擴散性和流動性，但速度較慢且局限於容器底部。圖4-12 是物質三態的構造模型，請注意它們的組成粒子並非靜止不動，而是吸引力大小差異，造成運動方式有所不同。

若將固態（例如冰）加熱，此時則會使固體粒子的振動加劇，使粒子間無法堅固地彼此附著，就開始熔化成較具流動性的液體；若持續對液體加熱，有些粒子的動能就足以克服鄰近液體粒子間吸引力，而汽化成更為自由的氣體粒子，且溫度越高，汽化的粒子數目越多。

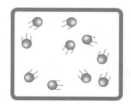

氣 態
組成粒子作不規則
運動，粒子間吸引
力非常小。

液 態
組成粒子可移動，
比固體自由，但比
氣體不自由。

固 態
組成粒子在固定位
置上，規律運動。
粒子間吸引力相對
較大。

⊃ 圖 4-12　物質三態的圖示法

4-10　固體的種類與性質

固體有二種基本的形式：結晶性固體(crystalline solid)和非結晶性固體(amorphous solid)。非結晶性固體除了具有固體的外型及硬度等性質外，其組成粒子的排列較為混亂，沒有固定的形狀，其組成粒子沒有安置於特定的位置上，且結構沒有方向性，常被稱為黏性特大的過冷液體，例如塑膠、橡膠、玻璃、柏油等。結晶性固體的粒子則以規則對稱的結構整齊排列，此種三度空間的規則結構稱為晶格(crystal lattice)，晶格的最小重覆單位稱為單位晶格(unit cell)，晶格就是由單位晶格不斷地重覆擴展所得到的結構，圖 4-13 顯示了三種常見的單位晶格及其晶格。例如水晶、冰糖、黃金、食鹽、寶石等都是常見的結晶性固體（圖 4-14）。

非結晶性固體受熱熔化時，是逐漸地軟化，並不是發生在特定溫度；而結晶性固體只有在特定溫度才會開始熔化，此熔化的溫度稱為熔點。在熔點時，固體在組成粒子才具有足夠的動能瓦解鄰近粒子的束縛力，使粒子開始移動變成液體（或氣體）。

結晶性固體有許多不同的型態，也都具有不同的熔化特性，這些皆是由於固體的組成粒子間吸引力的方式不同所致。以下將個別探討幾種不同的固體形式。

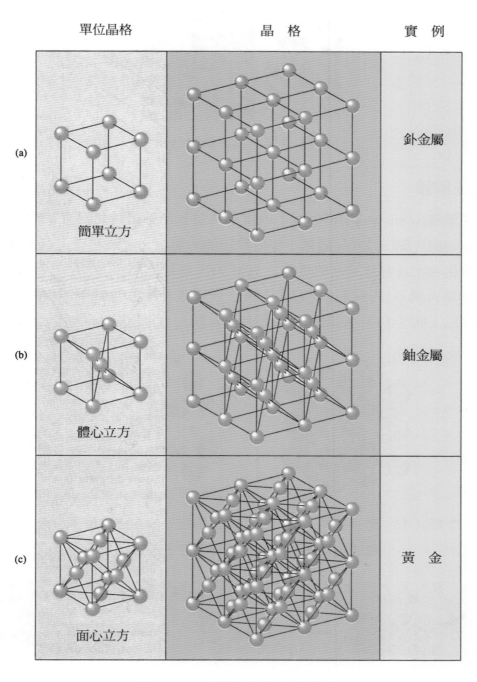

單位晶格　　　　晶　格　　　　實　例

(a)　簡單立方　　　　　　　　　　鈄金屬

(b)　體心立方　　　　　　　　　　鈾金屬

(c)　面心立方　　　　　　　　　　黃　金

● 圖 4-13　三種立方單晶及其晶格

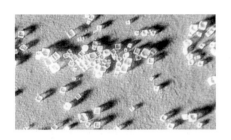

◯ 圖 4-14　氯化鈉的結晶

一、離子固體

　　離子固體(ionic solid)是由離子占據晶格位置所形成的結晶性固體，如食鹽晶體即是一例（圖 4-15）。陽離子和陰離子間的吸引力（離子鍵）非常強，造成離子固體化合物具有非常高的熔點，例如 ZrN 的熔點高達 3000°C，但此種固體受外力撞擊而變形時，因靜電的斥力會使其破碎分離，故離子固體無延展性，質地硬且脆（圖 4-16），如礦物、岩石皆屬此類。

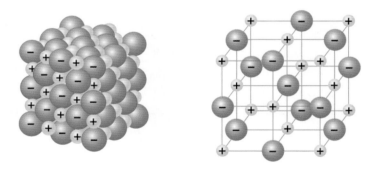

◯ 圖 4-15　離子固體。氯化鈉的每個陽離子被六個陰離子包圍，
每個陰離子也同時被六個陽離子包圍

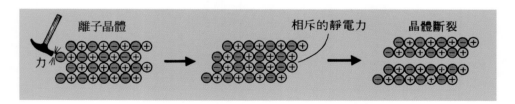

◯ 圖 4-16　離子晶體，受外力之變化比較

二、分子固體

分子固體(molecular solid)是由共價鍵分子占據晶格位置，分子間以凡得瓦力或是氫鍵結合在一起，例如冰糖、冰塊皆是常見的結晶性分子固體（圖 4-17）。

由於分子固體中，中性分子間的吸引力（凡得瓦力或是氫鍵）不如離子固體的離子鍵強，因此分子固體通常較為柔軟且熔點低，蠟即為一例。

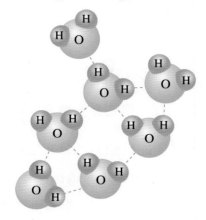

⊃ 圖 4-17　冰是一種分子固體。其晶格位置被水分子(H_2O)所占據。
　　　　　虛線顯示極性水分子間的氫鍵

三、原子固體

固體的第三種型態是由元素（如碳、硼、矽及所有金屬）它們的原子占據晶格中的位置所形成的結晶性固體，稱為**原子固體**(atomic solid)。例如金塊、鑽石（圖 4-18）皆是原子固體的代表。

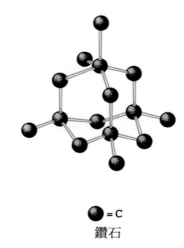

● = C
鑽石

⊃ 圖 4-18　鑽石是一種原子固體

　　此外，原子固體又可依原子間的鍵結方式分為**金屬固體**和**網狀固體**兩大類。

　　金屬固體是由金屬原子間以未定域化及沒有方向性的金屬鍵所結合而成，具有極佳的導電性。而且金屬受力造成金屬原子間層面滑動時，不會破壞晶體的結構（圖 4-19），所以金屬晶體具有延展性。金屬鍵亦屬於強化學鍵，所以金屬的熔點很高，例如銅的熔點約 1083°C。

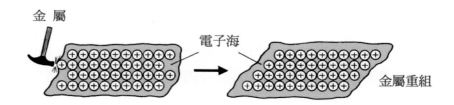

金屬

電子海

金屬重組

⊃ 圖 4-19　金屬晶體受力而層面滑動時，並不會破壞原有的結構，所以金屬具有延展性

　　網狀固體(network solid)中的原子則是以具有方向性的共價鍵彼此結合而形成巨大的網狀分子形狀，例如鑽石、石英（圖 4-20）等。網狀固體的熔點極高（如鑽石的熔點約 3500°C）硬度大且為電的不良導體。

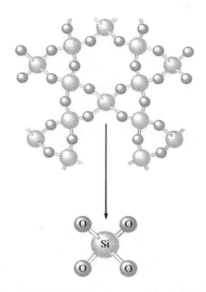

⊃ 圖 4-20　石英的構造（實驗式為 SiO_2），矽與 4 個氧形成 SiO_4 四面體結構

4-11　液體的性質

　　液體的物理狀態介於固體和氣體間，而液體的粒子間彼此互相吸引凝聚在一起，此點與固體相似，所以固態和液態合稱為凝態。而另一方面液體的粒子又可自由運動，類似於氣體，所以液體的鍵結模型就比固體來得複雜許多。以下我們將描述液體的一些性質，如：黏著力(cohesive force)、表面張力(surface tension)、附著力(adhesive force)和蒸氣壓與沸點。

一、黏著力

　　液體分子間的吸引力稱為黏著力，通常液體分子間吸引力強者，黏度(viscosity)較大，所以極性分子或是分子量大的分子，分子間的吸引力較強，黏度較大，如蜂蜜、甘油（圖 4-21）等；而水則是例外，雖然水分子間存在較強的氫鍵，但其黏度較小。

$$
\begin{array}{c}
\quad\ \ \underset{|}{\text{H}} \\
\text{H}-\overset{|}{\underset{|}{\text{C}}}-\text{O}-\text{H} \\
\text{H}-\overset{|}{\underset{|}{\text{C}}}-\text{O}-\text{H} \\
\text{H}-\overset{|}{\underset{|}{\text{C}}}-\text{O}-\text{H} \\
\quad\ \ \overset{|}{\text{H}}
\end{array}
$$

◯ 圖 4-21　甘油的構造，甘油分子中存在許多氫鍵

二、表面張力

　　液體內部的分子在每個方向都受到相等的吸引力，但在液體表面的分子則只受到側面和向下的吸引力（圖 4-22），此種不平衡的吸引力，使液體表面的分子數目降至最低，此種使液體表面收縮的力量就稱為**表面張力**。受到表面張力的影響，液滴皆呈球狀，而昆蟲也藉由表面張力的作用可行走於液體表面。

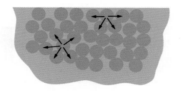

◯ 圖 4-22　液體中表面上之分子和表面下之分子間的吸引力

三、附著力

　　液體和容器壁間存在的吸引力稱為**附著力**。若附著力大過液體內部的黏著力時，會破壞液體的表面張力，使液體爬上器壁增加液體表面積（毛細現象），如水置於玻璃管內，液面呈凹狀(concave)即為此類。若附著力小於液體內部的黏著力時液面仍維持收縮的滴狀，如汞置於玻璃管內，液面呈現凸狀(convex)即是如此（圖 4-23）。

汞在玻璃管內　　　　　　水在玻璃管內

◯ 圖 4-23　在玻璃管內，非極性的汞形成凸狀的新月形，
　　　　　　然而極性的水則為凹狀的新月形

四、蒸氣壓與沸點

　　液體分子克服鄰近分子的束縛力，變成氣體分子的現象稱為汽化 (vaporization)，汽化後的分子可自由地快速運動並不斷撞擊物體表面，所產生的壓力稱為蒸氣壓。所以不難想像，分子間引力小的液體（如非極性的液體或分子量小的液體），較容易汽化，蒸氣壓也因此較大。例如水分子間的引力較乙醚強，使得在相同溫度下，水的蒸氣壓就會比乙醚低。

　　溫度低於沸點的汽化稱為蒸發，此現象只發生於液體表面或靠近表面的部分液體分子，這些液體分子具有足夠的動能可以逃離液體表面。若將溫度升高，液體分子的動能也隨之加大，具有克服引力變成氣體的分子數目也會變多，因此液體的蒸氣壓會隨溫度的升高而增加。表 4-5 列出水在幾個不同溫度時的蒸氣壓。

▼ 表 4-5　水的蒸氣壓隨溫度升高而增加

溫度(°C)	蒸氣壓(mm-Hg)
0.0	4.579
10.0	9.209
20.0	17.535
25.0	23.756
30.0	31.824
40.0	55.324
60.0	149.4
70.0	233.7
86.0	450.0
90.0	525.8
100.0	760.0

　　當液體的蒸氣壓與外界大氣壓力相等時，液體除了表面外，在液體內部亦會產生汽化的現象，此時稱之為沸騰，沸騰時的溫度稱為沸點。由此可見液體的沸點並非定值，會隨外界的壓力改變而改變。例如，在平地時的壓力若為一大氣壓(1atm ＝ 760mmHg)，則對照表 4-5 可知水的沸點為 100°C；越往高處移動，空氣越稀薄，大氣壓力也會變小，若阿里山上的壓力為 450.0mmHg，對照表 4-5 可知，在阿里山上燒水 86.0°C 即可沸騰，故在高山烹煮食物較不易熟是為這個道理。

　　以上的原理亦可運用於日常生活中，如壓力鍋（快鍋）緊閉鍋蓋可保留水蒸氣，因而增加鍋內的壓力，所以沸點提高，食物也易熟。而奶粉的製造過程，則是利用抽氣降低壓力，使牛奶在低溫即可沸騰，而不致破壞牛奶中的營養成分。

例 4-10

丁烷打火機之液體 C_4H_{10} 沸點為 $-1°C$，而汽油之 C_8H_{18} 的沸點為 $125°C$，解釋為何 C_4H_{10} 有較低的沸點（縱使此兩種具有液體分子間作用力相同型態）。

解　丁烷 C_4H_{10}，分子量=58 amu。

汽油 C_8H_{18}，分子量=114 amu。

由此可知汽油的分子量大過丁烷，所以汽油分子間的吸引力亦比丁烷強，因此汽油的蒸氣壓較小，沸點較高。

4-12　相　圖

在密閉系統中，顯示任何溫度及壓力條件下物質的狀態圖即稱為**相圖**(phase diagrams)。

圖 4-24 和圖 4-25 分別顯示水和二氧化碳的相圖。相圖中固、液和氣相共存的溫度和壓力稱為**三相點**；液氣相實線的末端就是**臨界點**(critical point)，非液相和非氣相的不尋常行為發生於臨界點以上的區域，臨界點對應的溫度稱為**臨界溫度**(critical temperature)，在此溫度以上，不論再大的壓力都無法使氣體液化；臨界點所對應的壓力稱為**臨界壓力**(critical pressure)。在 1 atm 下，固體變為液體的溫度，稱為正常熔點(T_m)；1 atm 下，液相變為氣相的溫度，稱為正常沸點(T_b)。

注意一下，水的相圖和二氧化碳的相圖有些許差異：水的固／液相界線是負的斜率，而二氧化碳的固／液相界線是正的斜率。水的異常行為來自於冰的密度比水來得小之故。對大部分物質而言，壓力越大或溫度越低，物體的密度越大，但對冰而言，壓力越大，冰的熔點越低，所以當溜冰者冰刀劃過冰面時，因人的壓力及摩擦熱使接觸面的冰熔解成水，因此溜冰者可做出流暢而優美的動作，當冰刀溜過後壓力減輕，水又凝固回冰的狀態。

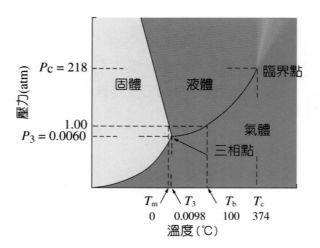

⊃ 圖 4-24　水之相圖。T_m 表示正常熔點；T_3 和 P_3 是三相點；T_b 表示正常沸點；T_c 是臨界溫度；P_c 是臨界壓力。固／液直線斜率為負，影射出冰之密度小於水

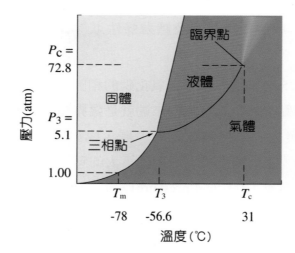

⊃ 圖 4-25　二氧化碳之相圖。一大氣壓時沒有液態存在。固／液線有一正斜率，是因為固態二氧化碳密度較液態大

例 4-11

利用圖 4-26 之相圖，回答以下之問題：

① 相圖中，有幾個三相點？

② 在每一三相點中，有幾種狀態共存？

③ 假如在室溫，對石墨施加非常高的壓力，會如何？

④ 假設密度隨壓力提高而增加，則石墨與鑽石，哪一個密度較大？

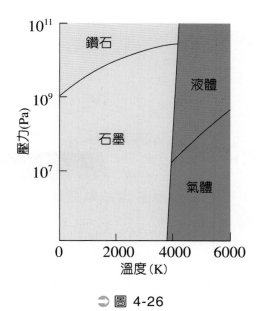

⊃ 圖 4-26

解　① 2 個。

② (a)在 4000k，10^7Pa 環境下，石墨、氣體及液體共存。

(b)在 4000k，10^{10}Pa 環境下，石墨、鑽石及液體共存。

③ 變成鑽石。

④ 鑽石。

 課後練習

一、單選題

（　）1. 氫鍵是生物體內一種重要的化學鍵，去氧核糖核酸的雙螺旋結構就是利用氫鍵來維繫的。下列用點線表示的鍵結（不考慮鍵角），哪個是氫鍵？

(A)

H—H----H—H

(B)

H—O—H----H—O—H

(C)

H—N---F—H

(D)

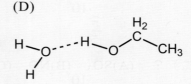

（　）2. 氯化鈉晶體中每一個鈉離子均被幾個氯離子所包圍？　(A)6　(B)8　(C)4　(D)12 個。

（　）3. 已知二原子之原子序：A=17、B=19，則 A、B 二原子所形成之化合物何者為離子鍵？　(A)AB　(B)A₂B　(C)B₂　(D)A₂。

（　）4. 相同週期的元素，原子序增加時會改變　(A)金屬性增加　(B)形成離子的價數增加　(C)形成陽離子傾向增加　(D)非金屬性增加。

（　）5. 原子序為 12 的元素，易與下列何種原子序的元素以離子鍵相結合？(A)9　(B)10　(C)11　(D)12　(E)18。

（　）6. 同一水分子中，氫原子和氧原子間的最主要作用力為何種化學鍵？(A)離子鍵　(B)共價鍵　(C)金屬鍵　(D)氫鍵　(E)凡得瓦力。

（　）7. 哪些晶體具有延展性？　(A)NaCl　(B)C　(D)I₂　(D)Fe。

（　）8. 下列哪一個化合物在液態時可以導電？　(A)H₂O　(B)CH₃OH　(C)HCl　(D)KBr。

( ) 9. 分子間之結合力只有分散力的是： (A)氯仿 (B)三氟化氮 (C)二氧化硫 (D)乙炔。

( )10. 下列哪一項事實不能用氫鍵的觀念解釋？ (A)水、氟化氫的沸點比同族其他元素的氫化物沸點高 (B)反式-1,2-二氯乙烯的熔點比順式-1,2-二氯乙烯的熔點高 (C)乙酸在極性較小之有機溶劑中溶解，再利用凝固點下降方法測定分子量時，所得分子量大小介於 60~120 之間 (D)水結成冰時，固體之體積變大，密度變小。

( )11. 臭氧為極性分子，下列有關臭氧與氧氣的敘述，何者正確？
(A)臭氧與氧氣分子均為直線形 (B)臭氧的正常沸點低於氧氣的正常沸點 (C)在氣態時，同溫同壓下，臭氧的比重大於氧氣的比重 (D)臭氧與氧氣均可使碘化鉀的澱粉試紙變為深藍色。

( )12. 下列化學式，何者不可能具有符合八隅體規則的路易士結構（電子點式）？ (A)SO_3 (B)NO (C)N_2O (D)N_2O_4。

( )13. H_2O, NH_3, BeH_2 三種分子中，其鍵角的大小順序依序為： (A)$BeH_2 > NH_3 > H_2O$ (B)$BeH_2 > H_2O > NH_3$ (C)$NH_3 > H_2O > BeH_2$ (D)$NH_3 > BeH_2 > H_2O$。

( )14. 下列各分子中，何者為極性分子？ (A)CH_4 (B)SO_2 (C)$CH_3CCl=CClCH_3$（反式） (D)CO_2。

( )15. 下列雙分子的化學鍵能何者最大？ (A)CO (B)O_2 (C)N_2 (D)F_2。

( )16. 【複選】下列化合物中的鍵結，哪些不符合八隅體規則？ (A)CO_2 (B)NO (C)NF_3 (D)SO_2 (E)BF_3。

( )17. 下列有關乙烷，乙烯，乙炔分子中碳－碳鍵長的比較，哪一個是正確的？ (A)乙烷＜乙烯＜乙炔 (B)乙炔＜乙烷＜乙烯 (C)乙炔＜乙烯＜乙烷 (D)乙烯＜乙烷＜乙炔 (E)乙烯＜乙炔＜乙烷。

( ) 18. 下列有關化學鍵及分子極性的敘述，何者不正確？
(A)離子鍵主要是由陰離子與陽離子間的靜電引力所造成
(B)共價鍵的偶極矩主要是因鍵結電子對在兩鍵結原子間分布不均所致
(C)直線形的分子不可能具有極性
(D)極性共價鍵中的電子對，通常靠近電負度較大的原子
(E)非極性的分子可能具有極性共價鍵。

( ) 19. 四種有機化合物甲、乙、丙、丁的分子量、偶極矩及沸點如下表所示：

化合物	分子量	偶極矩(Debye)	沸點(°C)
甲	44	2.7	21
乙	44	0.1	−42
丙	46	1.3	−25
丁	46	1.69	78

試問下列何者為甲、乙、丙、丁四種化合物的正確排列順序？
(A)二甲醚，丙烷，乙醇，乙醛　　(B)丙烷，乙醛，二甲醚，乙醇
(C)二甲醚，乙醇，乙醛，丙烷　　(D)乙醇，乙醛，丙烷，二甲醚
(E)乙醛，丙烷，二甲醚，乙醇。

( ) 20. 下列物質何者在晶體中含有離子鍵與共價鍵？　(A)NaCl　(B)H_2SO_4
(C)HCN　(D)$KClO_4$。

( ) 21. 一個氮原子有多少個價電子？　(A)3　(B)5　(C)7　(D)14。

( ) 22. 下列各物質之共價鍵中何者不具有配位共價鍵？　(A)H_3PO_4　(B)O_3
(C)SO_3　(D)CO_3^{2-}。

二、問答題

1. 試判斷下列分子的形狀，並決定是否具有極性？

    (1) O_3

    (2) CH_3OH

    (3) SO_4^{2-}

    (4) CO_2

    (5) SO_2

2. 下列何者的化學鍵能最大？

    (1) 有機物的 C–O 鍵

    (2) 一氧化碳的 C≡O 鍵

    (3) 二氧化碳的 C=O 鍵

3. 下列物質在液態時，哪些分子具有氫鍵作用力？

    (1) CH_3Cl

    (2) PCl_3

    (3) HF

    (4) 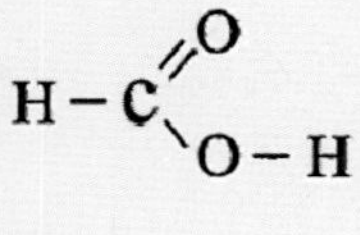 H–C
        $\overset{O}{\underset{O-H}{\Vert}}$

    (5) NH_3

4. 請解釋為何在室溫下 Cl_2 是氣體，Br_2 是液體，而 I_2 是固體？

5. 請畫出 NO_2^- 離子的共振結構。

6. $H_2O_{(s)}$ 的熔點為 0°C，將可預測 $H_2S_{(s)}$ 之熔點為 –85°C、0°C 或 185°C？請解釋答案。

7. 為什麼潑灑之汽油在熱天比在冷天蒸發還快？

8. 什麼時候是液體之沸點相等於平常之沸點？

9. 依照以下相圖，指出 A~H 所代表的意義。

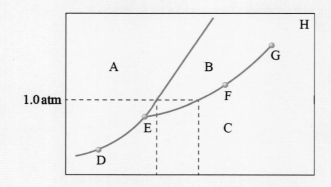

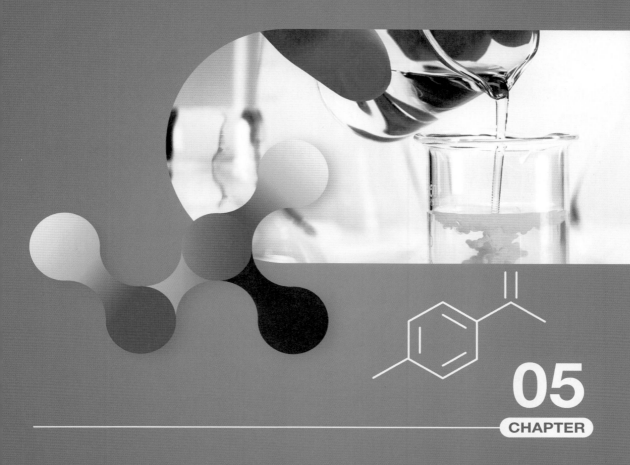

05
CHAPTER

化學計量

化學是研究物質和物質變化的科學，舉凡人體的代謝，植物的光合作用，從石油中提煉塑膠、清潔劑的原料等反應都是化學的範疇，可見化學反應對生活的重大影響。

本章由微觀世界的原子、分子出發，再擴及化學變化中所涉及的質量、體積和能量等的計算方法。

5-1　原子與分子

前面章節曾介紹過原子的結構和原子間的鍵結。原子是構成物質的最小粒子，可是多數的原子並不會單獨存在，而是數個原子以化學鍵結合成能量穩定的狀態，這個狀態是具有物質性質的最小單位，稱為分子(molecule)。分子可以是元素也可以是化合物。如圖 5-1 所示，我們呼吸的氧氣其最小單位是由 2 個氧原子藉由共價鍵結合在一起的穩定狀態，所以我們以氧分子(O_2)代表氧氣。再度提醒，$2O$ 和 O_2 意義不同，$2O$ 是 2 個獨立的氧原子；而 O_2 是指一個由 2 個氧原子結合在一起的氧分子（圖 5-2）。

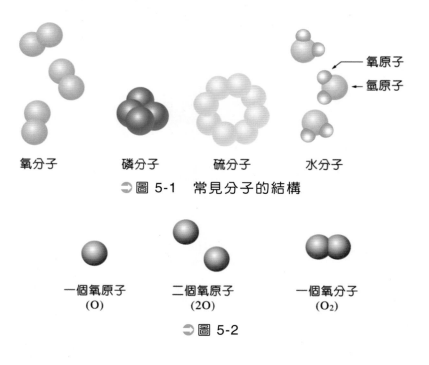

氧分子　　　磷分子　　　硫分子　　　水分子

　　　　　　　　　　　　　　　　　　　　　　　氧原子
　　　　　　　　　　　　　　　　　　　　　　　氫原子

⊃圖 5-1　常見分子的結構

一個氧原子　　　二個氧原子　　　一個氧分子
(O)　　　　　　　(2O)　　　　　　(O₂)

⊃圖 5-2

鈍氣因電子組態穩定，所以單一原子就具有物質的性質，我們將它們稱之為單原子分子。例如，氦氣以 He 表示即可。

5-2　亞佛加厥數

Chemistry

平常我們肉眼所看到的物質，是由無數個原子或分子聚集而成。科學家經由實驗求得，12 克的 $^{12}_{6}C$ 中含有 6.02×10^{23} 個 $^{12}_{6}C$ 原子。化學家將含有 6.02×10^{23} 個粒子的物質稱為一莫耳(1 mole)；6.02×10^{23} 這個數字就稱為亞佛加厥數（簡記為 No）。因此，0.5 mole 的氧氣將含有 $0.5 \times (6.02 \times 10^{23})$ 個 O_2 存在。

5-3　原子量、分子量、莫耳數與莫耳濃度

Chemistry

一、原子量

前面章節曾提過原子量是指一個原子的質量，國際純粹與應用化學聯合會（簡稱 IUPAC）以 $^{12}_{6}C$ 的原子量訂為 12.0000 做為標準，其他原子再與 $^{12}_{6}C$ 比較而訂出其他原子的原子量。目前週期表中所看到的原子量是各種同位素的平均原子量。

原子量是一個比較值，所以原本沒有單位，但為了使原子量能代表原子的質量，故加入克或 amu 做為原子量的單位（1 amu=1.66×10^{-24} 克）。

原子量以克為單位，代表一莫耳原子的質量。

原子量以 amu 為單位，代表一個原子的質量。

例如：$^{12}_{6}C$ 的原子量為 12.0000，則：

一莫耳 C 原子重 12.0000 克；

一個 C 原子重 12.0000 amu。

二、分子量

分子量係指一個分子的質量（以 amu 為單位）或一莫耳分子的質量（以克為單位），算法上是將分子中各原子的原子量相加，即可得到該物質的分子量。例如葡萄糖的分子式為 $C_6H_{12}O_6$，故葡萄糖的分子量為：

$$
\begin{array}{ll}
6C & = 6 \times 12.011 \\
12H & = 12 \times 1.008 \\
\underline{6O} & = 6 \times 15.999 \\
C_6H_{12}O_6 & = 180.156
\end{array}
$$

此即表示 1 個葡萄糖分子重 180.156 amu；而一莫耳葡萄糖分子的質量為 180.156 克。

三、莫耳數

莫耳數的計算在化學的運算上是非常重要的，利用一莫耳的質量=分子量或原子量；一莫耳的數目=6.02×10^{23} 個；STP $(0°C, 1 \text{ atm})$下，一莫耳氣體體積=22.4 升等已知事實，我們都可以求出物質的莫耳數，求莫耳數流程圖如下：

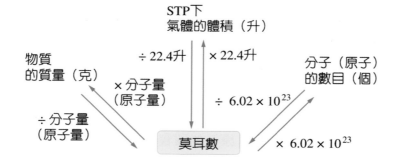

求莫耳數的流程圖

例 5-I

試計算一個碳–12 原子的質量。

解 依計算莫耳數的流程圖，本題應從原子的數目出發計算至原子的質量。

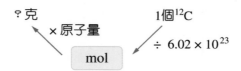

$$\frac{1}{6.02 \times 10^{23}} \times 12 = 1.99 \times 10^{-23} \text{ 克}$$

例 5-2

某物質含 3.01×10^{22} 個分子時重 2.30 克，試求其分子量？

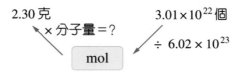

所以

$$\frac{3.01 \times 10^{22}}{6.02 \times 10^{23}} \times \text{分子量} = 2.30\text{克}$$

分子量=46.00 (amu)

例 5-3

STP 下，5.6 升的 CO_2，

① 含有若干個 CO_2 分子？

② 含有多少個 C 原子？

③ 含有多少個 O 原子？

④ 重若干克？

$$STP$$
$$5.6升CO_2$$

？克CO_2 ← $\div 22.4$ → ？個CO_2分子

×分子量 ↘ $\boxed{mol}$ ↗ $\times 6.02 \times 10^{23}$

① $\dfrac{5.6}{22.4} \times 6.02 \times 10^{23} = 1.5 \times 10^{23}$（個$CO_2$分子）

② $1.5 \times 10^{23} \times 1 = 1.5 \times 10^{23}$（個 C 原子）

③ $1.5 \times 10^{23} \times 2 = 3.0 \times 10^{23}$（個 O 原子）

④ $\dfrac{5.6}{22.4} \times 44 = 11$克

四、體積莫耳濃度

　　兩種（或以上）純物質所構成的均勻混合物稱為**溶液**（如糖水），被溶的物質稱為**溶質**（如糖），溶物稱為**溶劑**（如水）。溶液可以是**氣體**（例如空氣），也可以是**液體**（如食鹽水、糖水、血液等），更可以是**固體**（例如合金）。在定量溶劑中，所含溶質的多寡，可以用**濃度**來表示。常見的濃度表示法在第七章溶液中會有詳細地介紹，在此我們僅述及實驗室常用的**體積莫耳濃度**亦可稱**莫耳濃度**（molarity，簡記為 C_M；單位為 M=mol/L）。

一升溶液中所含溶質的莫耳數稱（體積）莫耳濃度，換為數學關係式，即：

$$\text{體積莫耳濃度} = \frac{\text{溶質莫耳數}}{\text{溶液的體積（升）}}$$

或

溶質莫耳數 ＝（體積莫耳濃度）×（溶液的體積）

將此數學式，繪以流程圖表示，有如下的關係：

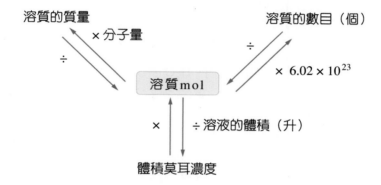

例 5-4

將 8.6 克的蔗糖$(C_{12}H_{22}O_{11}=342.30)$溶於水中，形成 250mL 的溶液，試求此糖水的莫耳濃度？

解 蔗糖的莫耳數 $= \dfrac{8.6}{342.30} = 0.025 \text{ mol}$

$C_M = \dfrac{0.025\,\text{mol}}{0.25\,\text{L}} = 0.10\text{M (mol/L)}$

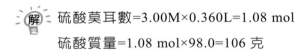

例 5-5

3.00M 的硫酸溶液取 360mL，試問含有硫酸若干克？(H₂SO₄=98.0)

解 硫酸莫耳數=3.00M×0.360L=1.08 mol

硫酸質量=1.08 mol×98.0=106 克

5-4 重量百分組成

由路易士結構我們可以知道元素以一定的比例結合成化合物，所以化合物中組成元素間皆有一定的質量比。如水分子 H_2O 中，氫和氧的質量比一定為 1：8，也就是說氫的質量占全部質量的 $\frac{1}{1+8} \times 100\% = 11.1\%$；而氧的質量占全部質量的 $\frac{8}{1+8} \times 100\% = 88.9\%$，這就是重量百分組成的概念，以數學式可表示為：

$$X的重量百分組成(X\%) = \frac{X的質量}{樣品的質量} \times 100\%$$

X 為化合物中的組成元素。

例 5-6

試計算碳酸鈣($CaCO_3$)的重量百分組成？(Ca=40.0; C=12.0; O=16.0)

解 $CaCO_3$=40.0 amu+12.0 amu+(16.0 amu)×3=100.0 amu

∴ $Ca\% = \frac{40.0amu}{100.0amu} \times 100\% = 40\%$

$C\% = \frac{12.0amu}{100.0amu} \times 100\% = 12\%$

$O\% = \frac{16.0amu \times 3}{100.0amu} \times 100\% = 48\%$

5-5　化學式的種類

　　化學式是以元素種類和相對數目來表示物質組成的式子，我們在第三章和第四章學過了化學式的寫法及命名。若將化學式予以細分又可分為四大類：實驗式、分子式、結構式、示性式。

一、實驗式

　　實驗式(empirical formula)可顯示化合物中，組成元素數目的最簡整數比，實驗式中的原子量的總和稱為式量。例如葡萄糖化學式為 $C_6H_{12}O_6$，分子量為 180 amu；則葡萄糖的實驗式就應表示為 CH_2O，式量 30 amu。離子化合物是由離子堆積而成的晶體（圖 5-3），所以離子化合物的化學式也是以實驗式來表示，如 NaCl 是食鹽的實驗式。

　　至於實驗式的求法，我們可以分析物質中成分元素的重量百分組成（或重量），再依下述數學式即可求得實驗式：

　　某物質實驗式 $A_xB_yC_z$，則：

$$x:y:z = \frac{A\%(A重)}{A的原子量} : \frac{B\%(B重)}{B的原子量} : \frac{C\%(C重)}{C的原子量}$$

　　（$x:y:z$ 代表 A, B 和 C 原子的莫耳數比或個數比）

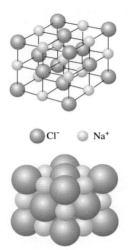

　　● Cl⁻　　○ Na⁺

⊃ 圖 5-3　氯化鈉結晶中鈉離子和氯離子的排列

例 5-7

取 1.00g 的錫（Sn，原子量為 118.7）在空氣中燃燒生成 1.27 克的氧化錫，試求氧化錫的實驗式？

解 錫 1 克，氧化錫 1.27 克，所以化合物中含有氧(1.27-1)=0.27 克。假設氧化錫化學式為 Sn_xO_y，則：

$$x:y = \frac{1}{118.7} : \frac{0.27}{16} = 1:2$$

所以氧化錫的實驗為 SnO_2，代表 1 mol 的 SnO_2 中，Sn 原子和 O 原子的莫耳數比為 1：2。

二、分子式

分子式(molecular formula)可以表示化合物中原子的種類和真正的數目，也就是表示物質實際組成和分子量的化學式。

分子式＝（實驗式）$_n$；分子量＝式量×n

例 5-8

有一碳、氫、氧化合物，經實驗分析知含有碳 40.0%，氫 6.7%已知其分子量為 180，試求其實驗式及分子式？

解 設此化合物的實驗式為 $C_xH_yO_z$，則

$$x:y:z = \frac{40.0}{12} : \frac{6.7}{1} : \frac{(100-40.0-6.7)}{16} = 1:2:1$$

∴實驗式為 CH_2O，式量=12+2×1+16=30。

又分子量=式量×n ⇒180=30×n, n=6

⇒ 分子式 ＝（實驗式）$_n$=$(CH_2O)_6$ =$C_6H_{12}O_6$。

三、結構式

我們在第四章曾利用八隅律畫出物質的路易士結構，像這種表示分子中原子的數目和鍵結情形的式子就稱為**結構式**(structural formula)。例如，H_2O 分子的路易士結構為 $H-\overset{..}{\underset{..}{O}}-H$，所以水分子的結構式為 H–O–H 或以 V 形的 $\overset{O}{H\diagdown\diagup H}$ 表示亦可。又如甲烷的路易士結構為 $H-\overset{\overset{H}{|}}{\underset{\underset{H}{|}}{C}}-H$，此亦為甲烷的結構式，但我們學過分子的幾何形狀，甲烷實際的形狀並非鍵角 90°的平面四邊形，而是鍵角 109.5°的三度空間四面體結構。

二甲醚和乙醇的結構式如下：

	二甲醚	乙醇
結構式	$H-\overset{\overset{H}{\|}}{\underset{\underset{H}{\|}}{C}}-O-\overset{\overset{H}{\|}}{\underset{\underset{H}{\|}}{C}}-H$	$H-\overset{\overset{H}{\|}}{\underset{\underset{H}{\|}}{C}}-\overset{\overset{H}{\|}}{\underset{\underset{H}{\|}}{C}}-O-H$
分子式	C_2H_6O	C_2H_6O

二甲醚和乙醇有相同的分子式但結構式卻完全不同，性質當然也各異其趣，我們將這種分子式相同，但結構式不同的化合物稱為**同分異構物**(isomer)，簡稱異構物。元素亦有相同的狀況稱為**同素異性體**，如白磷和紅磷；鑽石、石墨、巴克球(C_{60})和奈米碳管（圖 5-4）皆因碳元素鍵結的差異而造成性質的不同。

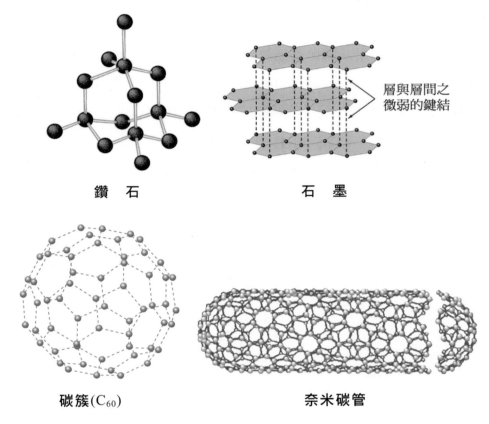

鑽石　　　　　　　　　　石墨

層與層間之微弱的鍵結

碳簇(C_{60})　　　　　　　奈米碳管

⊃ 圖 5-4　碳的同素異性體：碳有四種同素異性體

四、示性式

　　上述結構式可以適當地簡化，只保留分子內所含的官能基或根（分子中化學反應發生的地方），此種化學式就稱為示性式。示性式多用於有機化合物，我們留待有機化合物中的章節討論。

結構式　　　　　　　示性式

乙醇

$$H-\overset{\displaystyle H}{\underset{\displaystyle H}{C}}-\overset{\displaystyle H}{\underset{\displaystyle H}{C}}-O-H$$

$C_2H_5\underline{OH}$

↑
官能基

5-6　化學反應方程式

Chemistry

　　利用一些符號及化學式來描述所有參與化學變化之物質及其組成的式子稱為化學方程式(Chemical Equations)。化學方程式是根據反應的事實加以記載，通常還會附記反應進行所需的條件（如溫度、壓力、催化劑等）、能量變化，以及在反應物和生成物右下角註明它們的狀態：

　　(g) 表示氣相

　　(ℓ) 表示液相

　　(s) 表示固相

　　(aq) 表示水溶液

　　例如，天然氣的主要成分甲烷(CH_4)在空氣中燃燒會產生二氧化碳和水，並放出熱量。

　　以化學方程式表示此反應可寫成：

$$CH_{4(g)} + 2O_{2(g)} \xrightarrow{\Delta} CO_{2(g)} + 2H_2O_{(\ell)} + 熱量$$

　　方程式中的 CH_4 和 O_2 稱為反應物(reactants)，寫在方程式→的左邊；CO_2 和 H_2O 稱為生成物或產物(products)，寫在方程式→的右邊；→表示反應進行的方向，反應的條件可加註於→的上方或下方，如加熱(Δ)、催化劑等；放熱反應時，熱量視為產物，寫於箭頭的右邊；而吸熱反應時，熱量視為反應物，寫於箭頭的左側。分子式最前面的係數分別代表反應物消耗的莫耳數（分子數）和產物生成的莫耳數（分子數）的最簡單整數比。

　　所以在上述這個反應中，反應物和生成物存在如下的關係：

$$CH_{4(g)} + 2O_2 \xrightarrow{\Delta} CO_2 + 2H_2O + 熱$$

分子數比：　-1　　:-2　　　:$+1$　:$+2$

莫耳數比：　-1　　:-2　　　:$+1$　:$+2$

（ "$-$" 代表消耗；"$+$" 代表產生）

方程式的係數也必須使方程式滿足下述兩大定律，稱為平衡(equilibrium)：

1. **原子不滅定律（質量守恆定律）**：反應前原子的種類和數目必須等於反應後原子的種類和數目。

2. **電荷不滅定律**：反應前總電荷數等於反應後的總電荷數。

　　平衡方程式有二種常用的方法：觀察法和氧化數法。氧化數法在本書第十章氧化還原反應會提到，所以首先介紹觀察法。我們用乙烷(C_2H_6)的燃燒生成二氧化碳和水為例，說明觀察法平衡方程式：

1. **依反應事實寫出未平衡的方程式**

$$C_2H_6 + O_2 \rightarrow CO_2 + H_2O$$

2. **習慣上將原子總數最多的分子係數定為 1 作為基準**

$$\underline{1C_2H_6} + O_2 \rightarrow CO_2 + H_2O$$

2 個 C 原子

6 個 H 原子

3. **依據原子不滅定律，使右邊 C 原子和 H 原子數目與左邊相等**

$$\underline{1C_2H_6} + O_2 \rightarrow \quad 2\underline{CO_2} \qquad + \qquad 3H_2\underline{O}$$

	2 個 C 原子	6 個 H 原子
	4 個 O 原子	3 個 O 原子

4. **平衡左右兩邊的氧原子數**

$$1C_2H_6 + 7/2 O_2 \rightarrow 2CO_2 + 3H_2O$$

5. **習慣上方程式的係數以整數表示**

$$2C_2H_6 + 7O_2 \rightarrow 4CO_2 + 6H_2O$$

6. **註明分子的狀態和反應的條件**

$$2C_2H_{6(g)} + 7O_{2(g)} \xrightarrow{\Delta} 4CO_{2(g)} + 6H_2O_{(\ell)}$$

例 5-9

試平衡 $Ca_3(PO_4)_2+SiO_2+C \rightarrow P_4+CaSiO_3+CO$。

解 ① $\underline{1Ca_3(PO_4)_2}+SiO_2+C \rightarrow P_4+CaSiO_3+CO$

3 個 Ca 原子

2 個 P 原子

8 個 O 原子

② 平衡 Ca 原子和 P 原子

$1Ca_3(PO_4)_2+SiO_2+C \rightarrow 1/2P_4+\underline{3CaSiO_3}+CO$

3 個 Si 原子

9 個 O 原子

∵ SiO_2 的係數未知，∴O 原子尚無法平衡。

③ 平衡 Si 原子

$1Ca_3(PO_4)_2+3SiO_2+C \rightarrow 1/2P_4+3CaSiO_3+CO$

8 個 O 原子　6 個 O 原子　　9 個 O 原子

④ 平衡 O 原子

$1Ca_3(PO_4)_2+3SiO_2+C \rightarrow 1/2P_4+3CaSiO_3+\underline{5CO}$

5 個 C 原子

⑤ 平衡 C 原子

$1Ca_3(PO_4)_2+3SiO_2+5C \rightarrow 1/2P_4+3CaSiO_3+5CO$

⑥ 係數變為整數

$2Ca_3(PO_4)_2+6SiO_2+10C \rightarrow P_4+6CaSiO_3+10CO$

　　化學方程式，大致可分為五種類型，其中 A、B、C 代表元素、化合物或離子等物質：

1. 燃燒反應

$$A + 1/2O_2 \rightarrow AO$$
$$AB + O_2 \rightarrow AO + BO$$

　　如：$CH_4 + 2O_2 \rightarrow CO_2 + 2H_2O$

2. 結合反應

$$A + B \rightarrow C$$

　　如：$H_2 + 1/2O_2 \rightarrow 2H_2O$

3. 分解反應

$$C \rightarrow A + B$$

　　如：$CaCO_{3(s)} \rightarrow CaO_{(s)} + CO_{2(g)}$

4. 單取代反應

$$A + BC \rightarrow AB + C$$

　　如：$Zn + 2HCl \rightarrow ZnCl_2 + H_2$

5. 雙取代反應

$$AB + CD \rightarrow AD + CB$$

　　如：$NaOH + HCl \rightarrow NaCl + H_2O$

5-7　化學計量

　　化學計量(stoichiometry)是指利用化學方程式中係數的比例關係（莫耳數比），計算出所需反應物的量或得到生成物的量，稱之化學計量。化學計量包含了質量守恆和能量守恆兩者的計算，計算的原理是：

1. 將題目所給予的既定物的量（質量、數目、體積、濃度）轉換成該物質的莫耳數。

2. 係用方程式的係數比求得待求物的莫耳數。

3. 待求物的莫耳數轉換成欲求的量（質量、數目、體積、濃度）。

　　化學計量的三步驟如圖 5-5 所示。

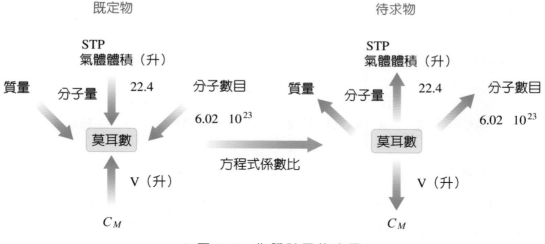

⊃ 圖 5-5　化學計量的步驟

例 5-10

實驗室常以加熱氯酸鉀($KClO_3$)製造氧氣（方程式如下），試問 50.0 克的氯酸鉀可產生多少克的氯化鉀？在 STP 下，可產生氧氣多少升？($KClO_3$=122.55；KCl=74.6)

$$2KClO_{3(s)} \xrightarrow{\Delta} 2KCl_{(s)} + 3O_{2(g)}$$

解

$$\boxed{KClO_3\ 質量} \xrightarrow{(1)} \boxed{KClO_3\ 莫耳數} \xrightarrow{(2)} \boxed{KCl\ 莫耳數} \xrightarrow{(3)} \boxed{KCl\ 質量}$$

① $KClO_3$ 的莫耳數 $= \dfrac{50.0}{122.55} = 0.408$（莫耳）

② $\dfrac{KCl莫耳數}{0.408\,mol} = \dfrac{2}{2}$（兩者的係數比）

∴KCl 莫耳數=0.408 莫耳。

③ $0.408 \times 74.6 = 30.4$（克）

$$\boxed{KClO_3\ 質量} \xrightarrow{(1)} \boxed{KClO_3\ 莫耳數} \xrightarrow{(2)} \boxed{O_2\ 莫耳數} \xrightarrow{(3)} \boxed{O_2\ 體積}$$

① $KClO_3$ 莫耳數如前。

② $\dfrac{O_2莫耳數}{0.408} = \dfrac{3}{2} \Rightarrow O_2莫耳數 = 0.612莫耳$

③ $0.612 \times 22.4 = 13.7$（升）

例 5-11

碳酸鈣($CaCO_3$=100)和足量鹽酸($HCl_{(aq)}$)作用。

$$CaCO_{3(s)}+2HCl_{(aq)} \rightarrow CaCl_2+CO_2+H_2O$$

欲產生 6.02×10^{22} 個氯化鈣分子，試問

①需要多少克的碳酸鈣參與反應？

②需取 6M 的鹽酸若干毫升？

 ①

| $CaCl_2$ 分子數 | $\xrightarrow{(1)}$ | $CaCl_2$ 莫耳數 | $\xrightarrow{(2)}$ | $CaCO_3$ 莫耳數 | $\xrightarrow{(3)}$ | $CaCO_3$ 質量 |

(a) $\dfrac{6.02 \times 10^{22}}{6.02 \times 10^{23}} = 0.1\,mol$（$CaCl_2$的莫耳數）

(b) $\dfrac{CaCO_3 莫耳數}{0.1\,mol} = \dfrac{1}{1} \Rightarrow CaCO_3 莫耳數 = 0.1 莫耳$

(c) $0.1 \times 100 = 10$（克）

②

| $CaCl_2$ 分子數 | $\xrightarrow{(1)}$ | $CaCl_2$ 莫耳數 | $\xrightarrow{(2)}$ | HCl 莫耳數 | $\xrightarrow{(3)}$ | HCl 體積 |

(a) 如前，$CaCl_2$ 莫耳數為 0.1 莫耳。

(b) $\dfrac{HCl莫耳數}{0.1} = \dfrac{2}{1} \Rightarrow HCl莫耳數為0.2莫耳$

(c) $\dfrac{0.2\,mol}{V（升）} = 6M \Rightarrow V（升）= 0.033升 = 33毫升$

5-8　限量試劑

在有多種反應物參與的化學反應中，當反應平衡後，若有反應物剩下來，那麼生成物的產量將是由完全消耗完的反應物所決定，我們就將此完全消耗完的反應物稱為限量試劑(Limiting reagents)。

例如甲烷的燃燒：

$$CH_4+2O_2 \rightarrow CO_2+2H_2O$$

由方程式的係數可知，一莫耳甲烷(CH_4)燃燒時，需消耗二莫耳的氧氣(O_2)。若取一莫耳甲烷和三莫耳氧氣反應，那麼甲烷消耗完畢後，尚有一莫耳氧氣剩餘，因此甲烷就是限量試劑，甲烷的量也同時決定了 CO_2 和 H_2O 的最大產量。

為了決定哪一個反應物是限量試劑，我們可由多種反應物的量算出同一種生成物的量，產生最少量生成物者，即為限量試劑。以上例說明之：取 1 mol CH_4 和 3 mol O_2 燃燒，1 mol CH_4 可得 2 mol H_2O；而 3 mol O_2 可得 3 mol H_2O。所以由甲烷得到水的量較少，所以甲烷在此為限量試劑。

$$CH_4 + 2O_2 \rightarrow CO_2 + 2H_2O$$

mol 比：　　−1　　　:−2　　　:+1　　　:+2

①　　　1 mol　　　　　　　　　　　2 mol

②　　　　　　　3 mol　　　　　　　3 mol

例 5-12

氨氣(NH_3)通過灼熱的氧化銅(CuO)其產物為氮氣、銅和水。若 18.1g 的 NH_3 和 90.4g 的 CuO 反應，何者是限量試劑？有若干重量的 N_2 會生成？

解 此反應方程式為：　　$2NH_{3(g)}+3CuO_{(s)} \rightarrow N_{2(g)}+3Cu_{(s)}+3H_2O_{(\ell)}$

因 NH_3 的莫耳數：　$18.1g\ NH_3 \times \dfrac{1mol\ NH_3}{17.03g\ NH_3} = 1.06\,mol\ NH_3$

$\Rightarrow$ 可產生 $N_2\ \dfrac{1.06mol}{2} = 0.530\,mol$

CuO 莫耳數：　$90.4g\ CuO \times \dfrac{1mol\ CuO}{79.55g\ CuO} = 1.14\,mol\ CuO$

$\Rightarrow$ 可產生 $N_2\ \dfrac{1.14mol}{3} = 0.380\,mol$

CuO 產生 N_2 之莫耳數較 NH_3 者少，所以反應後 CuO 被用完，故 CuO 為限量試劑。

$1.14\,mol\ CuO \times \dfrac{1mol\ N_2}{3\,mol\ CuO} = 0.380\,mol\ N_2$

$0.380\,mol\ N_2 \times \dfrac{28.0g\ N_2}{1\,mol\ N_2} = 10.6g\ N_2$

5-9 熱化學

　　幾乎所有的化學反應都會釋放或吸收能量。人體的體溫之所以可以一直維持在 37°C 左右，就是因為人體內許多化學反應所釋放出部分的熱用來維持體溫，例如葡萄糖代謝成二氧化碳和水時就會產生熱，供人類所需。除了化學反應會造成熱量的變化外，三相變化亦會造成能量的增減，例如冰熔化成水時就必須吸收外界的熱量。

　　熱化學(Thermochemistry)就是研究物質發生變化（物理變化和化學變化）所產生的熱量變化（以 ΔH 表示）。熱量常用的單位有**卡路里**（calorie，簡稱為**卡**，cal）、**仟卡**(Kcal, 1 kcal=1000cal)和**焦耳**（joule，1 卡=4.184 焦耳）。

一、熱含量（焓）

　　物質本身就可以當做是能量的儲存所。例如，固態物質內的分子會在原處做振動以及分子內的作用力（化學鍵）皆是存在於物質內的能量。這種儲存於物質內的能量就稱為**熱含量**或稱為**焓**，以 H 表示。焓是位能的一種形式。在**熱力學標準狀態**（1 atm，25°C，1 mol 物質），各物質的焓稱為**標準焓**，以 $H°$表示。

二、反應熱

　　生成物的焓（$H_生$）和反應物的焓（$H_反$）兩者之間的差即為**反應熱**（以 ΔH 或 ΔE 表示）。即：

$$\Delta H = H_生 - H_反$$

　　在 25°C，1 atm 測得的反應熱稱為**標準反應熱**，以 $\Delta H°$表示之。

1. 若 $\Delta H > 0$ 代表 $H_生 > H_反$，此時反應物必須從外界吸收能量才能變成產物，稱為**吸熱反應**(endothermic reaction)（圖 5-6）。吸熱反應時，ΔH 視為反應物，其絕對值寫在化學方程式→的左邊。例如：

$$N_{2(g)} + O_{2(g)} + 180.5KJ \rightarrow 2NO_{(g)}$$

或

$$N_{2(g)} + O_{2(g)} \rightarrow 2NO_{(g)} \qquad \Delta H = 180.5KJ$$

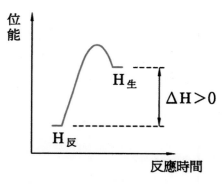

● 圖 5-6　吸熱反應的位能圖

2. 若 $\Delta H < 0$ 代表 $H_{生} < H_{反}$，反應過程中必須釋放能量，才能由反應物變成生成物，此種反應稱為**放熱反應**(exothermic reaction)（圖 5-7）。放熱反應時，ΔH 視為生成物，其絕對值寫在化學方程式→的右邊。例如：

$$H_{2(g)}+1/2O_{2(g)} \rightarrow H_2O_{(\ell)}+285KJ$$

或

$$H_{2(g)}+1/2O_{2(g)} \rightarrow H_2O_{(\ell)} \qquad \Delta H = -285KJ$$

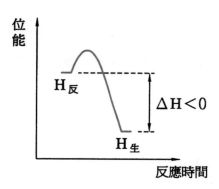

● 圖 5-7　放熱反應的位能圖

三、常見反應熱的種類

依化學反應的類型，可以將反應熱加以分類：一莫耳物質燃燒的反應熱稱為**莫耳燃燒熱**（以 ΔH_C 表示），燃燒反應必為放熱反應，$\Delta H_C < 0$。

或

$$A + 1/2O_2 \rightarrow AO$$
$$AB + O_2 \rightarrow AO + BO$$
$$\left.\right\} \Delta H = \Delta H_C < O$$

一些常見的物質標準燃燒熱如表 5-1 所示。

▼ 表 5-1　在標準狀況下，一些物質的莫耳燃燒熱

物質	燃燒反應	莫耳燃燒熱 ΔH_C° （KJ·mol^{-1}）
碳	$C_{(s)} + 1/2O_{2(g)} \rightarrow CO_{(g)}$ $C_{(s)} + O_{2(g)} \rightarrow CO_{2(g)}$	-111 -394
氫	$H_{2(g)} + 1/2O_{2(g)} \rightarrow H_2O_{(g)}$ $H_{2(g)} + 1/2O_{2(g)} \rightarrow H_2O_{(\ell)}$	-242 -286
鎂	$Mg_{(s)} + 1/2O_{2(g)} \rightarrow MgO_{(g)}$	-602
硫	$S_{(s)} + O_{2(g)} \rightarrow SO_{2(g)}$	-297
一氧化碳	$CO_{(g)} + 1/2O_{2(g)} \rightarrow CO_{2(g)}$	-283
甲烷	$CH_{4(g)} + 2O_{2(g)} \rightarrow CO_{2(g)} + 2H_2O_{(g)}$	-802
乙炔	$C_2H_{2(g)} + 5/2O_{2(g)} \rightarrow 2CO_{2(g)} + H_2O_{(g)}$	-1256
甲醇	$CH_3OH_{(\ell)} + 3/2O_{2(g)} \rightarrow CO_{2(g)} + 2H_2O_{(g)}$	-638
辛烷	$C_8H_{18(\ell)} + 25/2O_{2(g)} \rightarrow 8CO_{2(g)} + 9H_2O_{(g)}$	-5460

例 5-13

燃燒 692 克的辛烷 C_8H_{18}（汽油中的主要成分）能產生多少熱量？

解 辛烷的莫耳數為：

$$\frac{692\,g}{114\,g/mol} = 6.07\ mol$$

參考表 5-1 燃燒一莫耳辛烷會產生 5460KJ 的熱量，所以 6.07 mol 的辛烷可產生：

$$6.07\ mol \times (-5460KJ/mol) = -33,000KJ$$

"–"代表放熱，即 692 克的辛烷燃燒會放出 33,000KJ 的能量。

　　由成分元素生成一莫耳化合物時，所吸收或放出的熱量稱為**莫耳生成熱**（以 ΔH_f 表示）。在標準狀態下，元素的生成熱為零。

$$A+B \rightarrow AB \qquad\qquad \Delta H = \Delta H_f$$

例如：　　　　$C_{(s)} + 2H_{2(g)} \rightarrow CH_{4(g)} \qquad\qquad \Delta H° = -17.9 \ \text{kcal/mol}$

　　我們稱甲烷(CH_4)的標準生成熱 $\Delta H_f = -17.9$ kcal/mol，一些物質的標準生成熱列於表 5-2 中。

▼ 表 5-2　一些物質的標準莫耳生成熱（更詳細資料，請參考書末附錄）

	物質	莫耳生成熱 $\Delta H_f°$ （KJ · mol^{-1}）
	碳	
$C_{(s)}$	石墨（固態）	0
$C_{(g)}$	碳（氣態）	716.68
$CO_{(g)}$	一氧化碳	−111
$CO_{2(g)}$	二氧化碳	−394
$CH_{4(g)}$	甲烷	−74.8
$CH_3OH_{(\ell)}$	甲醇（液態）	−238.7
$CH_3OH_{(g)}$	甲醇（氣態）	−200.7
$Cl_{2(g)}$	氯氣	0
$Cl_{(g)}$	氯原子（氣態）	121.7
$H_{2(g)}$	氫氣	0
$H_2O_{(g)}$	水蒸氣	−241.8
$H_2O_{(\ell)}$	水	−285.83
$HCl_{(g)}$	氯化氫	−92.31
$H_2S_{(g)}$	硫化氫	−20.6
$N_{2(g)}$	氮氣	0
$NO_{(g)}$	一氧化氮	90.25
$NO_{2(g)}$	二氧化氮	33.2
$NH_{3(g)}$	氨	−46.11
$O_{2(g)}$	氧氣	0
$P_{(s)}$	磷	0
$P_4O_{10(s)}$	十氧化四磷	−2984
$H_3PO_{4(\ell)}$	磷酸	−1267

5-10　反應熱的重要定律

1. 反應熱和反應物質的莫耳數成正比，例如：

$$CH_3COOH+2O_2 \rightarrow 2CO_2+2H_2O \qquad \Delta H_C^\circ = -208.24 \text{kcal/mol}$$

$$1/2CH_3COOH+O_2 \rightarrow CO_2+H_2O \qquad \Delta H_C^\circ = -104.12 \text{kcal/mol}$$

2. 反應進行方向相反時，反應熱變號，但大小不變，例如：

$$H_{2(g)}+1/2O_{2(g)} \rightarrow H_2O_{(g)} \qquad \Delta H^\circ = -57.8 \text{ kcal}$$

$$H_2O_{(g)} \rightarrow H_{2(g)}+1/2O_{2(g)} \qquad \Delta H^\circ = 57.8 \text{ kcal}$$

3. 反應熱具有加成性（黑斯定律），例如：

$$
\begin{array}{lll}
Sn_{(s)} +Cl_{2(g)} \rightarrow SnCl_{2(s)} & \Delta H_1 = -349.8 \text{ kcal}\\
+)\ \ SnCl_{2(s)} +Cl_{2(g)} \rightarrow SnCl_{4(s)} & \Delta H_2 = -195.4 \text{ kcal}\\
\hline
Sn_{(s)} +2Cl_{2(g)} \rightarrow SnCl_{4(s)} & \Delta H = \Delta H_1 + \Delta H_2 = -545.2 \text{kcal}
\end{array}
$$

例 5-14

下列為三個熱化學方程式：

①$C_3H_{8(g)}+5O_{2(g)} \rightarrow 3CO_{2(g)}+4H_2O_{(g)}$ 　　　　$\Delta H_1 = -530.6 \text{ kcal}$

②$C_{(s)}+O_{2(g)} \rightarrow CO_{2(g)}$ 　　　　$\Delta H_2 = -94.1 \text{ kcal}$

③$H_{2(g)}+1/2O_{2(g)} \rightarrow H_2O_{(\ell)}$ 　　　　$\Delta H_3 = -68.3 \text{ kcal}$

試求 $3C_{(s)}+4H_{2(g)} \rightarrow C_3H_{8(g)}$ 的反應熱？

②×3＋③×4－①即可得到：

$3C_{(s)}+4H_{2(g)} \rightarrow C_3H_{8(g)}$ 的方程式；

所以，此反應的反應熱 ΔH 應為：

$\Delta H = \Delta H_2 \times 3 + \Delta H_3 \times 4 - \Delta H_1 = -24.9 \text{ kcal}$

課後練習

一、單選題

( ) 1. 某碳氫化合物 2.2 克，經完全燃燒後產生 6.6 克二氧化碳，則此化合物最可能之分子式為何？ (A)CH_4 (B)C_2H_6 (C)C_2H_4 (D)C_3H_8。

( ) 2. 物質 X 燃燒時的化學反應式為：

$$X+2O_2 \rightarrow CO_2+H_2O（注意只有產物的係數尚未平衡）$$

試問下列選項中哪一個最有可能是 X？ (A)H_2 (B)CO (C)CH_4 (D)CH_3OH。

( ) 3. 綠色化學的概念強調化學製程中原子的使用效率，若製程中使用很多原子，最後這些原子卻成為廢棄物，就不符合綠色化學的原則。原子的使用效率定義為：化學反應式中，想要獲得的產物的莫耳質量（分子量）除以所有生成物的莫耳質量（分子量）。甲基丙烯酸甲酯是一個製造壓克力高分子的單體，以往是由丙酮製造，完整的製程可以用下列平衡的化學反應式表示：

$$CH_3COCH_3+HCN+CH_3OH+H_2SO_4\rightarrow$$
$$CH_2=C(CH_3)CO_2CH_3+NH_4HSO_4$$

新的製程則用觸媒催化丙炔、甲醇與一氧化碳反應直接生成產物：

$$CH_3C \equiv CH+CH_3OH+CO\rightarrow CH_2=C(CH_3)CO_2CH_3$$

使用丙炔的新製程，沒有製造任何廢棄物，原子使用效率為 100%。試問使用丙酮製程的原子使用效率，最接近下列哪一項？ (A)18% (B)29% (C)47% (D)55%。

( ) 4. 汽車常裝有安全氣囊，當強烈碰撞時，瞬間引起下列反應，所產生的氣體快速充滿氣囊，可以達到保護車內人員安全的目的。

$$NaN_3\rightarrow Na+N_2（注意此方程式尚未平衡）$$

已知 Na 與 N 的原子量分別是 23 與 14。若氣囊中置 65 克的 NaN_3，則其莫耳數有多少？ (A)6.5 (B)3.7 (C)2.3 (D)1。

( ) 5. 已知 $3A+2B \rightarrow 2C$，A、B、C 表不同分子，若 A、C 之分子量分別為 24 及 72，求 B 之分子量為？ (A)12 (B)36 (C)40 (D)48 (E)60。

( ) 6. 氫的原子量為 1.01，則 2.02 克的氫氣所含的氫原子數門與下列哪一項的分子數目相同？ (A)1 莫耳 $O_{2(g)}$ (B)2 莫耳 $N_{2(g)}$ (C)1 莫耳 $CO_{2(g)}$ (D)$\frac{2}{3}$ 莫耳 $NH_{3(g)}$。

( ) 7. 目前所使用的原子量，是以何種原子的質量為標準推算而得？ (A)自然碳 (B)碳–12 (C)自然氧 (D)氧–16。

( ) 8. 實驗式為 C_2H_3Cl(Cl=35.5)，若其分子量為 190，則其分子式為？ (A)C_2H_3Cl (B)$C_4H_6Cl_2$ (C)$C_6H_9Cl_3$ (D)$C_6H_{12}Cl_3$。

( ) 9. 於 25°C，將 0.1 莫耳丁烷與過量的氧氣在定體積的容器內完全燃燒。燃燒後，溫度回復至 25°C，則下列有關此反應之敘述，哪些是正確的？ (A)需消耗氧氣 0.9 莫耳 (B)可產生 0.4 莫耳的 CO_2 (C)燃燒前後，分子數目不變 (D)燃燒後，容器內的壓力會降低。

( ) 10. 已知 $Pb+HNO_3 \rightarrow Pb(NO_3)_2+NO+H_2O$（未平衡），若使用 50.0 克鉛和 20% 的硝酸 6.3 克反應可產生 STP 下之 NO 若干 mL？(Pb=207) (A)11.2 (B)22.4 (C)112 (D)224。

( ) 11. 將 5.23 克的二氧化錳加熱時，只產生氧氣；加熱到不再產生氣體為止，剩下純物質重 4.59 克，則產生的氣體在 STP 下體積為若干毫升？(Mn=55) (A)224 (B)448 (C)112 (D)336。

( ) 12. 設 $4Fe_{(s)}+3O_{2(s)} \rightarrow 2Fe_2O_{3(s)} \rightarrow \Delta H=-400$ 仟卡，$C_{(s)}+O_{2(g)} \rightarrow CO_{2(g)} \rightarrow \Delta H=-100$ 仟卡，當以碳還原 1 莫耳 Fe_2O_3，其反應熱約為？ (A)100 (B)–50 (C)50 (D)150 仟卡。

( ) 13. 下列何種物質之莫耳生成熱為零？ (A)$CO_{2(g)}$ (B)$H_2O_{(g)}$ (C)$Ne_{(g)}$ (D)$O_{3(g)}$。

( ) 14. 已知一定質量的無水乙醇(C_2H_5OH)完全燃燒時，放出的熱量為 Q，而其所產生 CO_2 用過量的澄清石灰水完全吸收，可得 0.10 莫耳的 $CaCO_3$ 沉澱。若 1.0 莫耳無水乙醇完全燃燒時，放出的熱量最接近下列哪一項？ (A)Q (B)5Q (C)10Q (D)20Q (E)50Q。

( ) 15. 某金屬(M)的碳酸鹽(MCO_3)與稀鹽酸作用，產生二氧化碳的反應式如下：$MCO_{3(s)}+2HCl_{(aq)} \rightarrow 2MCl_{2(aq)}+CO_{2(g)}+H_2O_{(\ell)}$

若 0.84 克的 MCO_3 與稀鹽酸完全作用，所產生的氣體，換算成標準狀態(STP)的乾燥二氧化碳，恰為 224 毫升。M 應為下列哪一種金屬？（原子量：Be=9、Mg=24、Ca=40、Zn=65、Ba=137） (A)Be (B)Mg (C)Ca (D)Zn (E)Ba。

( ) 16. 化學反應的反應熱(ΔH)與生成物及反應物的熱含量有關，而物理變化也常伴隨著熱量的變化，下列有關物理變化的熱量改變或反應熱的敘述，何者不正確？ (A)水的蒸發是吸熱過程 (B)汽油的燃燒熱是放熱反應 (C)化學反應的 ΔH 為正值時，為一吸熱反應 (D)反應熱的大小與反應物及生成物的狀態無關 (E)化學反應的 ΔH 為負值時，反應進行系統的溫度會上升。

( ) 17. 王同學取 2.00 克的柳酸（分子量=138）與 4.00 毫升的乙酐（分子量=102，比重=1.08），在濃硫酸的催化下反應，所得產物經純化、再結晶及烘乾後，得到 1.80 克的阿司匹靈。柳酸與乙酐反應生成阿司匹靈的反應式如下：

試問王同學在本實驗所得的產率(%)為何？ (A)35 (B)47 (C)52 (D)69 (E)78。

( )18. 有一暖暖包內含 100 毫升的水，暖暖包中另有一塑膠袋子，內裝有 40 克氯化鈣。使用時稍微用力敲打暖暖包，使其中之塑膠袋破裂，讓水與氯化鈣混合。已知氯化鈣的溶解熱為 $-82.8KJ/mol$，而水的比熱為 $4.20Jg^{-1}K^{-1}$。假設氯化鈣的比熱甚小可以忽略，而氯化鈣溶解所釋出的熱量，完全由 100 毫升的水所吸收。若在阿里山上，取出一個 5°C 的暖暖包打開使用，試問該暖暖包的溫度最高可升到幾°C？ (A)36 (B)51 (C)76 (D)91。

( )19. 在 25°C 1atm 下，已知下列各熱化學方程式：

$H_2O_{(\ell)} + H_2O_{(g)}$ $\qquad\qquad \Delta H = +44KJ$

$2 H_{2(g)} + O_{2(g)} \rightarrow 2H_2O_{(\ell)}$ $\qquad\qquad \Delta H = -572KJ$

$C_{(s)} + 2H_{2(g)} \rightarrow CH_{4(g)}$ $\qquad\qquad \Delta H = -75KJ$

$C_{(s)} + O_{2(g)} \rightarrow CO_{2(g)}$ $\qquad\qquad \Delta H = -394KJ$

則在該溫度及壓下，將 1 莫耳甲烷完全氧化，生成水蒸氣和二氧化碳的反應熱(ΔH)為多少 KJ？ (A)−561 (B)−605 (C)−803 (D)−891kJ。

二、問答題

1. 平衡下列方程式。

(1) $CaCO_{3(s)} \xrightarrow{\Delta} CaO_{(s)} + CO_{2(g)}$

(2) $Mg_3N_2 + H_2O \rightarrow Mg(OH)_2 + NH_3$

(3) $C_4H_{10} + O_2 \rightarrow CO_2 + H_2O$

(4) $H_2SO_4 + NaOH \rightarrow Na_2SO_4 + H_2O$

2. 某化合物由 6.92 克的 X 和 0.584 克的碳所組成，已知 4 個 X 原子能和 1 個 C 原子結合，試求 X 的原子量？

3. 欲配製 0.1M 的 $CaCl_2$ 溶液 20 mL，應取 $CaCl_2$ 若干克？

4. 將 2.5M 的 $H_2SO_{4(aq)}$ 200mL 和 1.00M 的 $H_2SO_{4(aq)}$ 150 mL 相混合，則混合後溶液的莫耳濃度為何？

5. 過氧化氫分解的熱化學方程式如下：

$$H_2O_{2(\ell)} \rightarrow H_2O_{(\ell)} + 1/2O_{2(g)} \qquad \Delta H = -98.8KJ$$

求 1.5 克 H_2O_2 分解時所放出的熱量。

6. $4NH_{3(g)} + 3O_{2(g)} \rightarrow 2N_{2(g)} + 6H_2O_{(\ell)}$

若 40.0 克的 O_2 與 1.5mol NH_3 混合反應，何者為限量試劑？產生 N_2 多少升（在 STP 下）？

7. (1) 試從下列反應步驟，求出 $N_{2(g)} + 2O_{2(g)} \rightarrow 2NO_{2(g)}$ 之 ΔH 值：

   ① $N_{2(g)} + O_{2(g)} \rightarrow 2NO_{(g)}$ $\qquad \Delta H_1 = 180.5KJ$

   ② $2NO_{(g)} + O_{2(g)} \rightarrow 2NO_{2(g)}$ $\qquad \Delta H_2 = -114.1KJ$

   (2) 此值是否就是 NO_2 之生成熱？

8. 試判斷下列化學反應之類型？

   (1) $2Na + 2HCl \rightarrow 2NaCl + H_2$

   (2) $3KOH + H_3PO_4 \rightarrow K_3PO_4 + 3H_2O$

   (3) $K_3P + 2O_2 \rightarrow K_3PO_4$

   (4) $Zn + H_2SO_4 \rightarrow ZnSO_4 + H_2$

   (5) $C_2H_4 + 3O_2 \rightarrow 2CO_2 + 2H_2O$

9. 試計算一個氧原子的質量（克）？

10. 一化合物其分子量為 30amu 以及百分組成為 80%C 和 20%H，試問其實驗式和分子式為何？

11. 利用下列熱化學反應式：

   (1) $H_{2(g)} + 1/2O_{2(g)} \rightarrow H_2O_{(\ell)} + 68$ 仟卡

   (2) $C_{(s)} + O_{2(g)} \rightarrow CO_{2(g)} + 94$ 仟卡

   (3) $C_{(s)} + 2H_{2(g)} \rightarrow CH_{4(g)} + 18$ 仟卡

   (4) $CO_{(g)} + 3H_{2(g)} \rightarrow CH_{4(g)} + H_2O_{(\ell)} + 60$ 仟卡

   求得 1 莫耳甲烷完全燃燒時的反應熱為若干？

12. 已知：$A+B \rightleftharpoons C+D$，$\Delta H_1$=20.5kcal，$C+D \rightleftharpoons E+F$，$\Delta H_2$=−41.0kcal 時，反應 $E+F \rightleftharpoons A+B$ 之 ΔH 為若干？

13. 已知某金屬元素 M 的原子量為 150，且 25g 的金屬 M 和 4g 的氧氣化合生成氧化物。問此氧化物的化學式為何？

14. $KClO_4$ 係由下列三個連續反應產生：

    (1) $Cl_2+KOH \rightarrow KCl+KClO+H_2O$

    (2) $KClO \rightarrow KCl+KClO_3$

    (3) $KClO_3 \rightarrow KClO_4+KCl$（方程式均未平衡）

    由以上反應今欲產生 100g $KClO_4$，需 Cl_2 若干莫耳？(K=39, Cl=35.5)

15. 銀器在硫化氫存在的空氣中發生下列反應變成硫化銀：

    $$Ag+H_2S+O_2 \rightarrow Ag_2S+H_2O（未平衡）(Ag=108, S=32)$$

    從 0.864 克 Ag、0.170 克 H_2S 和 0.0320 克氧之混合物中，則：

    (1) 何種反應物為限量試劑？

    (2) 可得 Ag_2S 若干克？

    (3) 何種反應物過量，反應後剩下若干克？

16. 下圖所示的 ☐ ，應為若干？已知熱化學方程式：

    $$C（石墨）+O_2 \rightarrow CO_2+aKJ$$

    $$H_2+1/2O_2 \rightarrow H_2O+bKJ$$

    (A)a-b+c　(B)a-2b+c　(C)a+b-2c　(D)a+2b-c

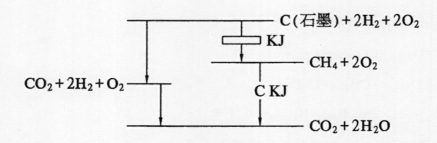

17. 將鐵片放入硫酸銅溶液中，等鐵片表面附有一層金屬銅後取出，洗淨、乾燥，然後秤量時，得知其重量增加 1.0 克。在鐵片上析出的銅重量約為多少克？(Fe=55.8, Cu=63.5, S=32.0)

Fe+CuSO₄→FeSO₄+Cu

18. 王同學欲以實驗測定金屬的原子量，請李老師指導，李老師給王同學一瓶未貼標籤的常見金屬粉末，建議王同學以氧化法，測定該金屬的原子量。王同學做實驗，每次以坩堝稱取一定量的金屬，強熱使其完全氧化，冷卻後再稱其重，扣除坩堝重後，可得該金屬氧化物的質量。王同學重覆做了十多次實驗，就所得的實驗數據與李老師討論，選取了較有把握的六次實驗，其數據如下表：

金屬粉末的質量(g)	0.10	0.50	0.60	0.70	0.80	0.90
金屬氧化物的質量(g)	0.17	0.91	1.13	1.29	1.50	1.64

根據上表的實驗數據，回答下列問題：

(1) 試在方格紙上以金屬粉末的質量為橫軸（即 x 軸）作圖，求出該金屬的大約原子量。

(2) 寫出該金屬氧化物的化學式。

MEMO

CHEMISTRY

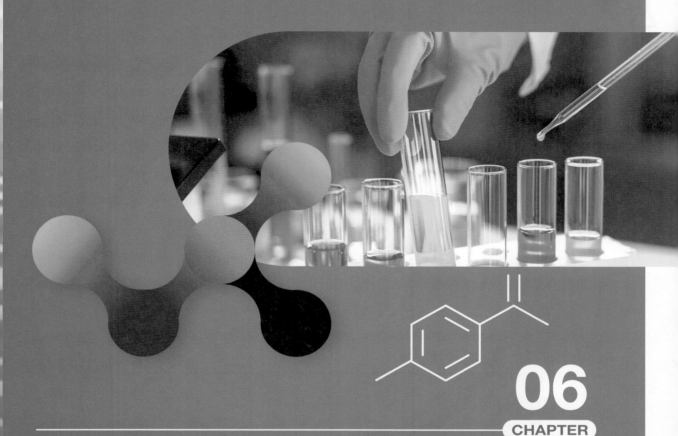

　　我們呼吸的空氣是由多種氣體混合而成，包括含量最多的氮氣(N_2)，次多的氧氣(O_2)，稀有氣體(He, Ne, Ar)，二氧化碳(CO_2)以及水蒸氣等等氣體。這些氣體受地球引力作用，分布的範圍廣達地表上方 1000 公里以上的高空，稱為**大氣層**。這層大氣使地球上的生態及環境得以保持平衡，生命得以持續繁衍。例如，平流層的臭氧(O_3)可吸收太陽有害的輻射；二氧化碳和水的蒸發使地球溫差不致太大；生物的代謝需要氧氣；氮氣的大量存在，使氧氣的相對濃度降低，避免燃燒過分劇烈等。但是由於人類的過度開發，已逐漸破壞了原本的平衡。

　　本章由氣體巨觀的性質出發，繼而探討氣體的基本定律，並由粒子的運動解釋氣體巨觀的行為，最後並研究環境汙染對大氣所造成的傷害。

6-1　氣體的性質

　　人們無法穿透牆壁，在水中行走亦舉步維艱，但是我們卻可在空氣中自在地移動，感受到空氣柔和的形式。氣體除了上述密度很低的特性外，我們大致還可歸納出以下幾點特性：

1. 氣體可以擴散，可以充滿任何容器。液體雖然也可以擴散，但速度較慢，且局限於容器底部。

2. 氣體可膨脹，亦可壓縮。固體和液體則不可被壓縮；遇熱膨脹時，固體和液體的體積變化遠比氣體小很多。

3. 任何氣體皆可在容器中完全混合。相對地液體的混合就較為緩慢，甚至無法完全混合（如油和水的混合）。

4. 氣體對容器器壁任一點產生均勻的壓力。例如吹氣球時，各方面會均勻膨脹；而液體的壓力則隨深度而改變。

5. 氣體可以液化。當溫度低至某種程度（臨界溫度）以下，壓力增加至某種程度（臨界壓力）以上，氣體分子間的引力（凡得瓦力或氫鍵）變大，氣體分子會凝聚成液體，如潛水夫身上揹的氧氣筒裡，所裝的就是液態空氣。

6-2　氣體的壓力

　　氣體的壓力（氣壓）來自於氣體分子自由運動撞擊物體表面所產生的力量。所以氣體密度大時，氣壓亦較大（如高山空氣稀薄，所以山上的氣壓較低）；溫度高時，氣體分子運動加速，壓力也較大（如天氣晴朗時，大氣壓力較高）。至於密閉容器內，因氣體密度均勻，所以各點所承受的氣壓均相等。

　　西元 1643 年，義大利科學家托里切利，他以長玻璃管和水銀設計成如圖 6-1 的裝置，稱為水銀氣壓計。玻璃管內水銀的上端幾乎呈真空狀態，而玻璃管內的水銀因受大氣壓力的推擠而往上升，而且大氣壓力越大，管內水銀的高度亦越高。所以管內水銀的高度（以 mm-Hg 或 cm-Hg 為單位）可代表外界大氣壓力的大小。為紀念托里切利的偉大發明，將氣壓 mm-Hg 的單位以 torr 表示。

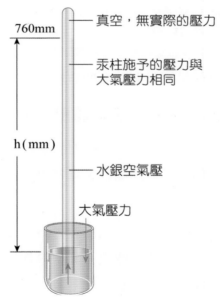

○ 圖 6-1　水銀壓力計：水銀柱高度為 h 是正比於其壓力

科學家將空氣在緯度 45°的海平面上的平均壓力定義為一大氣壓（簡記為 1atm），1atm 的壓力恰可支持水銀壓力計中的水銀達 76cm (760mm)的高度，故：

1atm=76cmHg=760mmHg=760torr=1033.6gw/cm^2=1.01×10^{5}Pa（SI 制）

例 6-1

485mmHg 的氣體壓力相當於多少大氣壓？又相當於多少帕(Pa)？

① $\dfrac{1\text{atm}}{760\text{mmHg}} = \dfrac{?\text{atm}}{485\text{mmHg}} \Rightarrow ? = 0.638\,(\text{atm})$

② $\dfrac{1.01\times10^5}{760} = \dfrac{?\text{Pa}}{485} \Rightarrow ? = 6.45\times10^4\,(\text{Pa})$

6-3 氣體的基本定律

研究氣體的性質，可以從早期幾個著名的實驗著手：

一、波以耳定律(Boyle's law)－研究氣體壓力(P)和體積(V)的關係

有沒有想過，國慶日施放氣球，最後飄向何處？是否曾駐足觀看水族箱裡的氣泡由底層往上移動有何變化？這些問題都是日常生活中常看到的氣體壓力改變對體積的影響。

氣球往高空飄，因空氣密度變小，氣壓變小，所以氣球的體積可以向外膨脹，當脹到氣球承受不住的強度時，氣球就在高空爆炸開來。可見氣體壓力越大，體積越小；反之，氣體壓力越小，則體積變大。

英國科學家波以耳將定量氣體，在定溫時，氣體的**壓力**和**體積**成反比的關係（圖 6-2），以數學式表示：

$$V \propto \dfrac{1}{P}\left(體積 \propto \dfrac{1}{壓力}\right)$$

或將上式重新整理為：

$$PV=K（K 是常數）或 P_1V_1=P_2V_2$$

亦就是定量的氣體在定溫下，氣體的壓力和體積的乘積為一常數（圖 6-3），此稱為**波以耳定律**。

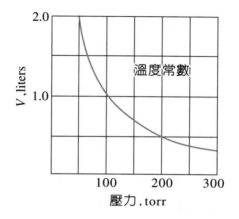

● 圖 6-2　定溫下，氣體樣品的壓力改變時其體積也隨之改變的曲線圖；當壓力增
　　　　加時，其體積會減少，相反地當壓力減少時，其體積會增加。此圖顯示
　　　　壓力和體積呈反比的關係

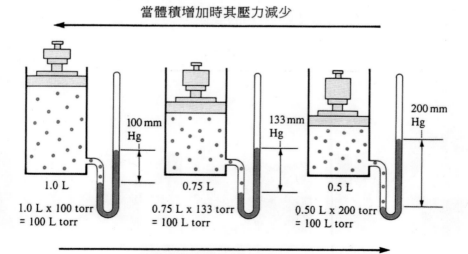

● 圖 6-3　代表定量氣體在定溫下，體積和壓力變化的關係
　　　　（註：氣體的體積乘上壓力為一定值）

例 6-2

在 640mmHg 壓力下收集某定量氣體，其體積為 380mL；若溫度不變，將壓力增加至 1atm，則其體積將變為若干 mL？

解 依波以耳定律 $P_1V_1=P_2V_2$

所以 $(640)\times(380\text{mL})=\left(1\times\dfrac{760\text{mmHg}}{1\text{atm}}\right)\times V_2$

∴ $V_2=320(\text{mL})$

我們每天呼吸所造成的肺部運動就是壓力和體積的相互作用。當肋骨橫膈膜放鬆上升時會壓縮肺臟，使得肺部體積減小而壓力大過外界空氣的壓力，因此會呼出氣體；反之，當橫膈膜收縮下降時，肺臟體積變大，而壓力就會比外界空氣來得小，因此空氣得以進入肺部，直到內外壓力相等為止。

二、查理－給呂薩克定律

查理定律是探討定量氣體在固定壓力時，溫度(T)對氣體體積(V)的影響；而給呂薩克定律是研究溫度(T)和氣體壓力(P)的關係。

當溫度減少時體積減少 →

  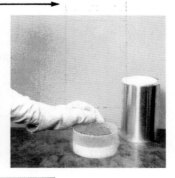

← 當溫度增加時體積增加

⊃ 圖 6-4 某氣體溫度的效應。在定溫下(T=25°C)一個充滿氣體的氣球一接觸液態氮(T=−196°C)時，則氣球內的氣體會因冷卻而減少

　　熱氣球在天空飛行，晚上放天燈祈福，是什麼因素使它們可以飄向天空？法國科學家查理發現，定量氣體在定壓下，氣體的體積會隨溫度的增加而變大，也就是氣體的體積和絕對溫度（凱氏溫標）成正比（圖 6-4、圖 6-5），此稱為查理定律，以數學式可表示成：

$$V \propto T \quad （體積 \propto 溫度）$$

或

$$V = K \times T \text{（}K\text{ 是常數）}$$

或

$$\frac{V}{T} = K$$

或

$$\frac{V_1}{T_1} = \frac{V_2}{T_2}$$

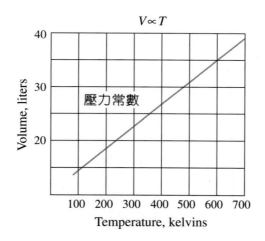

⊃ 圖 6-5　在定壓下（1 大氣體），1 莫耳的氮氣，當溫度改變時，其體積也會隨之改變；當溫度增加時，其體積會增加，此圖表示兩者成正比的關係。此線停止在 77K，因為在此溫度下，氮氣會液化

例 6-3

密閉容器中置入二氧化碳氣體，經測量後發現，當容器內壓力 750mmHg，10°C 時，體積為 300mL；若壓力保持不變，將溫度升高至 50°C，則氣體體積為何？

解 密閉容器（定量），壓力不變時，依查理定律：

$$\frac{V_1}{T_1} = \frac{V_2}{T_2} \quad 可得$$

$$\frac{300\text{mL}}{(10+273)} = \frac{V_2}{(50+273)}$$

$\therefore V_2 = 342\text{mL}$

給呂薩克則提出體積不變的定量氣體，其壓力和外界絕對溫度成正比的關係，此稱為給呂薩克定律，即：

$P \propto T$（壓力 $\propto$ 絕對溫度）

或

$P = KT$

或

$$\frac{P}{T} = K$$

或

$$\frac{P_1}{T_1} = \frac{P_2}{T_2}$$

例 6-4

在鋼瓶中的某定量氣體，於 25°C 時壓力為 760mmHg，若溫度上升至 50°C，則容器所承受的壓力為何？

解　$\dfrac{P_1}{T_1} = \dfrac{P_2}{T_2}$

$\dfrac{760\text{mmHg}}{(25+273)} = \dfrac{P_2}{(50+273)}$

$\therefore P_2 = 824(\text{mmHg})$

三、亞佛加厥定律－探討定溫定壓下氣體分子數目（莫耳數）和體積的關係

　　對氣球吹氣，氣吹得越多，氣球就越大，這就是氣體的另一項定律－亞佛加厥定律。亞佛加厥定律告訴我們不論氣體分子是輕是重，或者性質為何，只要是在同溫同壓的環境下，同體積的任何氣體就含有相同數目的分子（圖 6-6）。這個定律更可擴大解釋為：同溫同壓下，氣體的體積和氣體的分子數（莫耳數）成正比，即：

　　　　$V \propto n$（ n 代表氣體的分子數或莫耳數）

　　或

　　　　$V = K \times n$（ K 為常數）

　　或

　　　　$\dfrac{V}{n} = K$

　　或

　　　　$\dfrac{V_1}{n_1} = \dfrac{V_2}{n_2}$

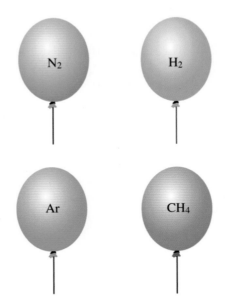

⊃ 圖 6-6 這些氣球在 25°C 和 1atm 下體積均為 1L

每一氣球都含有 0.041 莫耳的氣體或 2.5×10^{22} 個分子

第五章化學計量中曾提到，氣體在 STP(0°C, 1atm)的條件下，1 莫耳的任何氣體，其體積為 22.4 升，此體積稱為**亞佛加厥體積**。

例 6-5

16.0 克的氧氣(O_2)在 STP 時，體積為多少升？

解 氧氣 16.0 克相當於 $16.0 \times \dfrac{1mol}{32} = 0.500mol$

依 $\dfrac{V_1}{n_1} = \dfrac{V_2}{n_2}$ 可得

$$\dfrac{22.4升}{1.00mol} = \dfrac{V_2}{0.500mol}$$

∴ $V_2 = 11.2$（升）

6-4　理想氣體方程式

　　觀察我們周遭的事物不難發現，壓力或溫度的改變對固體、液體的影響很小，甚至肉眼不易觀察。相較之下，氣體對壓力或溫度的改變就非常敏感。

　　綜合上述氣體的基本定律，可知氣體的行為受壓力、體積、溫度和分子數目（莫耳數）的影響。例如我們想使氣球的體積變大，可以從降低壓力、升高溫度或者增加氣體分子的數量著手。以上種種關係，若以數學式表示可寫成：

$$V \propto \frac{1}{P} \times n \times T \quad (\,n：莫耳數\,)$$

或

$$V = R \times \frac{1}{P} \times n \times T \quad (\,R：氣體常數\,)$$

或

$$PV = nRT$$

　　已知 0°C，1atm 下，1mol 的任何氣體，其體積等於 22.4 升，將這些條件代入 $PV=nRT$ 的方程式中，可得知氣體常數 R，其值為：

$$(1\ atm) \times (22.4L) = (1mol) \times R \times (0+273)K$$

$$\therefore \quad R = \frac{(1atm) \times (22.4L)}{(1mol)(273K)} = 0.082 atm \cdot L\,/\,mol \cdot K$$

$PV=nRT$ 此式即稱為理想氣體方程式。

　　所謂理想氣體是假設氣體分子本身體積為零，且氣體分子間沒有引力存在。而事實上，真實氣體的氣體分子雖然體積很小，但仍占有空間；且氣體分子間存在微弱的凡得瓦力或是氫鍵。所以真實氣體在低壓或高溫的環境下或分子量小的氣體，此時氣體分子間的引力比較小，其行為會較接近理想氣體。例如 He 就比 Ne

更接近理想氣體，因為 He 的原子量 4.00amu，而 Ne 的原子量 20.18amu，所以 He 原子間的凡得瓦力較小，以致較接近理想氣體。

例 6-6

在 0°C，1.5atm 下取 0.57mol 的氬氣，試問其體積為何？

解 依 $PV=nRT$ 代入

$$(1.5)\times V=(0.57)\times(0.082)\times(273) \qquad \therefore V=8.5(L)$$

例 6-7

某一氣體在 –15°C，545mmHg 時體積為 3.84L；若此氣體改置於 36°C，468mmHg 的環境下，則體積為何？

解 定量氣體（n 不變），同時改變 P、V 和 T，依理想氣體方程式，

$$PV=nRT，可知 PV \propto T 也就是 PV=KT 或 \frac{PV}{T}=K$$

不變　常數

亦可寫成 $\dfrac{P_1 V_1}{T_1}=\dfrac{P_2 V_2}{T_2}$，此稱為**聯合氣體定律**亦可稱為**波查定律**。

將題目條件代入，可得

$$\frac{(545)\times(3.84)}{(-15+273)}=\frac{(468)\times V_2}{(36+273)}$$

$$\therefore V_2=5.36(L)$$

6-5　氣體的密度和分子量

在化學計量中，曾經介紹過莫耳數的算法，其中一種算法為：

$$莫耳數 = \frac{質量}{分子量} \text{ 或 } n = \frac{w}{M}$$

若將此代入理想氣體方程式中，可得：

$$PV = \frac{w}{M}RT$$

利用此式，可由氣體的質量求出氣體的分子量。

例 6-8

已知某氣體體積 151.2mL 於 750torr、18.0°C 時重 0.200 克，試求此氣體的分子量，並預測其可能為何種氣體？

 由氣體的重量求分子量，可利用

$$PV = \frac{w}{M}RT$$

$$\left(750 \times \frac{1}{760}\right) \times \left(\frac{151.2}{1000}\right) = \frac{0.200}{M} \times 0.082 \times (18 + 273)$$

∴ M=32.0(g/mol)，此氣體可能為氧氣(O_2)。

$PV = \dfrac{w}{M}RT$ ，亦可移項整理為：

$$PV = \frac{w}{V}RT$$

又 $\dfrac{w}{V} = D$（密度，單位：g/L），代入上述方程式得：

$PM = DRT$，可利用此式求氣體的密度或分子量。

例 6-9

某氣體在 STP 下的密度為 1.96g/L，試求此氣體的分子量。

解 將題目給予的條件代入 $PM=DRT$ 中

$$(1)\times M=(1.96)\times(0.082)\times(273)$$

$\therefore M=43.9(g/mol)$，可能為二氧化碳氣體。

一般而言，氣體的密度大約是 2g/L；而液體或固體的密度約為 2g/mL，兩者差了約 1000 倍。

$$\frac{2\text{g/L}}{2\text{g/mL}}=\frac{\frac{2}{1000}}{\frac{2}{1}}=\frac{1}{1000}$$

所以氣體的密度很低，而我們也得以在空氣中優游地穿梭。

6-6 道耳吞分壓定律

將 A、B、C 三種彼此不會互相反應的氣體置於同一容器中（代表三種氣體的體積和溫度相同），科學家道耳吞發現容器內的總壓力（簡記為 P_T）相當於 A、B、C 三種氣體單獨在容器內個別壓力(P_A, P_B, P_C)的和，此種關係稱為道耳吞分壓定律。此數學式可表示為：

$$P_T=P_A+P_B+P_C$$

P_T稱為總壓；而 P_A, P_B, P_C 稱為分壓。

又 $P = \dfrac{nRT}{V}$ ，代入上式，得：

$$P_T = \frac{n_A RT}{V} + \frac{n_B RT}{V} + \frac{n_C RT}{V}$$

$$\Rightarrow P_T = (n_A + n_B + n_C)\frac{RT}{V} \quad (\because 同\ T \text{、} 同\ V)$$

或

$$P_T \cdot V = (n_A + n_B + n_C)RT$$

或

$$P_T \cdot V = n_T \cdot RT$$

（$n_T = n_A + n_B + n_C$，n_A, n_B, n_C 分別表示 A, B 和 C 的莫耳數）

其中

$$\frac{P_A}{P_T} = \frac{n_A}{n_T} = X_A$$

（X_A 稱為 A 的莫耳分率）

同理

$$\frac{P_B}{P_T} = \frac{n_B}{n_T} = X_B ; \frac{P_C}{P_T} = \frac{n_C}{n_T} = X_C$$

（X_B, X_C 分別稱為 B 或 C 的莫耳分率）

　　移項整理可得 $P_A = X_A \cdot P_T$；$P_B = X_B \cdot P_T$；$P_C = X_C \cdot P_T$；也就是某氣體的分壓等於該氣體的莫耳分率乘以總壓($P_i = X_i \cdot P_T$)。

例 6-10

如圖 6-7 的系統，在 26.0°C 時，以排水集氣法在水面上收集 0.200L 的氬氣，試求瓶內氬氣的壓力為何？氬氣的重量為何？（26°C，飽和水蒸氣壓 =25.2torr）(Ar=39.95amu)

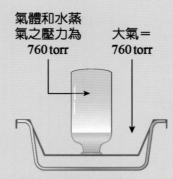

氣體和水蒸氣之壓力為 760torr　　大氣 = 760torr

⊃ 圖 6-7　在此密閉容器內混合氣體的壓力是等於外在氣體的大氣壓，因為瓶面水面的高度和瓶外水面的高度是相同的。在此圖，一個典型的大氣壓力是 760torr，真正的壓力是隨大氣壓力而定

解 由圖知瓶內外水面等高，所以大氣壓力=760torr，瓶內的總壓亦等於 760torr。以排水集氣法收集氣體，瓶內必含飽和水蒸氣。

依道耳吞分壓定律：

$$P_T = P_{Ar} + P_{H_2O}$$

$\Rightarrow$ 760torr=P_{Ar}+25.2torr

$\therefore P_{Ar}$=760torr−25.2torr=734.8torr

又 $PV=nRT$

$$\therefore \left(\frac{734.8}{760} \right) \times (0.2) = n \times 0.082 \times (26 + 273) \Rightarrow n = 0.00789\text{mol}$$

所以氬的質量=(0.00789)×(39.95)=0.315（克）

在例題 6-10 中提到水的飽和蒸氣壓。液體的蒸氣壓來自於液體表面的分子克服液體分子間的引力，以氣體形成存在，所以蒸氣壓只受溫度的影響（圖 6-8）；溫度越高，蒸氣壓越大。不似一般的氣體，壓力同時受溫度、體積和分子數目的影響。

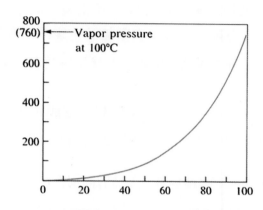

➲ 圖 6-8　水蒸氣的壓力是溫度函數的關係圖

例 6-11

大氣壓力為 745mmHg 時，已知氧氣的莫耳分率為 0.210，試求大氣中氧氣的壓力為何？

解 依 $P_i = X_i \cdot P_T$　所以

$$P_{O_2} = X_{O_2} \cdot P_{大氣壓力}$$

$$P_{O_2} = 0.210 \times 745(\text{mmHg}) = 156\text{mmHg}$$

6-7　氣體分子動力論

由 6-1 節氣體的性質中，我們可明顯知道氣體的行為和液體或固體皆有很大的不同。氣體是由原子（鈍氣）或分子所構成，由組成氣體的微小粒子來說明氣體的行為，應更能接近事實，此種理論稱為**氣體動力論**(kinetic molecular theory)或簡稱**動力論**，其要點如下：

1. 氣體分子本身的體積視為零：氣體的組成粒子與其運動的空間相較，氣體分子本身的體積就微不足道，可忽略不計。

2. 氣體分子間的作用力可視為零。

3. 氣體分子快速且不規則地運動，彼此間會互相碰撞或撞擊器壁。壓力就是氣體分子碰撞器壁所造成的現象，且碰撞次數越多（碰撞頻率越大），壓力越大。

4. 氣體分子間的碰撞屬於完全彈性碰撞，也就是碰撞時不會損失能量，仍以原來速率運動。

5. 氣體分子的平均動能(E_K, $E_K=1/2mv^2$)和絕對溫度成正比，即 $E_K = KT$（K 為常數）。不同的氣體在相同溫度時，具有相同的動能。即：

    在相同溫度時，有 A、B 兩種氣體，它們存在以下的關係：

    $$\frac{1}{2} m_A v_A^2 = \frac{1}{2} m_B v_B^2$$

    （v：分子的平均速度；m：氣體分子的質量，可以用分子量代表）

    化簡後得：

    $$\frac{v_A}{v_B} = \frac{\sqrt{m_B}}{\sqrt{m_A}}$$

    由上式可以知道，氣體分子運動的平均速率(v)與氣體分子質量(m)的平方根成反比，此關係式又稱為格銳目定律(Graham's law)。氣體分子的平均速率直接影響了兩項氣體的行為，一項為擴散（氣體的混合）；另一項為溢散（由小孔流出，或稱為針孔擴散，例如輪胎漏氣即是）。

    由氣體動力論，我們可以解釋氣體巨觀的行為及氣體的一些基本定律。例如，氣體會向四面八方散開做不規則運動，所以容器內各點壓力相等；氣體分子快速運動，所以可完全混合；氣體分子幾乎不占空間，密度很小，所以可以壓縮；加熱時，氣體運動速率變大，所以碰撞頻率增加，壓力變大等。

例 6-12

在相同溫度下，He 原子的動能是甲烷(CH_4)的若干倍？平均速率又是若干倍？
(He=4.0amu；CH_4=16.0amu)

 解 ①溫度相同時，動能亦同，所以動能比 1：1。

②依格銳目定律：

$$\frac{v_{He}}{v_{CH_4}} = \frac{\sqrt{m_{CH_4}}}{\sqrt{m_{He}}} = \sqrt{\frac{16.0}{4.00}} = 2(倍)$$

6-8　大氣化學及空氣汙染

　　地表上空 1000km 內所覆蓋的氣體，統稱為 **大氣**。以大氣垂直結構區分，大致可分為五層（圖 6-9）：

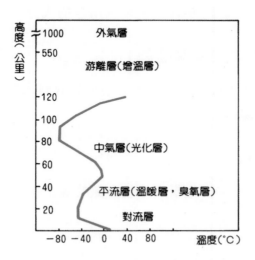

⟳ 圖 6-9　大氣高度與溫度關係

一、對流層

距地表約 13 公里內，是最近地面的大氣層，也是和我們生存最息息相關的一層，對流層中含量最多的是氮氣(N_2)，約占總量的 78.08%；其次為氧氣(O_2)，約占 20.95%，其他氣體的分配比例如圖 6-10 所示。

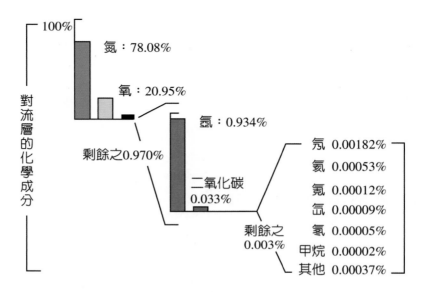

⊃ 圖 6-10　空氣裡所含的成分

二、平流層（又稱臭氧層或溫暖層）

距地表 13~50km 處，此層含有臭氧(O_3)可吸收對人體有害的紫外線，阻擋了高能輻射對地表生物的傷害。

三、中氣層（光化層）

距地表 50~85km 處，主要化學成分包含氮的氧化物（如 NO_2）、氧氣、二氧化碳和臭氧。

四、游離層（增溫層）

距地表 85~550km 處，空氣稀薄，因溫度很高，所以有許多離子存在。

五、外氣層

距地表 550~1000km 處，亦是外太空的起點，本層含有 H_2 和 He 兩種最輕的元素。

自然界存在許多天然的循環作用，可使大氣中的氣體保持固定的比例。例如，氮氣和氮化物的循環（圖 6-11）；二氧化碳和氧氣的循環（圖 6-12）；水和水蒸氣的循環等（圖 6-13）。

因高度工業化的結果，導致多得不可勝數的氣體和粒子被釋放到大氣中，雖然大氣在長久的汙染下，其組成改變是微乎其微的。然而這極微小的改變，卻造成大多數大城市的空氣汙染(air pollution)和地球氣候的改變。例如，熱帶雨林的逐漸消失使二氧化碳濃度增加，造成地球溫室效應擴大，地表溫度升高，使兩極冰山溶化，海水逐漸上升，海岸線慢慢消退等影響。近年來，破壞臭氧的氟氯碳化物染汙源大量的使用，在臭氧濃度降低後，將使更多高能的輻射直射地表，因而增加發生皮膚癌的機會，同時也威脅了人類自身的生存。

⊃ 圖 6-11　氮氣和氮化物的循環

　　空氣汙染的程度，通常取決於三個因素：(1)汙染源；(2)大氣的轉移；(3)接受物。至於汙染源及其產生的影響，將留至第十六章環境化學再詳加討論。

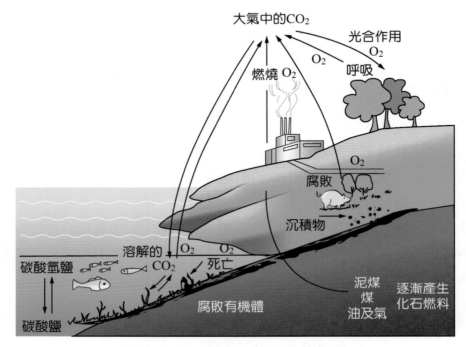

⊃ 圖 6-12　氧與二氧化碳的循環

⊃ 圖 6-13　水和水蒸氣的循環

課後練習 Exercise

一、單選題

(　) 1. 下列有關二氧化碳的敘述，何者錯誤？ (A)乾冰在常溫常壓下直接升華變成氣體 (B)乾冰是固態的二氧化碳 (C)物質有固、液、氣三態，但對二氧化碳而言，物質有三態是不成立的 (D)二氧化碳可能產生溫室效應。

(　) 2. 光化學煙霧是以下列何者為核心？ (A)氧 (B)碳粒 (C)懸浮微粒 (D)碳氫化合物。

(　) 3. 在實驗室製備氣體，收集氣體產物的方法有三：向上排氣法、向下排氣法、排水集氣法。試問下列選項中的哪一種氣體，製備時僅能用向下排氣法收集？ (A)氫 (B)氨 (C)氧 (D)氯。

(　) 4. 下列有關汙染之敘述，何者正確？ (A)核電廠排放大量廢熱入河海中，會使水域溶氧量減少 (B)泡沫汙染會因使用具有支鏈烷苯磺酸鹽而減少 (C)溫室效應主要是因空氣中 CO 濃度增高所致 (D)燃燒汽油產生 NO，主要是汽油中微量的含氮物質與氧反應而成。

(　) 5. 燃燒煤、石油可能導致全球溫度改變的主要原因為何？ (A)SO_2 增加，大量吸收太陽輻射 (B)CO_2 增加，大量吸收地球輻射 (C)O_3 增加，大量吸收太陽輻射 (D)N_2 增加，大量吸收地球輻射。

(　) 6. 在 20°C，700mmHg 下於水面上收集 H_2 200mL，求此氫氣在乾燥時之重量為何？（20°C 時，水的飽和蒸氣壓為 17mmHg） (A)0.0149 (B)0.0153 (C)0.0300 (D)0.0425 克。

(　) 7. 氣球中裝入下列各種氣體，何者扁得快？ (A)N_2 (B)CH_4 (C)CO_2 (D)O_2。

（　）　8. 將某氣體裝入 20 升的玻璃容器中，測其總重量為 22.80kg，壓力為 27.95atm。若將部分氣體放出，容器的總重量變為 22.50kg，氣體的壓力變為 19.60atm。假設氣體放出前後，容器溫度均維持在 27°C，且此氣體為一理想氣體，則此氣體一莫耳的質量為何（克）？　(A)28　(B)30　(C)32　(D)44。

（　）　9. 理想氣體方程式(PV=nRT)實際上是由多種定律綜合導出的，下列何項定律並未參與？　(A)波以耳定律　(B)查理定律　(C)亨利定律　(D)亞佛加厥定律。

（　）10. 有 A、B、C 三個同體積之真空容器，在同溫下分別裝入 1 克的 X、Y、Z 三種氣體。結果 A、B、C 內之壓力分別為 15mmHg、30mmHg、45mmHg，則 X、Y、Z 分子量之比為？　(A)1：2：3　(B)3：2：1　(C)2：3：6　(D)6：3：2。

（　）11. 等質量之氫氧混合氣體以壓力計測得 510mmHg，則氫之分壓為？　(A)170　(B)480　(C)200　(D)340　mm-Hg。

（　）12. 圖 6-14 為水蒸氣、氧氣及氦氣在同溫時，其分子數目對分子速率的分布示意圖：

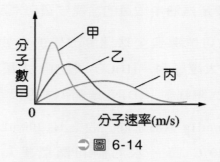

⊃ 圖 6-14

試問圖 6-14 中，甲、乙及丙三曲線依序為何種氣體？　(A)氧、水蒸氣、氦　(B)氧、氦、水蒸氣　(C)水蒸氣、氧、氦　(D)水蒸氣、氦、氧

題組 13~14：

　　市售光纖的內部多呈中空，內徑約數微米。李同學小心將光纖插入軟木塞中，並讓光纖穿透出軟木塞底部。之後，他將軟木塞緊塞在一個有刻度的圓柱管頂端，再將圓柱管固定在一大燒杯中，並在燒杯內盛入水，整個裝置如圖 6-15 所示。李同學發現若將氣體灌入圓柱管內後，管中的水會被所充入的氣體排開，但若停止充氣，氣體可從光纖中逸出，因此管內的水面會因而緩慢回復至原位置。李同學於是對多種氣體進行實驗，記錄水面回復至原處所需的時間。試根據以上所述，回答問題 13~14。

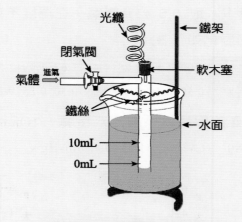

🢒圖 6-15 氣體逸出裝置

（　）13. 若將氫氣充入圓柱管後，水面從刻度 0mL 處上升至 10mL 處需 40 秒。試預測在相同實驗條件下，氧氣充入圓柱管後，水面從刻度 0mL 處上升至 10mL 處約需要多少時間？　(A)20 秒　(B)40 秒　(C)160 秒　(D)320 秒　(E)640 秒。

（　）14. 在相同實驗條件下，李同學發現氯化氫從 0mL 上升至 10mL 時所耗費的時間比氫氣的長，卻比氧氣的短。試問這一差異主要是下列哪一項因素造成的？　(A)氫氣易被液化　(B)氧氣的密度較大　(C)氫氣的平均動能較高　(D)氯化氫在水中的溶解度較高　(E)氯化氫易分解成氫氣與氯氣

（　）15. 氮的氧物（包括 NO、N_2O、NO_2）是主要的大氣汙染物之一，下列有
關氮的氧化物之敘述，哪些正確？（應選兩項）

(A) NO_2 遇水形成鹼性物質

(B) 光化學煙霧中常含有氮的氧化物

(C) NO 的電子點式表示法，氮和氧可同時符合鈍氣的電子排列

(D) 汽、機車排放的廢氣常含有 NO，是汽油燃燒不完全所產生的

(E) 汽、機車淨化廢氣所安裝的觸媒轉化器是要將氮的氧化物轉為 N_2。

題組 16~17：

在 25°C、1 大氣壓下，取 0.5 公升氫氣，在溫度不變的情況下，測得該氫
氣的壓力(P)與體積(V)的變化如下表。

P（大氣壓）	1.00	1.11	1.25	1.43	1.67	1.99	2.50	5.00
V（升）	0.50	0.45	0.40	0.35	0.30	0.25	0.20	0.10

有五位學生根據上表的數據以不同方式作圖，分別得甲、乙、丙、丁、戊
圖。

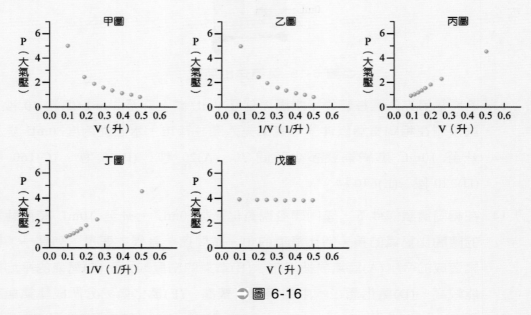

⊃ 圖 6-16

試根據上述資料，回答下列兩題。

（　　）16. 甲圖至戊圖中，哪兩個圖是符合實驗數據的正確作圖？（應選兩項）
(A)甲　(B)乙　(C)丙　(D)丁　(E)戊。

（　　）17. 承上題，若要預測壓力為 0.5 大氣壓時氫氣的體積，使用哪一個圖較
佳？　(A)甲　(B)乙　(C)丙　(D)丁　(E)戊。

（　　）18. 如右圖之玻璃管，口徑為 0.50 公分。於 25°C，一
大氣壓時，已知左方玻璃管上方密閉空間中的氣體
為氦氣，其體積為 5 毫升，此時左右玻璃管中之汞
柱高度差 14 公分。假設氦氣可視同理想氣體，今
在右方開口處加入一些汞，使得最終左右汞柱高度
差為 24 公分。試問此時氦氣的體積為若干毫升？
(A)2.9　(B)3.5　(C)4.5　(D)4.9。

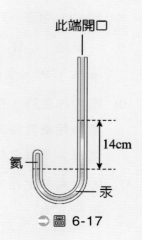

此端開口

14cm

氦

汞

● 圖 6-17

二、問答題

1. 在 1atm 時，若空氣的密度為 1.01g/L，則此時的溫度為
何？

2. 一容器體積 10.0L，在 25°C 裝有氮氣(N_2)和氧氣(O_2)的混合物，經測得容器內
總壓為 2.00atm，假如所含氮氣為 0.200mol，求各氣體的分壓。

3. 用在空調的冷媒氣體其體積為 3.25L，壓力為 720torr，溫度為 20°C，當此氣
體溫度維持在 20°C，而體積變為 975L 時，其壓力應為多少？

4. 有一玩具氣球，注入氫氣，在溫度 20°C 及壓力 76cmHg，體積為 1450 立方公
分，若將此氣球放入一個–20°C 的冰箱，而壓力仍為 76cmHg，則其體積變為
若干？

5. 有一混合物含有 0.2g 的 H_2、1g 的 N_2、0.820g 的 Ar，在 STP 下，都放入密閉
容器內，問此容器的體積為多少？（假設所有氣體都符合理想氣體行為）

6. 有一氣體，體積為 275mL，溫度為 67°C，壓力為 380Pa，如壓力減為 305Pa，
體積不改變，則此時的溫度應為多少？

7. 計算 F_2 的密度為何？

   (1) 在 STP 下。

   (2) 在 30.0°C 和 725torr。

8. 在 STP 下，多少氣體的 O_2 體積才能氧化 14.0 升的 CO 為 CO_2？又有多少體積的 CO_2 可在 STP 下產生？

9. 一樣品，C_2H_2（乙炔）有體積 1.8L，壓力為 831torr，溫度為 27°C，問當其溫度為 37°C，而壓力為 477torr 時，體積應變為多少？

10. 當人休息時，在 25°C 及 1atm 時，其平均每個男人重量 1 公斤，則每一小時需消耗氧氣 200mL，如有一位 70 公斤重的男人，在休息一小時之間需消耗氧氣多少莫耳？

11. 0.42 克的化合物(MH_2)和水發生下列反應：$MH_{2(s)}+2H_2O_{(\ell)} \rightarrow M(OH)_{2(s)}+2H_{2(g)}$，若在 27°C 一大氣壓時可產生乾燥氫氣 492 毫升，則 M 的原子量，應是多少？

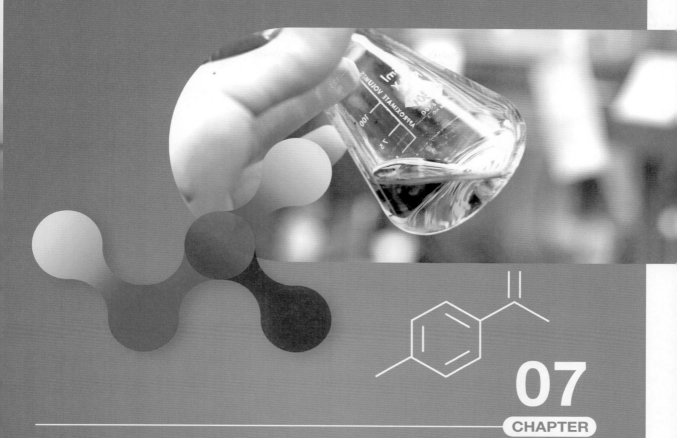

水溶液

07
CHAPTER

溶液是一種均勻的混合物（單一相），所以溶液不僅是液態，還可以是氣態，甚至是固態。合金、K 金就是常見的固態溶液；空氣是氣態溶液；海水則是一個大型的液態溶液。

　　大部分的化學反應是在溶液中進行的，包括生命現象的維持及化學工廠的製造流程等皆是，尤其是以水當媒介的溶液（水溶液）更是重要。

　　本章先介紹水的性質，接著探討哪些物質可溶於水？濃度如何表示？以及溶質的量會對水溶液的性質造成哪些影響？

7-1　水的性質

　　當物質均勻分散於介質中所形成的混合物，稱為溶液(solution)；介質稱為溶劑(solvent)；而被分散的物質稱為溶質(solute)。例如，生理食鹽水就是以食鹽($NaCl$)為溶質，以水作為溶劑的水溶液。

　　地球上的水除了調節溫度外，水亦是日常生活中最常使用的溶劑，我們身體內的消化、吸收、代謝等反應也都是在水中進行。

　　水分子(H_2O)是 V 型的幾何結構（圖 7-1），2 個 H–O 鍵的偶極矩無法完全抵消，所以 H_2O 是一極性分子。

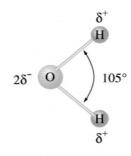

⊃ 圖 7-1　水分子的幾何結構

　　水的極性可以和離子化合物產生離子－偶極力。雖然單獨離子－偶極力並不如離子－離子吸引力來得強，但是一個離子被許多水分子包圍就產生許多離子－偶極力，總加成起來的效果就可以將離子一個個脫離物質表面而溶解於水中（圖 7-2）。

例如氯化鈉(NaCl)在水中的溶解可以用下式表示：

$$NaCl_{(s)} \xrightarrow{\ X\text{H}_2\text{O}\ } Na^+_{(aq)} + Cl^-_{(aq)} \quad （\ X\text{H}_2\text{O}\ 代表數個\ \text{H}_2\text{O}\ 分子）$$

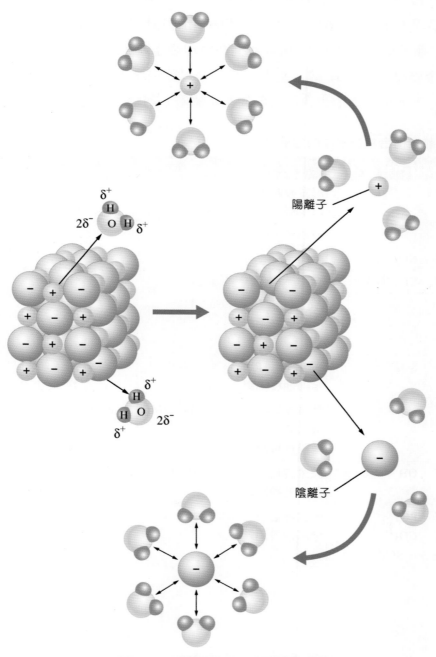

⊃ 圖 7-2　鹽類在水中溶解的過程

　　但是並非所有的離子化合物都可溶於水中，例如，身體內的結石草酸鈣 (CaC_2O_4) 或者氯化銀 ($AgCl$) 等，離子－離子吸引力仍是大過離子－偶極力，所以這些離子化合物的晶體在水中仍保持原狀。表 7-1 是離子化合物在水中溶解的情形，我們可以發現 OH^-, S^{2-}, PO_4^{3-}, CO_3^{2-} 和 SO_3^{2-} 所形成鹽類大都難溶於水（和 IA 族離子或 NH_4^+ 離子結合者除外）。所以我們在處理廢水時，第一步常加入鹼 (OH^-)，讓水中的重金屬離子和 OH^- 結合產生沉澱，藉以除去水中有害的重金屬離子。相對地，酸雨進入河川、湖泊也會使底部的重金屬離子溶解，而造成危害。

▼ 表 7-1　離子化合物在水中的溶解度

陰離子	陽離子	生成鹽之溶解度
全部	鹼金屬離子， Li^+, Na^+, K^+, Rb^+, Cs^+	可溶
全部	銨離子 NH_4^+	可溶
硝酸根離子，NO_3^-	全部	可溶
醋酸根離子，CH_3COO^-	全部（Ag^+, Cr^{2+} 相當小）	可溶
氯離子，Cl^- 溴離子，Br^- 碘離子，I^-	Ag^+, Pb^{2+}, Hg_2^{2+}, Cu^+, Tl^+ 全部他種陽離子	可溶 溶解度小
硫酸根離子，SO_4^{2-}	Ba^{2+}, Sr^{2+}, Pb^{2+} 全部他種陽離子	可溶 溶解度小
硫離子，S^{2-}	鹼金屬離子，NH_4^+, Be^{2+}, Mg^{2+}, Ca^{2+}, Sr^{2+}, Ba^{2+} 全部他種陽離子	可溶 溶解度小
氫氧根離子，OH^-	鹼金屬離子，NH_4^+, Sr^{2+}, Ba^{2+} 全部他種陽離子	可溶 溶解度小
磷酸根離子，PO_4^{3-} 碳酸根離子，CO_3^{2-} 亞硫酸根離子，SO_3^{2-}	鹼金屬離子，NH_4^+ 全部他種陽離子	可溶 溶解度小

　　除了許多離子化合物可溶於水中外，極性分子化合物（如 HCl, NH$_3$, CH$_3$OH）亦會和水產生偶極－偶極力，有的還會有更強的氫鍵產生，藉此溶於水中形成水溶液。圖 7-3 是甲醇(CH$_3$OH)溶於水，和水形成氫鍵的情形。

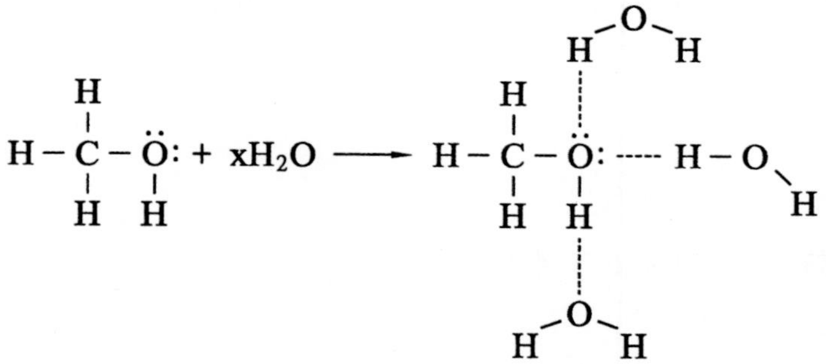

⭢ 圖 7-3　甲醇溶於水時，甲醇分子和水分子間存在氫鍵和偶極－偶極力

　　分子溶解於水中產生離子的過程稱為解離(ionization)，包含前面章節介紹過的酸類、鹼類（大多為金屬的氫氧化物，如 NaOH）和多數鹽類（不含鹼類的離子化合物）皆可在水中解離。例如：

$$HCl_{(g)} \xrightarrow{X H_2O} H^+_{(aq)} + Cl^-_{(aq)} \cdots\cdots\cdots\cdots\cdots\cdots\cdots\cdots\cdots 酸類$$

$$CH_3COOH_{(s)} \xleftarrow{X H_2O} H^+_{(aq)} + CH_3COO^-_{(aq)} \cdots\cdots\cdots\cdots\cdots 酸類$$

$$NaOH_{(s)} \xrightarrow{X H_2O} Na^+_{(aq)} + OH^-_{(aq)} \cdots\cdots\cdots\cdots\cdots\cdots\cdots\cdots 鹼類$$

$$Ca(OH)_{2(s)} \xleftarrow{X H_2O} Ca^{2+}_{(aq)} + 2OH^-_{(aq)} \cdots\cdots\cdots\cdots\cdots\cdots\cdots 鹼類$$

$$KBr_{(s)} \xrightarrow{X H_2O} K^+_{(aq)} + Br^-_{(aq)} \cdots\cdots\cdots\cdots\cdots\cdots\cdots\cdots\cdots 鹽類$$

$$NH_4Cl_{(s)} \xrightarrow{X H_2O} NH^+_{4(aq)} + Cl^-_{(aq)} \cdots\cdots\cdots\cdots\cdots\cdots\cdots\cdots 鹽類$$

　　至於非極性分子和水分子間僅存著微弱的偶極－誘導偶極力，因此很難破壞水分子和水分子間存在的氫鍵。所以非極性物質難溶於極性溶劑中（例如氧氣難溶於水中）。一般而言，**極性溶劑可以溶解極性物質；而非極性溶劑可以溶解非極性**

物質，這就是「相似溶於相似」的道理。所以衣服上的油污（非極性），光用清水是洗不乾淨的，必須加界面活性劑（如肥皂）或者使用非極性溶劑（如四氯化碳，CCl_4）方可除去。通常碳氫鏈越長，非極性的性質就越顯著，例如乙醇(C_2H_5OH)可溶於水，但己醇$(C_6H_{13}OH)$即使有 OH 可和水產生氫鍵，但碳氫鏈較長，就幾乎不溶於水中。

例 7-1

請寫出下列物質在水中的解離方程式：

①Na_2SO_4；②2mol $CaCl_2$。

解 ① $Na_2SO_{4(s)} \xrightarrow{XH_2O} 2Na^+_{(aq)} + SO^{2-}_{4(aq)}$

② $2CaCl_{2(s)} \xrightarrow{XH_2O} 2Ca^{2+}_{(aq)} + 4Cl^-_{(aq)}$

肥皂或清潔劑能夠溶解水中的油汙，是因為結構同時具有極性端和非極性端兩種特性（圖 7-4）；碳氫鏈是非極性端，而離子片段是極性端。去油汙時，非極性端（碳氫鏈）與油汙（非極性）結合，極性端（離子片段）露在外面就可與極性的水分子產生吸引力而溶解（圖 7-5），此作用稱為乳化反應，界面活性劑稱為乳化劑。身體內的磷脂類亦同時具有極性端和非極性端的特性。

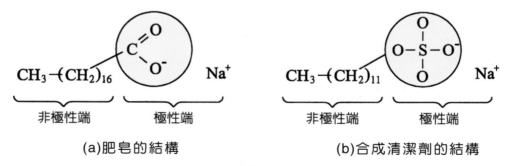

(a)肥皂的結構 　　　　(b)合成清潔劑的結構

⊃ 圖 7-4

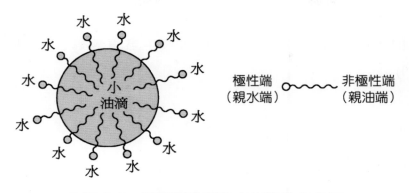

◯ 圖 7-5　界面活性劑在水中的乳化作用

7-2　溶液的濃度

　　溶質在定量溶劑中含量的多寡就是濃度的概念。第五章化學計量中已介紹過體積莫耳濃度的算法，此處再介紹其他幾種常見的濃度表示法。首先，復習一下體積莫耳濃度：

一、體積莫耳濃度(Molarity)

　　體積莫耳濃度或稱莫耳濃度（簡記為 C_M），其意義為每升溶液中所含溶質的莫耳數，以數學式可表示成：

$$C_M = \frac{溶質\mathbf{mol}}{溶液V（升）} \quad 單位：\mathbf{mol/L\ or\ M}$$

或

$$溶質\ \mathbf{mol} = C_M \times V（升）$$

所以，12M 的鹽酸溶液，代表 1 升溶液中，含有溶質氯化氫(HCl)12 mol。

例 7-2

取 2.00M 的硫酸溶液 250mL，試問此溶液中含有純硫酸(H$_2$SO$_4$)若干克？
(H$_2$SO$_4$=98.0)

解 $H_2SO_4 \ mol = (2mol/L) \times \left(\dfrac{250}{1000} L \right) = 0.5mol$

H_2SO_4 的質量=(0.5mol)×(98.0g/mol)=49.0（克）

二、重量百分濃度(Weight Percentage)

重量百分濃度（簡記為 $P\%$），其意義為每 100 克溶液中所含溶質的重量（克），以數學式表示成：

$$P\% = \frac{溶質質量}{溶液質量} \times 100\% = \frac{溶質質量}{溶質質量+溶劑質量} \times 100\%$$

或

溶質質量＝$P\%$×溶液質量

所以，30%的食鹽水，代表 100 克的溶液中有 30 克的食鹽和 70 克的水。

例 7-3

生理食鹽水濃度為 0.9%，欲配成生理食鹽水 500.0 克，試問需取多少克的鹽溶於多少 mL 的水中？

解 設需食鹽 x 克，則需水(500-x)克，故：

$$0.9\% = \frac{x}{500} \times 100\%$$

∴x=4.5（克），需取食鹽 4.5 克；

又需水(500-x)克=495.5 克。

因水的密度 $D=1g/mL$，故：

$$D = \frac{M}{V} \Rightarrow 1g/mL = \frac{495.5g}{V}$$

$\therefore V = 495.5mL$

三、體積百分濃度(Volume Percentage)

體積百分濃度（簡記為 V%），其意義為每 100mL/L 溶液中所含溶質的體積(mL/L)，以數學式表示成：

$$V\% = \frac{溶質體積(mL/L)}{溶液體積(mL/L)} \times 100\% = \frac{溶質體積}{溶質體積 + 溶劑體積} \times 100\%$$

或

溶質體積＝V%×溶液體積

所以，12%的酒精溶液，代表 100mL 的溶液中，有 12mL 的酒精（乙醇）和 88mL 的水。

四、重量莫耳濃度(Molality)

重量莫耳濃度（簡記為 C_m），其意義為每公斤溶劑中所含溶質的莫耳數，以數學式表示成：

$$C_m = \frac{溶質mol}{溶劑質量(kg)} \quad 單位：mol/kg 或 m$$

或

溶質 $mol = C_m \times$ 溶劑質量(kg)

所以，3m 的硫酸溶液，代表每公斤水中含有硫酸 3 mol 之意。

例 7-4

25.0 克的氫氧化鈉(NaOH)溶於 350 克的水中，試求此溶液的重量莫耳濃度？
(NaOH=40.0)

解 $NaOH\ mol = \dfrac{25.0g}{40.0g/mol} = 0.625mol$

$C_m = \dfrac{0.625mol}{\dfrac{350}{1000}kg} = 1.79m$

五、莫耳分率(Mole Fraction)

在第六章氣體就曾提過莫耳分率（簡記為 X），其意義為個別成分的莫耳數(n_i)和總莫耳數(n_T)的比值，以數學式表示成：

$$X_i = \frac{n_i}{n_T}$$

若是求溶液中溶質的莫耳分率，則上式可寫成：

$$X_{溶質} = \frac{n_{溶質}}{n_{溶質} + n_{溶劑}}$$

所以，蔗糖水溶液中，若蔗糖莫耳分率 0.3，代表水的莫耳分率為 0.7。

例 7-5

10.0 克的丙酮和 100 克的水混合後得到水溶液 109.5mL，試求此溶液的 C_M、$P\%$、C_m 及丙酮的莫耳分率？（丙酮分子量=58.0）

解 丙酮的莫耳數$=\dfrac{10.0}{58.0\text{mol}}=0.172\text{mol}$

水溶液 109.5mL=0.1095L

① $C_M=\dfrac{0.172\text{mol}}{0.1095\text{L}}=1.57\text{M (mol / L)}$

② $P\%=\dfrac{10\text{克}}{10\text{克}+100\text{克}}\times100\%=9.09\%$

③ $C_m=\dfrac{0.172\text{mol}}{\dfrac{100}{1000}\text{kg}}=1.72\text{m (mol / kg)}$

④ $X_{丙酮}=\dfrac{n_{丙酮}}{n_{丙酮}+n_{水}}=\dfrac{0.172\text{mol}}{0.172\text{mol}+\dfrac{100}{18.0}\text{mol}}=0.0300$

六、百萬分數(Parts Per Million)

　　百萬分數（簡記為 ppm）常用於表示含微量溶質的溶液濃度，其意義代表每一百萬份溶液中所含溶質的份數。以數學式表示為：

$$\text{ppm}=\frac{溶質質量(\text{mg})}{溶液（或溶劑）質量(\text{kg})}=\frac{溶質體積(\mu\text{L})}{溶液（或溶劑）體積(\text{L})}$$

（$\dfrac{1\mu\text{L}}{1\text{L}}=\dfrac{1\text{mg}}{1\text{kg}}=\dfrac{1}{10^6}$；水溶液 1kg 相當於 1 升的水，因為溶質的量太少，可忽略不計。）

所以，水中 O_2 的濃度為 0.5ppm 時，代表每公斤（每升）水中含有 O_2 0.5mg。又如，空氣中 CO_2 濃度 300ppm，代表每升(L)空氣中平均約含 300 微升(μL) 的 CO_2 氣體。

例 7-6

2.5 升的水中含有氯氣(Cl_2)0.002 克，試求其濃度為若干 ppm？

 2.5 升(L)的水相當於 2.5 公斤(kg)的水，故：

$$百萬分數 = \frac{0.002 \times 1000mg}{2.5kg} = 0.8ppm$$

7-3 溶液的稀釋

市售的 100%純果汁，許多都是由進口的濃縮果汁加水稀釋還原而成，也就是所謂的還原果汁。將原汁濃縮不但可以減少體積，尚有降低運費、方便保存及運送的優點。除了食用的果汁以外，實驗室許多藥品亦是如此，以高濃度售出，使用者再稀釋使用。例如，市售的濃硫酸濃度為 18M，濃鹽酸濃度為 12M，濃氨水濃度為 15M 等皆是。

不管是濃縮亦或稀釋，都只是溶劑（水）的量有所增減，而溶質的量並無改變，即：

稀釋（濃縮）前溶質莫耳數=稀釋（濃縮）後溶質的莫耳數

若以數學式可表示為：

稀釋（濃縮）前　　　稀釋（濃縮）後

$$C_{M1} \times V_1 \qquad = \qquad C_{M2} \times V_2$$

例 7-7

欲配製 1.00M 的醋酸溶液 500mL，需取 17.4M 的濃醋酸若干毫升加以稀釋？

解　C_{M1}=1.00M　　C_{M2}=17.4M

V_1=500mL　　V_2=？mL

依稀釋前後的關係式：$C_{M1} \times V_1 = C_{M2} \times V_2$

(1.00)×(500mL)=(17.4)×V_2

∴V_2=28.7mL。

　　圖 7-6 即為例題 7-7 稀釋醋酸的方法及步驟，吸取醋酸並具有體積刻度的玻璃管稱為吸量管(pipet)，實驗室常用的吸量管如圖 7-7 中所示。

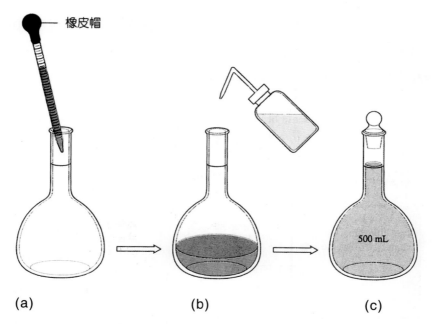

橡皮帽

(a)　　　　　　　　(b)　　　　　　　　(c)

　◎ 圖 7-6　(a)用吸量管置入 28.7mL 的 17.4M 醋酸溶液；
　　　　　　　(b)加水至記號線；(c)此為 1M 之醋酸水溶液

（註：因醋酸為弱酸，所以可先加入定量醋酸後，再加入水至需要
　　　的體積。但若為強酸，則須依圖 7-8 將強酸緩緩滴入水中）

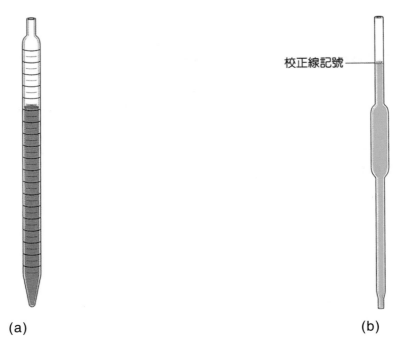

(a)   (b)

⚫ 圖 7-7　各種不同之吸量管

　　注意，強酸（如鹽酸、硫酸、硝酸）的稀釋，不可將水直接加入濃酸中，因為會使濃酸濺出造成嚴重燒傷，應將強酸緩緩滴入水中（圖 7-8）。

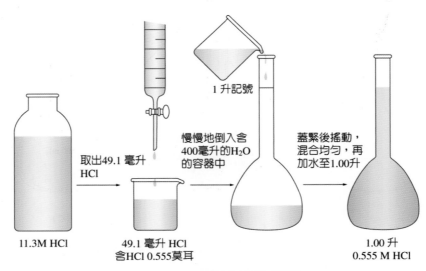

⚫ 圖 7-8　濃鹽酸的稀釋

（注意： 不可將水直接加入濃酸中，因為這樣會使得濃酸飛濺出來而造成嚴重的燒傷）

7-4　滲透壓

　　有一些天然或人造的薄膜（如細胞膜、小腸壁、膀胱壁、玻璃紙等）由於膜上的孔洞很小，所以只允許溶液中的小粒子通過，比孔洞大的粒子則不能進出，這種對溶液中粒子具有選擇性的膜就稱為半透膜(semipermeable membrances)。當某一溶液和它的純溶劑由半透膜分開，此溶劑粒子可透過薄膜進入溶液中而將溶液稀釋（圖 7-9），這個過程稱為滲透(osmosis)。滲透過程中，溶液的體積逐漸增加，濃度也逐漸降低。

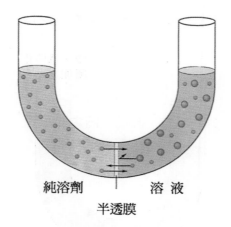

純溶劑　　溶　液

半透膜

⊃ 圖 7-9　純溶劑和溶液以半透膜分開，溶劑分子可透過，但溶質不可

　　此滲透作用會一直進行至兩邊液面高度差所造成的水柱壓力，足以阻止溶劑分子繼續滲透進入溶液中為止，此高度差所造成的水柱壓力，稱為溶液的滲透壓(osmotic pressure)，簡記為 π（圖 7-10）。滲透壓亦可視阻止溶劑分子滲透至溶液，外界所需施加的壓力（圖 7-11）。

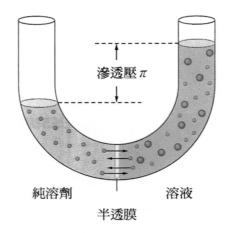

渗透壓 π

純溶劑　　　溶液

半透膜

➲ 圖 7-10　系統在一平衡狀態，兩方向之溶劑穿透速率相等

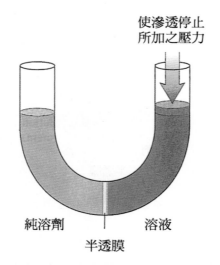

使滲透停止
所加之壓力

純溶劑　　　溶液

半透膜

➲ 圖 7-11　加一額外壓力可抑止溶劑正常的流往溶液

稀溶液的滲透壓，可由下列式子計算得知：

$$\pi = C_M RT$$

π：滲透壓，單位為 atm。

C_M：溶液的體積莫耳濃度。

R：氣體常數。

T：絕對溫度，單位為 K。

CHAPTER

所以純溶劑的滲透壓 $\pi=0$（$\because C_M=0$），當溶液的滲透壓 $\pi>0$，則溶劑的移動方向就由滲透壓小（或為零）的地方向滲透壓大者移動。

例 7-8

在體溫 37°C 時以 0.30M 的葡萄糖溶液進行靜脈注射，會產生多大的滲透壓？

解 $\pi = C_M RT = (0.3\text{M}) \times (0.082\text{atm} \cdot \text{L/mol}) \times (37+273) = 7.6\text{atm}$

在 37°C 時，人體血液的滲透壓為 7.6atm，如例題 7-8，進行靜脈注射時，注射液滲透壓必須等於血液紅血球的滲透壓。若紅血球的滲透壓大過注射液的滲透壓，則紅血球會脹破；反之，紅血球的滲透壓小於注射液的滲透壓時，則紅血球會收縮。如例題 7-8，注射液的滲透壓和紅血球滲透壓相等的溶液，稱為**等張溶液** (isotonic solution)。

例 7-9

1.00×10^{-3} 克的蛋白質溶於水中，製得 1mL 的溶液，此溶液的滲透壓在 25°C 時為 1.12torr，試計算蛋白質的分子量為何？

解 $\pi = C_M RT$

$$1.12\text{torr} \times \frac{1\text{atm}}{760\text{torr}} = C_M \times 0.082 \times 298\text{K}$$

$\therefore C_M = 6.03 \times 10^{-5}(\text{M})$

又 $C_M = \dfrac{溶質\text{mol}}{溶液體積（升）}$

$$6.03 \times 10^{-5} = \frac{\dfrac{100 \times 10^{-3}克}{分子量}}{\dfrac{1}{1000}}$$

$\therefore$ 分子量 $= 16,600$（克／mol）

7-5 溶液的蒸氣壓

溶液的物理性質和純溶劑有很大的不同，蒸氣壓就是其中的一項。將非揮發性的溶質加入溶劑中，如糖溶於水中，有一部分的溶質分子會分布在溶液的表面，使得液面溶劑的分子數目降低，也就表示能逃離液面變成氣體分子的溶劑分子數目減少。同時液面的溶質粒子也會妨礙溶劑分子接近溶液的表面（圖 7-12），因此溶液的平均蒸氣壓比純溶劑的蒸氣壓低。也就是非揮發性溶質的粒子數目越多，溶液的蒸氣壓也越低。溶液的蒸氣壓只與溶質的粒子數有關，而與溶質的本性（種類）無關，此種性質稱依數性質(colligative properties)。不只溶液的蒸氣壓，包括溶液的滲透壓，以及下一單元溶液的沸點及凝固點，皆與溶質的粒子數有關。

純溶劑　　　　　　　　　含非揮發性物質之溶液

⬇ 圖 7-12　非揮發性溶質的存在抑制溶劑分子自液體逃離，
　　　　　　因此降低了溶劑的蒸氣壓

拉午耳研究溶液的蒸氣壓和非揮發性溶質的關係，發現溶液的蒸氣壓和溶液中溶劑的莫耳分率成正比，此種關係稱為拉午耳定律(Raoult's law)，以數學式表示為：

$$P_{液} = X_{劑} \cdot P^{o}_{劑}$$

$P_{液}$：溶液的蒸氣壓。

$X_{劑}$：溶劑的莫耳分率。

$P^{o}_{劑}$：純溶劑的蒸氣壓。

例 7-10

已知水在 50°C 時蒸氣壓為 92.5mmHg，則 1.00m 非揮發性溶質之水溶液在 50°C 時，蒸氣壓為何？

解 1m 水溶液中可視為溶質 1mol，水 1kg(1000g)，則水之莫耳數為：

$$\frac{1000克}{18.0克／莫耳} = 55.6莫耳$$

含 1 莫耳溶質及 1000 克水的溶液中各莫耳數之總和為：

1mol+55.6mol=56.6mol

$$\because X_{H_2O} = \frac{55.6}{56.6} = 0.982$$

$$\because P_{液} = X_{劑} \cdot P_{劑}^{\circ}$$

$$P_{液} = 0.982 \times 92.5mmHg = 90.8mmHg$$

例 7-11

在 25°C 下，35.0 克的固體硫酸鈉與 175 克的水混合成一水溶液。預測此溶液之蒸氣壓（純水在 25°C 時之蒸氣壓為 23.76torr）。

(Na₂SO₄=142)

解

$$n\mathrm{H_2O} = 175g \ 水 \times \frac{1mol \ 水}{18.0g \ 水} = 9.72mol \ 水$$

$$n\mathrm{Na_2SO_4} = 35.0g \ \mathrm{Na_2SO_4} \times \frac{1mol \ \mathrm{Na_2SO_4}}{142g \ \mathrm{Na_2SO_4}} = 0.246mol \ \mathrm{Na_2SO_4}$$

當 1 莫耳硫酸鈉溶解時，它將產生 2 莫耳的鈉離子和 1 莫耳的硫酸根離子。

$$\mathrm{Na_2SO_4} \xrightarrow{X\mathrm{H_2O}} 2\mathrm{Na^+_{(aq)}} + \mathrm{SO^{2-}_{4(aq)}}$$

所以，在此溶液中溶質的粒子數三倍於已溶解之溶質的莫耳數：

$$n_{質}=3(0.246)=0.738\text{mol} \Rightarrow \text{溶質粒子的莫耳數}$$

$$X_{H_2O} = \frac{nH_2O}{n_{質}+nH_2O} = \frac{9.72\text{mol}}{0.738\text{mol}+9.72\text{mol}} = 0.929$$

由拉午耳定律，可得：

$$P_{液} = X_{劑} \cdot P^{\circ}_{劑} = (0.929)\times(23.76\text{torr})=21.1\text{torr}$$

 ## 7-6　溶液的沸點

　　溫度升高時，具有足夠動能克服液體分子間引力的分子數目也會變多，所以蒸氣壓也跟著變大。當溫度升高至溶劑（或溶液）的蒸氣壓等於外界的大氣壓力時，液體會產生沸騰，此時的溫度稱為沸點。因溶液的蒸氣壓較純溶劑小，因此需要比純溶劑更高的溫度才能沸騰，故溶液的沸點，會比純溶劑高，兩者沸點的差（ΔT_b），經實驗發現可表示成：

$$\Delta T_b = T_{b\,液} - T_{b\,劑} = k_b \cdot C_m$$

式中，ΔT_b：沸點上升度數。

　　　$T_{b\,液}$：溶液的沸點。

　　　$T_{b\,劑}$：溶劑的沸點。

　　　k_b：溶劑的莫耳沸點上升常數（水為 0.512°C kg/mol）。

　　　C_m：溶質的重量莫耳濃度。

例 7-12

某溶液是 18.00 克的葡萄糖溶解到 150.0 克的水而得，此溶液的沸點被發現是 100.34°C，試計算葡萄糖的分子量（葡萄糖是分子固體，它以個別的分子存在溶液中）。

解　$\Delta T_b = T_{b\,液} - T_{b\,劑} = 100.34 - 100.00 = 0.34°C$

利用方程式

$$\Delta T_b = k_b \cdot C_m$$

所以

$$0.34 = (0.512) \times C_m$$

$$\Rightarrow C_m = \frac{0.34}{0.512} = 0.67m$$

在配製溶液時用了 0.1500 公斤的水，故葡萄糖之莫耳數是：

$$C_m = 0.67 \text{mol}/\text{kg} = \frac{溶質的莫耳數}{溶劑的公斤數} = \frac{葡萄糖的莫耳數}{0.1500\text{kg}}$$

$n_{葡萄糖} = (0.67\text{mol}/\text{kg})(0.1500\text{kg}) = 0.10\text{mol}$

$0.10\text{mol} = \dfrac{18.00\text{g}}{分子量}$

∴葡萄糖分子量為 180g/mol。

7-7　溶液的凝固點

　　當溶質加入溶劑中，溶質的粒子會妨礙溶劑的粒子回復到固態表面（圖 7-13），所以溶液必須比純溶劑更低的溫度，才有可能產生凝固。溶液和純溶劑兩者凝固點的差以 ΔT_f 表示，以數學式表示成：

$$\Delta T_f = T_{f\,液} - T_{f\,劑} = k_f \cdot C_m$$

式中，ΔT_f ：凝固點下降度數。

$T_{f液}$ ：溶液的凝固點。

$T_{f劑}$ ：溶劑的凝固點。

k_f ：莫耳凝固點下降常數（水的 k_f=1.86°C · kg/mol）。

C_m ：溶質的重量莫耳濃度。

(a)純溶劑　　　　　　　(b)溶　液

⊃ 圖 7-13　溶質的粒子會阻止溶劑分子回復固體表面

例 7-13

乙二醇（分子量=62）是一種抗凍劑，若要使 6.00 公斤的水在–3.72°C 時不凍結，則至少需要加入若干克乙二醇？（水的 k_f=1.86°C/m）

解 依方程式

$$\Delta T_f = k_f \cdot C_m$$

$$\Delta T_f = (-3.72-0) = 1.86 \times C_m \quad 負號代表溫度降低。$$

$$\therefore C_m = 2.00 (mol/kg)$$

又

$$C_m = \frac{n_質}{水的質量(kg)}$$

$$\therefore 2.00 = \frac{\dfrac{x克}{62克/mol}}{6kg}$$

$$\Rightarrow x = 744 \ 克$$

7-8 膠態溶液

有些物質溶解於溶劑中，溶質粒子會變得非常小（一般直徑小於 10^{-7}cm），此種溶液在光線照射下，非常透明澄清（不一定無色），如食鹽水、硫酸銅溶液等，我們將此種溶液稱為真溶液(true solution)。

亦有一些物質，在介質中其粒子顆粒較大（一般介於 $10^{-7}{\sim}10^{-4}$cm），懸浮於介質中但不沉澱，如蛋白質、澱粉、氫氧化鋁聚集體、界面活性劑（肥皂、清潔劑）等，此種溶液我們稱為膠態溶液(colloidal solution)，像血液、豆漿、牛奶、油漆、燒仙草、肥皂水，甚至是空氣中香煙裊裊都是日常生活中常見的膠態溶液。

膠體(colloid)就是膠態溶液（不一定是液體）中的懸浮微粒，可以是無機物（如氫氧化鋁、煙）、有機物（如蛋白質、清潔劑、紅血球），亦可以是細菌、濾過性病毒等微生物。既然膠體的粒子較大，那又是什麼原因穩定了膠體，使膠體可懸浮於介質中不致沉澱？要探討這些問題，應從了解膠體的一些特性開始著手。

膠體就如一般巨觀物質，呈電中性。但許多實驗可發現，膠體粒子帶有電荷，能在電場中移動，這是因為膠體粒子的中心，可以從介質中吸引離子，這一層離子（內層離子）又再從介質中吸引相反電性的離子（外層離子），雖然內外層離子電荷相抵後仍維持電中性，但最外層離子使膠體粒子間彼此互相排斥，也因此膠體可穩定存在於介質中，不致沉澱下來（圖 7-14）。

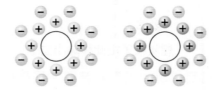

◯ 圖 7-14　膠體粒子中心會吸引介質中的離子，形成電性相反的兩層離子層

　　破壞膠體在介質中的穩定性，使之沉澱的現象，稱為凝聚(coagulation)。常用的方法有加熱、添加電解質及電泳。加熱可增加膠體粒子聚集的速度，使之大到足以沉澱；添加電解質可中和膠體的電性而沉澱。如鹹豆漿中的白色沉澱，就是豆漿中加入食鹽所致。又如，河水出海口常見的三角洲，也是因為河水中的黏土遇海水中的電解質產生凝結堆積的現象；電泳(electrophoresis)是指膠體在電場中會往相異電性的電極移動，並在電極處中和電性沉澱而析出的現象。在醫院我們可運用這個原理，分離 DNA 片段，檢驗是否有疾病的發生。在生活中可運用靜電集塵設備（圖 7-15），過濾掉空氣中有害的煙霧成分，淨化空氣。

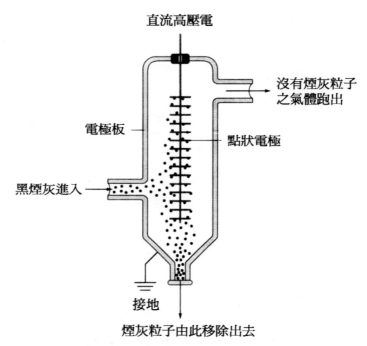

　⊃ 圖 7-15　科特雷耳(Cottrell)集塵裝置。電極板吸引膠體粒子，
　　　　　　　將其自煙霧中分離出

　　膠體除了帶有電荷的特性外，膠體較大的表面積亦可作為良好的吸附劑或觸媒。如活性碳吸附冰箱內的異味；多孔性鉑可催化許多化學反應皆是常見的例子。

一、單選題

（　）1. 下列關於溶液性質的敘述，何者錯誤？　(A)空氣為氣態溶液，其主要成分為氮、氧　(B)可將 18K 金其成分中的銅視為溶質，金視為溶劑　(C)碘酒是以酒精為溶劑所形成的溶液　(D)濃度 98% 的硫酸溶液中，硫酸為溶劑。

（　）2. 將 2.0M 的 $H_2SO_{4(aq)}$450mL 和 1.0M 的 $H_2SO_{4(aq)}$550mL 相混合後，其體積莫耳濃度變為若干 M？　(A)1.20　(B)1.85　(C)2.00　(D)1.45。

（　）3. 某人配製食鹽水溶液，將 200 克食鹽水置入 500 克、20°C 的水中。完全攪拌後，發現溶液底部沉有過量之食鹽晶體。此溶液是？　(A)過飽和溶液　(B)飽和溶液　(C)未飽和溶液　(D)理想溶液。

（　）4. 下列何者不是溶液？　(A)空氣　(B)24K 金　(C)黃銅　(D)糖水。

（　）5. 將 25.3 克的碳酸鈉溶於水後，調配成 250mL 的水溶液，試問溶液中，鈉離子的體積莫耳濃度(M)為何？　(A)0.26　(B)0.47　(C)0.96　(D)1.91。

（　）6. 在 80°C，200mmHg，苯蒸氣於定容下冷卻至 50°C，其壓力為何？（設 50°C 時苯之飽和蒸氣壓為 272mmHg）　(A)272　(B)183　(C)75　(D)283　mmHg。

（　）7. 下列有關非揮發性非電解質溶液之蒸氣壓的敘述，何者錯誤？　(A)隨溫度的升高而增大　(B)較純溶劑為低　(C)濃度越大，其蒸氣壓越低　(D)濃度越小，其蒸氣壓降低之量越大。

（　）8. 下面哪一個敘述比較能正確說明空氣的狀況讓人排汗時「不舒服的感覺大」？　(A)空氣中水蒸氣壓大　(B)（空氣中水蒸氣壓／飽和水蒸氣壓）的比值大。

( ) 9. 下列關於非揮發性溶質所構成的溶液之性質，何者錯誤？ (A)溶液的蒸氣壓都比純溶劑的蒸氣壓低 (B)溶液的蒸氣壓與溫度有關 (C)溶液濃度越大，蒸氣壓越低 (D)溶液的蒸氣壓和該溶液中溶質的莫耳分率成正比。

( )10. 一粒冰糖晶糖，落在冰糖的飽和溶液中，會有何種現象發生？ (A)冰糖的溶解速率大於沉澱速率，形成過飽和溶液 (B)冰糖的沉澱速率大於溶解速率，有大量冰糖析出 (C)冰糖的沉澱速率等於溶解速率，冰糖質量與形狀均不會改變 (D)冰糖的沉澱速率等於溶解速率，冰糖溶液的濃度不會改變。

( )11. 下列各溶液中，重量百分率皆為 2%，何者沸點最高？(Na=23, Cl=35.5, K=39, N=14) (A)乙醇 (B)食鹽 (C)蔗糖 (D)硝酸鉀。

( )12. 有關滲透現象的敘述，何者正確？ (A)滲透作用具有選擇性，亦即溶質粒子小的比溶質粒子大的易通過半透膜 (B)1M 蔗糖水溶液之滲透壓等於 1M 葡萄糖水溶液之滲透壓 (C)將紅血球放在滲透壓較大的溶液中，血球將吸水而破裂 (D)滲透壓的形成是因為純水可擴散到溶液的一方，而溶液中的水不能擴散到純水的一方。

( )13. 大理石的主要成分是碳酸鈣，下列哪個因素可以影響大理石在水中的溶解度？ (A)大理石顆粒的大小 (B)攪拌 (C)水溫 (D)水的體積。

( )14. 配置 0.50m 氫氧化鈉水溶液的下列各法中，何者最佳？（原子量 Na:23, O:16, H:1.0）

(A)用電子天平稱 2.00g 氫氧化鈉置於 100mL 燒杯，加水使溶，再使水面與 100mL 的刻度齊高

(B)用三樑天平稱 2.00g 氫氧化鈉置於 100mL 容量瓶中，加水使溶，再使水面與瓶頸上刻度齊高

(C)用三樑天平稱 1.00g 氫氧化鈉置於 50mL 錐型瓶中，加水使溶，再使水面與 50mL 的刻度齊高

(D)用 1 公升燒杯，將 1.00M 之氫氧化鈉溶液注入至刻度 500mL 處，再加水至 1 公升之刻度處。

( ) 15. 某先進自來水廠提供 2ppm（百萬分濃度）臭氧(O_3)殺菌的飲用水，若以純水將其稀釋至原有體積之二倍，換算成體積莫耳濃度約為多少 M？ (A)1×10^{-4} (B)2×10^{-4} (C)5×10^{-5} (D)2×10^{-5} (E)1×10^{-5}。

( ) 16. 某生由 98%的濃硫酸（比重 1.8）配成 49%的硫酸溶液 1 公升（比重 1.2），則需取 98%的濃硫酸約多少毫升？ (A)250mL (B)333mL (C)420mL (D)500mL。

( ) 17. 承上題，約加多少毫升的水？ (A)200 (B)300 (C)500 (D)600。

題組 18~19：

光合作用使植物持續生長，實驗證實植物利用根部細胞的滲透膜，將土壤中的水分吸入根部再傳送至樹梢，以便樹梢的葉子得以順利進行光合作用。假設熱帶雨林區內的氣壓與溫度經年保持在 **1atm** 與 **27°C**，試回答下列兩題。

( ) 18. 植物細胞內的電解質總濃度，相當於 0.1M 的 KCl 水溶液，密度約為 1.033 gcm^{-3}。若土壤中的電解質濃度極低，則熱帶雨林區內的植物高度最高可達幾公尺？ (A)20 (B)50 (C)100 (D)150 (E)200。

( ) 19. 土壤中若溶有電解質，而其濃度均為 0.01M，則在含有下列哪一種電解質的土壤中，植物生長高度最高？（土壤中的 pH 值可以不考慮） (A)硫酸鈣 (B)硫酸銨 (C)硫酸鈉 (D)硝酸鈣 (E)氯化鈣。

二、問答題

1. 試計算下列溶液的體積莫耳濃度。

   (1) 0.195 克的膽固醇($C_{27}H_{46}O$)溶於 0.1 升的血清中，則膽固醇在人體血清中的平均濃度為多少(M)？

   (2) 4.25 克的 NH_3 在 0.5L 的溶液中，試問此氨水的莫耳濃度為何？

2. 比較以下各項哪一個物質較容易溶解在水中？

   (1) CH_3CH_2OH 或 $CH_3CH_2CH_3$

   (2) CH_3Cl 或 CCl_4

   (3) CH_3CO_2H 或 $CH_3(CH_2)_{14}CO_2H$

3. 水中的硬度經常用碳酸鈣($CaCO_3$)的百萬分數(ppm)來表示，則 175ppm 的 $CaCO_3$ 應為多少容積莫耳濃度？

4. 葡萄糖濃度在正常的背骨的溶液中為 75mg/100g，求其重量莫耳濃度為多少？($C_6H_{12}O_6$=180.0amu)

5. 計算溶質莫耳分率為 0.2 的 $NaNO_3$ 溶液中：

   (1) 重量百分組成？

   (2) 重量莫耳濃度？

6. 需要 95%（重量百分率）的硫酸溶液多少克，才可製備 200 克 20%的硫酸溶液？

7. 計算下列溶液的重量莫耳濃度(m)：

   (1) 71g 的碳酸鈉(Na_2CO_3)溶於 1 公斤的水中。

   (2) 0.86g 的氯化鈉(NaCl)溶於 1g 的水中；此為靜脈注射的氯化鈉溶液之濃度。

8. 25°C 下，某一升溶液中含有 7g 的胰島素，其滲透壓為 23torr，求此胰島素的分子量？

9. 人體血液在 37°C 時滲透壓為 7.6atm。欲製備 1 升的葡萄糖水溶液，需含有多少克的溶質才可作靜脈注射？（需要使溶液和體溫 37°C 中的血液滲透壓相同）

10. 溶解 1.0g 之血紅蛋白於水中形成 100cm³ 之溶液，此配製溶液之滲透壓，在 20°C 時為 3.61×10⁻³atm，試估算：

(1) 該溶液之莫耳濃度。

(2) 血紅蛋白之分子量。

11. 在化合物 A 的水溶液中，A 的莫耳分率為水的莫耳分率的 1/15。設 A 的分子量為 270，水溶液的比重為 1.40，則 A 的莫耳濃度(M)應為若干？

12. 某化學工廠之廢水中含有 Hg^{2+} 的重量百分率為 0.0003%。此廢水中之 Hg^{2+} 含量應為若干 ppm？

MEMO

08
CHAPTER

反應速率與
化學平衡

　　人體之所以要保持 37°C 左右的恆溫，是因為在此溫度下才可維持正常代謝功能，若體溫太高或太低，都會使體內的生化反應加速或減緩，而無法維持生命的機能。又如食物置於冰箱，就是希望在低溫環境下減緩腐敗的速率；相對地，化學工廠製造物品時，反而希望縮短反應時間，並提高產量。所以如何控制反應的時間？如何控制反應的途徑？如何控制生成物的種類及數量？這些問題一直都是化學家所關心的課題，也是本章所探討的主題。首先，讓我們來了解化學反應是如何發生的？

 ## 8-1　反應發生的條件

　　道耳吞的原子說告訴我們，化學反應是物質中的組成原子重新排列組合，所以反應前後原子的種類和數目不會改變，遵守質量守恆定律。可是道耳吞的原子說並沒有述及原子是如何重組的。為了解決這個問題，**碰撞學說**(collision theory)的理論就相應而生了。

　　當物質以液態或氣態進行反應時，組成物質的粒子能自由運動，因此反應粒子間不斷地產生碰撞，只要碰撞的**位向正確**且有**足夠的動能**，就可使反應物的分子被撞成能量不穩定的碎片，這些高能量的碎片就有機會重新組合為能量較穩定的生成物。但並非反應物粒子每次碰撞都能引起化學反應，只有同時具備上述二項條件的碰撞才可發生，我們稱為**有效碰撞**。

　　以 $NO_2+CO \rightarrow NO+CO_2$ 的反應為例說明碰撞時正確位向的重要。在圖 8-1 中，NO_2 分子和 CO 分子的碰撞可能有(a), (b), (c)和(d)四種情形，但只有第四種(d)的碰撞才有可能使 N 原子上的一個 O 原子和 CO 的 C 原子產生鍵結生成 CO_2 和 NO，但就算位向正確，若撞擊的動能不能打斷 N－O 的化學鍵，反應一樣無法發生。此種打斷化學鍵所需的最低能量就稱為**活化能**（activation energy，簡記為 Ea），撞擊剎那暫時形成不穩定的過渡狀態，稱為**活化錯合物**或**活化複體**(activated complex)；活化錯合物和反應物的位能差就是活化能(Ea)（圖 8-2）。

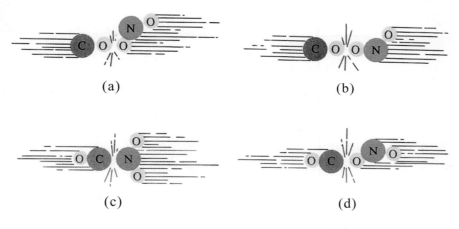

(a)

(b)

(c)

(d)

⊃ 圖 8-1　NO$_2$ 及 CO 分子一些可能的碰撞

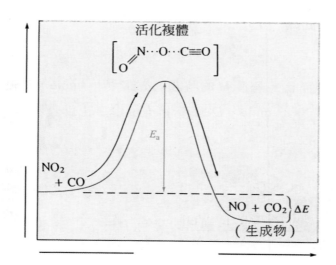

⊃ 圖 8-2　NO$_2$+CO→NO+CO$_2$ 反應的位能圖。
Ea 是反應所需的活化能；$\triangle E$ 是反應的能量變化

　　在圖 8-2 中的位能，是由碰撞時的動能轉變而來，若撞擊的動能轉換成位能後無法超越活化複體的位能(Ea)，則此碰撞無效，又會回到起點反應物的地方。這就好比軍事訓練五百障礙中有道牆需要翻越，翻越者需利用起跑獲得的動能，再轉換為越過牆高度的位能，動能不足自然無法翻過牆面又回到地面。

8-2 反應速率

　　各種化學反應完成所需的時間長短不一。例如，核子反應或鞭炮爆炸僅在瞬間即可完成；而鐵片生銹所需時間可能長達數月之久。化學反應進行的快慢就稱為反應速率（rate of reaction，或 r）。反應速率可藉每單位時間反應物濃度（或莫耳數）的消耗量或生成物濃度（或莫耳數）的增加量來測定，即：

$$r = \frac{-\Delta \text{〔反應物〕}}{\Delta t} \quad \text{或} \quad r = \frac{\Delta \text{〔生成物〕}}{\Delta t}$$

$\Delta\text{〔〕}$　：表示體積莫耳濃度的變化。

Δt　　　：表示時間的間隔。

　　對下列化學反應而言，若在 Δt 的時間 A 消耗掉 a mole，也就表示 B 也會消耗掉 b mole，而 C 會產生 c mole，D 會產生 d mole，也就表示反應物和生成物反應速率的比值會等於係數比，即：

$$aA + bB \rightarrow cC + Dd$$

$$\Rightarrow -\frac{\Delta[A]}{\Delta t} : -\frac{\Delta[B]}{\Delta t} : \frac{\Delta[C]}{\Delta t} : \frac{\Delta[D]}{\Delta t} = a : b : c : d$$

也就是

$$\left(\frac{1}{a}\right)\left(-\frac{\Delta[A]}{\Delta t}\right) = \left(\frac{1}{b}\right)\left(-\frac{\Delta[B]}{\Delta t}\right) = \left(\frac{1}{c}\right)\left(\frac{\Delta[C]}{\Delta t}\right) = \left(\frac{1}{d}\right)\left(\frac{\Delta[D]}{\Delta t}\right)$$

例 8-1

對於 $30CH_3OH+B_{10}H_{14} \rightleftharpoons 10B(OCH_3)_3+22H_2$ 之反應，其反應速率 $r = -\dfrac{\Delta[B_{10}H_{14}]}{\Delta t}$ ，

下列何者為真？

① $r = \dfrac{\Delta[CH_3OH]}{30\Delta t}$

② $r = \dfrac{\Delta[B(OCH_3)_3]}{20\Delta t}$

③ $r = \dfrac{\Delta[H_2]}{22\Delta t}$

④ $r = -\dfrac{\Delta[CH_3OH]}{\Delta t} = \dfrac{\Delta[B(OCH_3)_3]}{\Delta t} = \dfrac{\Delta[H_2]}{\Delta t}$

解 速率的各種表示法的關係為：

$$r = -\frac{\Delta[CH_3OH]}{30\Delta t} = -\frac{\Delta[B_{10}H_{14}]}{\Delta t} = \frac{\Delta[B(OCH_3)_3]}{10\Delta t} = \frac{\Delta[H_2]}{22\Delta t}$$

故選③。

在勻相反應時，反應速率 r 亦會和反應物濃度的 n 次方成正比，即：

$r=k[反應物]^n$，此式稱為反應速率定律式

$k=$ 速率常數

其中

$n=$ 反應級數（為實驗所測知與係數無關）

例 8-2

在某溫度時，測定 $2NO_{(g)}+2H_{2(g)} \rightarrow N_{2(g)}+2H_2O_{(g)}$ 的反應物初濃度和反應初速率得下列結果：

	[NO], M	[H$_2$], M	初速率，$M \cdot S^{-1}$
(a)	0.10	0.20	0.0150
(b)	0.10	0.30	0.0225
(c)	0.20	0.20	0.0600

① 依據上面數據，此反應的速率式是：

(a) 速率$=k[NO]^2[H_2]^2$

(b) 速率$=k[NO][H_2]^2$

(c) 速率$=k[NO]^2[H_2]$

(d) 速率$=k[NO][H_2]$

② 在該溫度的速率常數是：

(a) $0.75 M^{-1}S^{-1}$

(b) $7.5 M^{-2}S^{-1}$

(c) $3.0 \times 10^{-3} M^{-2}S^{-1}$

(d) $3.0 \times 10^{-4} M^{-1}S^{-1}$

解 ① 設速率定律式為速率$=k[NO]^m[H_2]^n$ 比較(a)和(b)組的實驗，其中[NO]為定值：

$$\frac{\text{速率(b)}}{\text{速率(a)}} = \left(\frac{0.30}{0.20} \right)^n = \frac{0.0225}{0.0150}, \text{所以} n = 1$$

比較(a)和(c)組的實驗，其中[H$_2$]為定值：

$$\frac{\text{速率(c)}}{\text{速率(a)}} = \left(\frac{0.20}{0.10} \right)^m = \frac{0.0600}{0.0150}, \text{所以} m = 2$$

即此反應對於 NO 是二級，對於 H$_2$ 是一級，其速率方程式是：
速率$=k[NO]^2[H_2]^1$
故選(C)。

② 據此,利用任何一組實驗結果都可求出速率常數,例如用(a)組結果:

$$0.0150MS^{-1}=k\times(0.10M)^2\times(0.20M) \Rightarrow k=7.5M^{-2}S^{-1}$$

三級反應速率常數的單位為濃度$^{-2}$時間$^{-1}$。

故選(B)。

▼ 表 8-1　$2NO_{2(g)} \rightarrow 2NO_{(g)} + O_{2(g)}$（在 300°C）反應其反應物及產物之濃度與時間的關係

時間(±1s)	濃度(mol/L)		
	NO_2	NO	O_2
0	0.0100	0	0
50	0.0079	0.0021	0.0011
100	0.0065	0.0035	0.0018
150	0.0055	0.0045	0.0023
200	0.0048	0.0052	0.0026
250	0.0043	0.0057	0.0029
300	0.0038	0.0062	0.0031
350	0.0034	0.0066	0.0033
400	0.0031	0.0069	0.0035

　　以 NO_2 在 300°C 分解成 NO 和 O_2 為例,時間和體積莫耳濃度的關係如表 8-1 所示,以此數據計算 NO_2 分解的反應速率(r),可得到表 8-2 的值。從表 8-2 中可發現反應速率會隨時間的增加,而有越來越慢的趨勢。

$$r = -\frac{\Delta[NO_2]}{\Delta t}$$

▼ 表 8-2　NO₂分解的平均速率(mol/L·s)與時間的關係

$-\dfrac{\Delta[NO_2]}{\Delta t}$	時間間隔(s)
4.2×10^{-5}	$0\to50$
2.8×10^{-5}	$50\to100$
2.0×10^{-5}	$100\to150$
1.4×10^{-5}	$150\to200$
1.0×10^{-5}	$200\to250$

➲注意速率隨時間的增加而減少。

 ## 8-3　影響反應速率的因素

　　食物置於冰箱可延緩腐敗的時間；芒果以報紙包裹可以催熟。這些都是企圖使用一些方法改變反應速率。

　　影響反應速率的因素包括反應物的本性、反應物的濃度、顆粒的大小、反應的溫度以及催化劑。

一、反應物的本性（活化能的高低）

　　黃磷在室溫下即可自燃，而氫氣必須點火（400°C 以上）方可燃燒，這都是因為物種不同，導致活化能大小有別。活化能越小，超過此能量障壁的粒子數就越多，因此，反應速率較快；同理，活化能大者，其反應速率較慢。圖 8-3 顯示黃磷燃燒和氫氣燃燒反應兩者的活化能大小差異，導致反應性的差別。

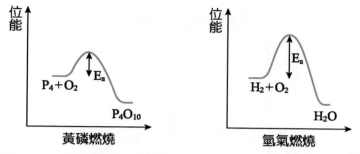

⟲ 圖 8-3 在室溫下,黃磷的活化能較小,所以可以自燃

　　一般而言,不涉及化學鍵破壞者或只有電子轉移者,活化能較低,反應速率較快。例如:

$$H^+ + OH^- \rightarrow H_2O$$
$$Sn^{4+} + 2Fe^{2+} \rightarrow Sn^{2+} + 2Fe^{3+}$$

二、反應物的濃度

　　在勻相(單一相)反應中,反應物濃度越高,粒子數目也越多,碰撞頻率增大,所以反應速率加快。

三、顆粒的大小

　　若反應粒子在不同相間進行反應(如木材的燃燒反應粒子在氣相和固相中進行),反應物顆粒越小,接觸面積就越大,碰撞機會也越多,反應速率越快。例如木塊的燃燒就比木片的燃燒來得慢。

四、反應的溫度

　　氣體動力論提到,溫度越高,粒子移動的動能越大,也就是絕對溫度和粒子運動的動能成正比。所以溫度越高,粒子的動能越大,能越過活化能的粒子數也相對增加(圖 8-4),故反應速率加快。

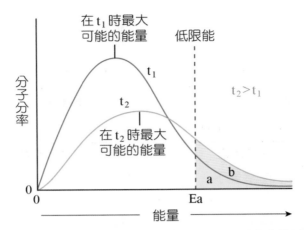

○ 圖 8-4　兩種不同溫度的粒子能量分布圖。線下面積代表粒子數的多寡

五、催化劑

　　享受過米飯在口中咀嚼後的甜味嗎？這是因為口腔中的酵素將澱粉分解成麥芽糖所致。生物體內的酵素就是催化劑的一種，它可以參與反應，改變反應途徑（改變活化複體）（圖 8-5），亦改變反應速率，但催化劑本身反應前後並無改變。

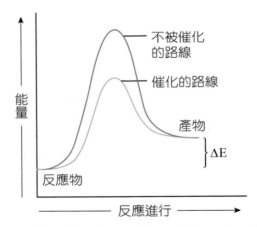

○ 圖 8-5　反應中催化及不被催化之路線的能量圖形

　　日常生活中常見的催化劑應用，是加裝於汽車排氣管的觸媒轉化器。此設備主要以 Pt 或 Pd 為材料製成。在高溫時可將引擎燃燒不完全的 CO 及未燃的燃料（主要為辛烷 C_8H_{18}）與 NO 氣體經觸媒轉化器反應為較無害的氣體（圖 8-6），使空氣汙染程度降低。

$$2CO_{(g)}+O_{2(g)} \rightarrow 2CO_{2(g)}$$

$$2C_8H_{18(g)}+25O_{2(g)} \rightarrow 16CO_{2(g)}+18H_2O_{(g)}$$

$$2NO_{(g)} \rightarrow N_{2(g)}+O_{2(g)}$$

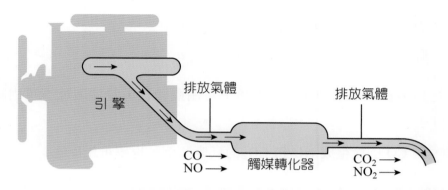

引擎　排放氣體　排放氣體

CO →　CO_2 →
NO →　觸媒轉化器　NO_2 →

◑ 圖 8-6　汽車引擎的排放氣體經由觸媒轉化器以減低環境之傷害

　　近年來，臭氧層的破洞也是氟氯碳化物（主要為 CF_2Cl_2，用來當做冷媒和推進劑）催化的結果。

$$O_3+O \rightarrow 2O_{2(g)}　反應速率極慢$$

　　因為，氟氯碳化物受光分解作用產生 Cl 原子，可以催化上述反應，改變反應途徑，使反應容易進行：

$$Cl \ + O_3 \ \rightarrow \ ClO + O_2$$

$$+) \quad\quad ClO + O \ \rightarrow \ Cl \ + O_2$$

淨反應　$O_3 \ + O \xrightarrow{\ Cl\ } 2O_2$ ....反應速率較快

8-4　可逆反應和化學平衡

Chemistry

　　「生米煮成熟飯」是一個化學反應，而且是不可逆（單向）的化學反應。也就是說反應物變成生成物後，生成物無法再回頭變回反應物。但是也有許多化學反應，反應物變成生成物後，生成物還可變回反應物，這種反應就稱為可逆反應

(reversible reaction)，以 $\rightleftharpoons$ 代表可逆反應進行的方向。例如，紅血球中的血紅素在肺泡上的微血管與氧(O_2)結合後，藉由心臟的壓縮運送至全身，然後再釋放出氧氣給各個細胞，這就是一種可逆反應。

$$〔血紅素+O_2〕\rightleftharpoons〔血紅素〕+O_2$$
$$肺\quad泡\qquad\qquad全身細胞$$

除此之外，石蕊指示劑在酸性環境下可由藍變紅，鹼性環境下可由紅變藍，也是一種可逆反應。

以 NO_2 和 CO 碰撞生成 NO 和 CO_2 的反應為例，也屬可逆反應：

$$NO_{2(g)}+CO_{(g)}\rightleftharpoons NO_{(g)}+CO_{2(g)}$$

當 NO_2 和 CO 反應時，其濃度逐漸減少，碰撞機會減少，所以往右進行的反應速率（稱正反應速率，$r_正$）會越來越慢；相對地，生成物 NO 和 CO_2 的濃度逐漸增加，碰撞機會亦相對增加，所以往左進行的反應速率（稱逆反應速率，$r_逆$）卻越來越快，經過一段時間後，反應物和生成物的濃度不再減少或增加，且正反應速率等於逆反應速率，此現象稱為平衡(equilibrium)，而且是正逆兩方同時都還在進行的平衡，謂之動態平衡(dynamic equilibrium)（圖 8-7）。

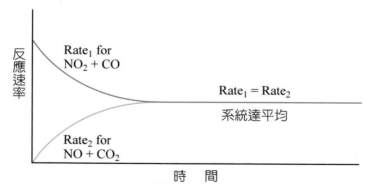

○ 圖 8-7　$NO_{2(g)}+CO_{(g)}\rightleftharpoons NO_{(g)}+CO_{2(g)}$ 之正逆反應速率值

8-5 平衡常數

可逆反應 $aA+bB \rightleftharpoons cC+dD$，當平衡達成時，反應物的莫耳濃度（〔反應物〕）和生成物的莫耳濃度（〔生成物〕）都不再改變，此時反應存在如下的關係式：

$$K_{eq} = \frac{[C]^c [D]^d}{[A]^a [B]^b}$$

此平衡時才存在的數學式稱為**平衡定律式**，K_{eq} 稱為**平衡常數**(equilibrium constant)，此常數值受**物質本性**和**溫度**影響。平衡常數雖可寫出單位，但一般不寫單位。

例 8-3

寫出下列反應的平衡定律式：

① $H_2+I_2 \rightleftharpoons 2HI$

② $N_{2(g)}+3H_{2(g)} \rightleftharpoons 2NH_{3(g)}$

③ $CO_{(g)}+3H_{2(g)} \rightleftharpoons CH_{4(g)}+H_2O_{(\ell)}$

解 ① $K_{eq} = \dfrac{[HI]^2}{[H_2][I_2]}$

② $K_{eq} = \dfrac{[NH_3]^2}{[N_2][H_2]^3}$

③ $K_{eq} = \dfrac{[CH_4][H_2O]}{[CO][H_2]^3}$

例 8-4

可逆反應 $2NO_2 \rightleftharpoons N_2O_4$，在 25°C，1.0 升的錐形瓶中達平衡時，測得 $[NO_2]=0.0160M$，$[N_2O_4]=0.0430M$，在此溫度下，此反應的平衡常數為何？

 $K_{eq} = \dfrac{[N_2O_4]}{[NO_2]^2} = \dfrac{(0.0430)}{(0.0160)^2} = 168$

例 8-5

6.00 mol 的 N_2 和 16.0 mol 的 H_2，置於 2 升容器中反應，溫度維持於 638K。平衡時經分析測得 8.00 mol 的 NH_3，試求此反應的平衡常數。

$$N_2 + 3H_2 \rightleftharpoons 2NH_3$$

解

	N_2	+	$3H_2$	$\rightleftharpoons$	$2NH_3$
反應前	**6.00 mol**		**16.0 mol**		**0**
反 應	–4.00 mol		–12.0 mol	$\rightleftharpoons$	+8.00 mol
平 衡	**2.00 mol**		**4.00 mol**		**8.00 mol**

所以平衡濃度　　$[N_2] = \dfrac{2.00\,mol}{2L} = 1.00M$

$[H_2] = \dfrac{4.00\,mol}{2L} = 2.00M$

$[NH_3] = \dfrac{8.00\,mol}{2L} = 4.00M$

代入平衡定律式

$$K_{eq} = \frac{[NH_3]^2}{[N_2][H_2]^3} = \frac{(4.00M)^2}{(1.00M)(2.00M)^3} = 2.00$$

8-6　溶度積常數

微溶於水的鹽類（請參考表 7-1）如 AgCl，在水中僅少量溶解，達平衡時：

$$AgCl_{(S)} \underset{沉澱}{\overset{溶解}{\rightleftharpoons}} Ag^+_{(aq)} + Cl^-_{(aq)}$$

$$K_{eq} = \frac{[Ag^+][Cl^-]}{[AgCl]}$$

因 AgCl 僅極少量溶解，故[AgCl]可視為定值。將上述平衡定律式移項整理，得：

$$K_{eq}\mathbf{[AgCl]=[Ag^+][Cl^-]}$$

將 K_{eq} 和[AgCl]的乘積合併為一個新的常數，簡記為 K_{sp}，稱之為**溶度積常數**(solubility product constant)或簡稱為**溶度積**。

$$K_{sp}\mathbf{=[Ag^+][Cl^-]}$$

事實上，K_{sp} 值亦為平衡常數的一種，只不過適用於微溶性的鹽類。所以 K_{sp} 值亦僅受溫度和物質種類的影響。對任何微溶性的鹽類，其溶解與沉澱之間的平衡關係可以表示如下：

$$M_aX_b \rightleftharpoons aM^{m^+}_{(aq)} + bX^{x^-}_{(aq)}$$

其 M_aX_b 是由兩種離子 M^{m^+} 及 X^{x^-} 兩種離子所組成。平衡定律式可寫成：

$$K_{sp}\mathbf{=[M^{m^+}]^a[X^{x^-}]^b}$$

一些微溶性鹽類的 K_{sp}，請參考附錄七。

微溶性類的 K_{sp} 可由其溶解度(s)求得，在此溶解度採用的單位為 M (mol/L)，若溶解度為其他單位如(g/L)，則必須先轉換單位。

例 8-6

氯化鉛(II) ($PbCl_2$)的溶解度為 $1.62×10^{-2}M$，試求 $PbCl_2$ 在此溫度下的溶度積常數？

解

$$PbCl_{2(s)} \rightleftharpoons Pb^{2+} + 2Cl^-$$

溶解度　$1.62×10^{-2}M$　　　$+1.62×10^{-2}M$　　　$+2×(1.62×10^{-2}M)$

平衡定律式為：

$$K_{sp}=[Pb^{2+}][Cl^-]^2=(1.62×10^{-2}M)(3.24×10^{-2}M)^2=1.70×10^{-5}$$

反之，微溶性鹽類的溶解度亦可直接由 K_{sp} 求出。

例 8-7

已知 AgCl 之 $K_{sp}=1.8×10^{-10}$，試求出 AgCl 在水中的溶解度。

解 設 AgCl 的溶解度為 SM，則：

$$AgCl_{(s)} \rightleftharpoons Ag^+_{(aq)}+Cl^-_{(aq)}$$

$$K_{sp}=[Ag^+][Cl^-]$$

$$1.8×10^{-10}=(S)×(S)$$

$$1.8×10^{-10}=S^2$$

$$\therefore S=1.3×10^{-5}M$$

8-7　平衡常數的意義

可逆反應是反應物和生成物共存的反應，從平衡常數的大小，我們可得到什麼樣的訊息呢？

$$K_{eq} = \frac{[生成物]^a}{[反應物]^b}$$

從上面的關係式可知，若 K_{eq} 甚大，表示生成物所占的比例遠大過反應物，故此種反應，生成物產率也越高；但若 K_{eq} 值小於 1，則相較下，反應物所占的比例會多過生成物，此種反應產率自然較低。

在一般電解質溶液中，離子莫耳濃度的乘積稱為**離子積**。K_{sp} 值就是微溶性鹽類溶解速率和沉澱速率相等（平衡）時的離子積，即飽和溶液的離子積。在未飽和溶液中，固體還能繼續溶解，也就是溶解速率大於沉澱速率，此時所得到的離子積會小於 K_{sp} 值。在過飽和溶液中，沉澱速率大於溶解速率，此時所得到的離子積會大過 K_{sp} 值，在適當的環境下會產生同沉澱。

離子積＝K_{sp}　　飽和溶液（平衡）

離子積＜K_{sp}　　未飽和溶液（可繼續溶解）

離子積＞K_{sp}　　過飽和溶液（會產生沉澱）

例 8-8

0.1M 的 $Pb(NO_3)_2$ 和 0.2M 的 NaCl 等體積混合，是否會產生 $PbCl_2$ 的沉澱？已知 $PbCl_2$ 的 $K_{sp}=2\times10^{-5}$；$Pb(NO_3)_2$ 和 NaCl 在水中完全解離。

解 $Pb(NO_3)_2$ 和 NaCl 參考表 7-1，可發現它們在水中可完全溶解，故：

$$Pb(NO_3)_2 \rightarrow Pb^{2+} + 2NO_3^-$$
$$\qquad\qquad 0.1M \qquad 0.2M$$

$$NaCl \rightarrow Na^+ + Cl^-$$
$$\qquad\quad 0.2M \qquad 0.2M$$

等體積混合後，濃度減半，所以：

$$[Pb^{2+}]=0.05M；[Cl^-]=0.1M$$
$$PbCl_{2(s)} \rightleftharpoons Pb^{2+}+2Cl^-$$

離子積$=[Pb^{2+}][Cl^-]^2=(0.05M)(0.1M)^2=5\times10^{-4}>2\times10^{-5}(K_{sp})$

因此會產生 $PbCl_2$ 的沉澱。

8-8 勒沙特列原理

Chemistry

可逆反應達平衡時，若改變下列因素：

1. 反應物或生成物的濃度產生改變。

2. 氣相反應中，壓力產生改變。

3. 溫度改變。

皆會使原有的平衡被破壞，此時系統會往抵消破壞平衡因素的方向移動，以期建立新的平衡。這個預測平衡被破壞後，反應移動方向的理論稱為**勒沙特列原理** (Le chtelier's principle)。

我們以哈柏法製氨為例，說明勒沙特列原理，並探討如何提高氨的產率。

哈柏法製氨的方程式為：

$$N_{2(g)}+3H_{2(g)} \rightleftharpoons 2NH_{3(g)} \qquad \Delta H=-92.2 \text{ KJ}$$

或

$$N_{2(g)}+3H_{2(g)} \rightleftharpoons 2NH_{3(g)}+92.2KJ$$

一、改變濃度

在上述平衡反應中，我們若加入更多的 N_2 或 H_2 使$[N_2]$或$[H_2]$增加，則依勒沙特列原理，反應會往$[N_2]$或$[H_2]$減少的方向移動，也就是向右的速率大於向左的速率，同時也就產生更多的氨，提高氨的產率。同樣的道理，我們若把 NH_3 移走，則反應亦會往右進行增加 NH_3 的量（圖 8-8）。

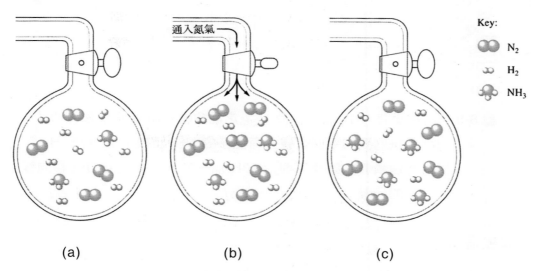

(a)　　　　　　　　(b)　　　　　　　　(c)

Key:
- N_2
- H_2
- NH_3

⊃ 圖 8-8 　(a) N_2, H_2 及 NH_3 的最初平衡混合物；(b)加入 N_2；
　　　　　　(c) 系統的新平衡位置比(a)含有更多的 N_2（因為 N_2 的加入），
　　　　　　　較少的 H_2 及更多的 NH_3

二、改變壓力

氣相反應中，方程式的係數除了代表反應時莫耳數的最簡整數比外，亦可代表氣體的體積。依波以耳定律，氣體的壓力和體積成反比，即壓力變大，反應往體積小的地方移動；壓力變小，反應往體積大的地方移動。

$$N_{2(g)}+3H_{2(g)} \rightleftharpoons 2NH_{3(g)}$$

氣體係數和   1 + 3 = 4   2

                  （V大）   （V小）

所以加壓（縮小容器體積）會使反應往右移動，增加 NH_3 的產率（圖 8-9）。

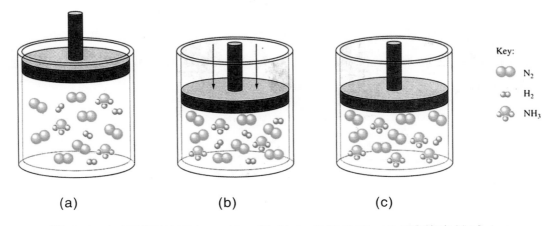

(a)   (b)   (c)

Key:
- N_2
- H_2
- NH_3

⮕ 圖 8-9   (a)平衡時 $NH_{3(g)}$, $N_{2(g)}$ 及 $H_{2(g)}$ 之混合物；(b)體積突然減小；
           (c) 系統內新的平衡位置含有更多的 NH_3 及較少的 N_2 及 H_2。
           當體積減少時反應 $N_{2(g)}+3H_{2(g)}\rightarrow 2NH_{3(g)}$向右移動（移向較少分子的一邊）

三、改變溫度

$$N_{2(g)}+3H_{2(g)} \rightleftharpoons 2NH_{3(g)}+92.2KJ$$

這是一個放熱反應($\Delta H<O$)，熱量可視為生成物。當溫度升高時（即加入熱量），反應會往消耗熱量的方向移動，也就是往左進行，如此 NH_3 的產率降低；反

之，降低溫度（移走熱量），則反應會往製造熱量的方向移動，也就是平衡向右進行，如此氨的產率亦同時被提高。

四、加入催化劑

　　催化劑會等量加速正反應速率和逆反應速率，所以只能縮短反應到達的時間，但不會破壞平衡，因此也無法提高產率。

例 8-9

下列可逆反應：

$$4NH_{3(g)}+5O_{2(g)} \rightleftharpoons 4NO_{(g)}+6H_2O_{(\ell)} \qquad \Delta H=-215kcal$$

上式反應在達到化學平衡時，再施以下列變化，請問反應方向會向左邊或右邊移動？並解釋之。

①添加 NH_3；②提高溫度；③壓力加大。

 ① 往減少 NH_3 的方向移動→。

② $4NH_{3(g)}+5O_{2(g)} \rightleftharpoons 4NO_{(g)}+6H_2O_{(\ell)}+215kcal$

　　溫度增加，往減少熱量的方向移動←。

③ 壓力增大往氣體體積（氣體的係數和）小的方向移動。

$$4NH_{3(g)}+5O_{2(g)} \qquad \rightleftharpoons \qquad 4NO_{(g)}+6H_2O_{(\ell)}$$

係數和　　$4 + 5 = 9$　　　　　　　　　　4

　　　　　（V大）　　　　　　　　（V小）

故向右移動→。

課後練習

一、單選題

( ) 1. 圖 8-10 表某一化學反應位能圖,下列何者錯誤? (A)圖中 X、Y、Z 各表示反應物、活化錯合物、生成物 (B)逆反應活化能為 115KJ (C)本反應反應熱為 75KJ (D)正反應活化能為 40KJ。

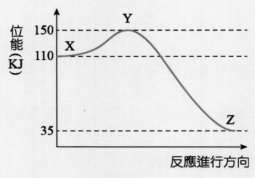

⊃ 圖 8-10

( ) 2. 有關碰撞學說的敘述,下列何者正確? (A)反應物粒子間相互碰撞就會發生化學反應 (B)發生碰撞的反應物粒子具有足夠的能量就能發生化學反應 (C)發生碰撞的反應物粒子需具有足夠的能量及正確的碰撞方位才可發生反應 (D)發生碰撞的反應物粒子之能量稍微不足但具有正確的碰撞方位也可以發生反應 (E)在反應容器內之反應物粒子大部分均具有足夠的能量而形成活化錯合物。

( ) 3. 下列四種反應:

(1) $5C_2O_{4(aq)}^{2-} + 2MnO_{4(aq)}^- + 16H_{(aq)}^+ \rightarrow 10CO_{2(aq)} + 2Mn_{(aq)}^{2+} + 8H_2O$

(2) $5Fe_{(aq)}^{2+} + MnO_{4(aq)}^- + 8H_{(aq)}^+ \rightarrow 5Fe_{(aq)}^{3+} + Mn_{(aq)}^{2+} + 4H_2O$

(3) $CH_4 + 2O_2 \rightarrow CO_2 + 2H_2O$

(4) $2NO + O_2 \rightarrow 2NO_2$

在常溫下,反應速率快慢順序為何? (A)(2)>(1)>(4)>(3) (B)(1)>(2)>(3)>(4) (C)(4)>(3)>(2)>(1) (D)(3)>(4)>(1)>(2)。

( ) 4. 若知鋅與鹽酸的反應級數為 H^+的二級反應，今將每邊長 2 公分正立方體的鋅塊與充分的 1M 鹽酸反應之反應速率為 S，將該鋅塊切成每邊長 1 公分的正立方體與 0.5M 的鹽酸充分反應時，則此時反應速率應為？
(A)4S (B)S (C)$\dfrac{S}{2}$ (D)$\dfrac{S}{4}$ (E)2S。

( ) 5. $H_{2(g)}+I_{2(g)}\rightarrow 2HI_{(g)}$, $\Delta H=-3.1\,Kcal/mol$，則溫度升高，正逆反應速率的變化以下列何圖表示最佳？

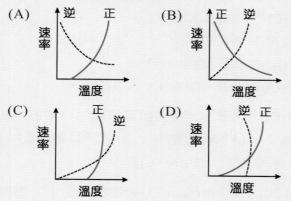

( ) 6. 在某溫度，PbI_2 之 K_{sp} 為 2.5×10^{-9}。在此溫度，取 1.0×10^{-3} M 之 NaI 溶液，與同體積的未知濃度之 $Pb(NO_3)_2$ 溶液充分混合，若欲使之生成 PbI_2 沉澱，則此 $Pb(NO_3)_2$ 溶液之最低濃度應為多少？ (A)2.5×10^{-3} M (B)2.0×10^{-2} M (C)5.0×10^{-2} M (D)8.0×10^{-2} M (E)1.0×10^{-1} M。

( ) 7. 定溫下，$PCl_{5(g)}$ 之解離平衡反應式為：$PCl_{5(g)} \rightleftharpoons PCl_{3(g)}+Cl_{2(g)}$，今將 $PCl_{5(g)}$ 置入一定容密閉容器中，達成平衡的圖示為下列何者？

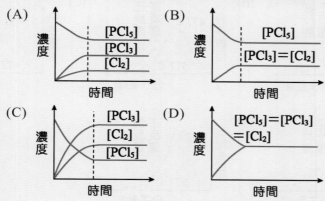

（　）　8. 已知 $Ag(NH_3)_2^+ \rightleftharpoons Ag^+ + 2NH_3$ 之 $Kc = 6.8 \times 10^{-8} M^2$，則 0.05M $Ag(NH_3)_2^+$ 水溶液中 $[Ag^+] = ?$　(A)9.5×10^{-4}　(B)3.4×10^{-9}　(C)3.1×10^{-11}　(D)9.5×10^8(M)。

（　）　9. 生物體的許多反應都要靠酵素的催化才能順利進行，其神奇的催化效果遠非一般人造催化劑所能比擬。下列有關素催化反應的敘述，何者正確？　(A)可提高總產率　(B)溫度越高其催化效果越好　(C)可同時催化正反應及逆反應　(D)在任何酸鹼度下都具有催化效果。

（　）10. 下列平衡系中，哪種處理可使平衡右移，且增加生成物的濃度？
(A)$Fe^{3+} + SCN^- \rightleftharpoons FeSCN^{2+}$，加入 $KSCN_{(s)}$
(B)$N_2O_4 \rightleftharpoons 2NO_2$，定壓下加入 He
(C)$CaCO_3 \rightleftharpoons CaO + CO_2$，擴大反應室容積
(D)$CH_3COOH \rightleftharpoons CH_3COO^- + H^+$，加水。

（　）11. 平衡系統 $N_2O_4 \rightleftharpoons 2NO_2$。定溫下，將容器體積增為原來的兩部，則達新平衡時，何者不正確？　(A)$[NO_2]$變小　(B)總莫耳數增加　(C)壓力變為原來一半　(D)PV 乘積變大　(E)$[N_2O_4]$變小。

（　）12. $NH_4Cl_{(s)} \rightleftharpoons NH_{3(g)} + HCl_{(g)}$　$K_p = 0.16 atm^2$，假設在定溫下，壓縮平衡系使容器體積減半，則新平衡達成時，容器總壓達若干 atm？　(A)1.6　(B)0.8　(C)0.4　(D)0.16。

（　）13. 環丙烷在高溫時可轉變成丙烯，反應熱為 –33kJ/mol，活化能約為 270 kJ/mol。若同溫時，環丙烷與丙烯之動能分布曲線幾近相同，試問下列哪一圖示可定性描述上述反應中，正向與逆向反應在不同溫度下的動能分布曲線？（垂直虛線為反應所需之低限能值）

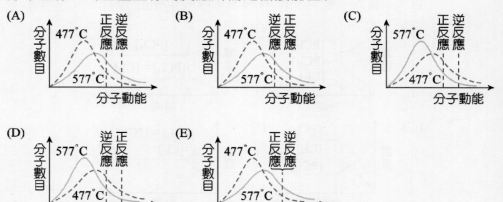

（　）14. 化合物 $A_{(g)}$ 與 $B_{(g)}$ 反應生成 $C_{(g)}$，其反應式如下：

$2A_{(g)}+2B_{(g)}\rightarrow 3C_{(g)}$（已知此反應的反應速率式可表示為 $r=k[A]^2[B]$）。王同學做了兩次實驗。第一次將化合物 $A_{(g)}$ 及 $B_{(g)}$ 各 0.1 莫耳置於一個 500 毫升的容器中反應。在相同的溫度下，做第二次實驗，將 0.2 莫耳的化合物 $A_{(g)}$ 及 0.1 莫耳的化合物 $B_{(g)}$ 置於一個 1000 毫升的容器中反應。試問第二次實驗的反應初速率為第一次的幾倍？　(A)$\frac{1}{8}$　(B)$\frac{1}{4}$　(C)$\frac{1}{2}$　(D)不變　(E)2。

（　）15. 根據下列之實驗數據，預測此反應之速率定律式為何？

$F_{2(g)}+2NO_{2(g)}\rightarrow 2NO_2F_{(g)}$

實驗編號	$[F_2]$	$[NO_2]$	相對初速率（M／分）
①	0.20M	0.30M	1
②	0.40M	0.90M	6
③	0.60M	0.60M	6

(A)速率$=k[F_2][NO_2]$　(B)速率$=k[F_2][NO_2]^2$
(C)速率$=k[F_2]^2[NO_2]$　(D)速率$=k[F_2]^2[NO_2]^3$。

（　）16. 化合物 $A_{2(g)}$ 與 $B_{2(g)}$ 反應生成 $AB_{(g)}$，其反應式如下：

$$A_{2(g)}+B_{2(g)}\rightleftharpoons AB_{(g)}$$

將 0.30 莫耳的化合物 $A_{2(g)}$ 與 0.15 莫耳的化合物 $B_{2(g)}$ 混合在一溫度為 60°C，體積為 V 升的容器內，當反應達到平衡時，得 0.20 莫耳的化合物 $AB_{(g)}$。試問 60°C 時，此反應的平衡常數為何？　(A)0.20　(B)1.0　(C)2.0　(D)4.0　(E)8.8。

（　）17. $PbI_{2(s)}$ 將（$K_{sp}=7.1\times10^{-9}$）溶於 0.1 公升水中，直至溶液飽和時，其 $Pb^{2+}_{(aq)}$ 與 $I^-_{(aq)}$ 離子濃度隨時間變化的關係如右圖。若在 T 時間時，將上述飽和溶液加入一 0.1 公升，0.1M 的 $NaI_{(aq)}$ 溶液中。試問下列哪一個最適合表示 T 時間後，$[Pb^{2+}]$ 與 $[I^-]$ 隨時間改變的關係圖？

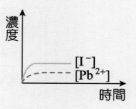

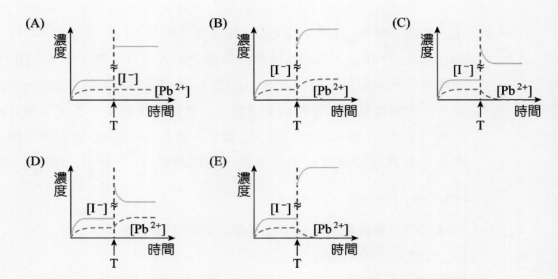

（　）18. 雙氧水易受特定金屬離子所催化而分解。急救箱的雙氧水滴在乾淨皮膚上，不見得有明顯變化，但若滴在傷口上，立即產生泡沫。下列選項何者正確？（應選三項）

(A)雙氧水中，氧原子的氧化數是−2

(B)題幹所述現象的差異，是因為化學平衡常數不同所致

(C)題幹所述現象的差異，是因為化學反應速率不同所致

(D)立即產生泡沫，是因為傷口含有鐵金屬的離子物質存在

(E)傷口的泡沫，是因為雙氧水發生自身氧化還原反應而分解的。

（　）19.

反應	平衡常數
$Mn(OH)_{2(s)} + Cd^{2+}_{(aq)} \rightarrow Mn^{2+}_{(aq)} + Cd(OH)_{2(s)}$	44
$Cu(OH)_{2(s)} + Ni^{2+}_{(aq)} \rightarrow Cu^{2+}_{(aq)} + Ni(OH)_{2(s)}$	8×10^{-5}
$Mg(OH)_{2(s)} + Mn^{2+}_{(aq)} \rightarrow Mg^{2+}_{(aq)} + Mn(OH)_{2(s)}$	36
$Cu(OH)_{2(s)} + Ni^{2+}_{(aq)} \rightarrow Cd^{2+}_{(aq)} + Ni(OH)_{2(s)}$	7.5

試問下列化合物之飽和水溶液，哪一個的 pH 值最小？　(A)$Ni(OH)_2$ (B)$Mg(OH)_2$　(C)$Mn(OH)_2$　(D)$Cu(OH)_2$　(E)$Cd(OH)_2$。

二、問答題

1. 請寫出下列反應的平衡定律式：

   (1) $N_{2(g)}+3H_{2(g)} \rightleftharpoons 2NH_{3(g)}$

   (2) $CH_{4(g)}+Cl_{2(g)} \rightleftharpoons CH_3Cl_{(g)}+HCl_{(g)}$

   (3) $N_{2(g)}+O_{2(g)} \rightleftharpoons 2NO_{(g)}$

   (4) $2SO_{2(g)}+O_{2(g)} \rightleftharpoons 2SO_{3(g)}$

   (5) $4NH_{3(g)}+5O_{2(g)} \rightleftharpoons 4NO_{(g)}+6H_2O_{(g)}$

2. 當氨分解而產生氮及氫分子時，這些物質在 400°C 平衡混合物被發現每升含有 $[N_2]=0.45M$, $[H_2]=0.63M$, $[NH_3]=0.24M$，請計算此系統之平衡常數。

   $$2NH_{3(g)} \rightleftharpoons N_2+3H_2$$

3. 酯化反應方程式如下：

   $$CH_3COOH+C_2H_5OH \rightleftharpoons CH_3COOC_2H_5+H_2O$$

   在 20°C 時，2 升溶液中含 6 莫耳醋酸和 6 莫耳乙醇，當反應平衡後產生 4 莫耳醋酸乙酯，試求其平衡常數(K_{eq})。

4. 鋁粉與過氯酸銨的混合物可用為太空梭火箭推進器的燃料，其反應式如下：

   $$3Al_{(s)}+3NH_4ClO_{4(s)} \rightarrow Al_2O_{3(s)}+AlCl_{3(s)}+3NO_{(g)}+6H_2O_{(g)}+2677kJ$$

   將鋁粉與過氯酸銨各 1.0 莫耳，放入一個體積為 1.0 升、溫度為 400K 的定體積恆溫反應槽內反應，並測量槽內氣體總壓力隨時間的變化，得二者的關係如圖 8-11。（假設其氣體為理想氣體）

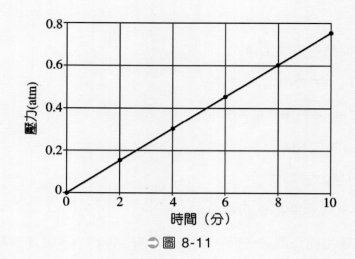

⊃ 圖 8-11

試根據圖 8-11，回答下列問題：

(1) 求出鋁粉之消耗速率(M/min)。

(2) 計算鋁粉在 5 分鐘內的消耗量(mol)。

(3) 此反應在 5 分鐘內放出多少熱量(kJ)。

5. 試寫出下列微溶性鹽類的 K_{sp} 表示式：

(1) $PbCl_2$

(2) Ag_2S

(3) $Sr_3(PO_4)_2$

(4) $SrSO_4$

6. 試由溶解度求出下列物質的 K_{sp} 值：

(1) AgBr, $5.7×10^{-7}$M

(2) $CaCO_3$, $6.9×10^{-3}$g/L

(3) PbF_2, $2.1×10^{-3}$M

7. 在 $2SO_{2(g)}+O_{2(g)} \rightleftharpoons 2SO_{3(g)}+$熱量之平衡系中，下列何者可使 $SO_{2(g)}$ 之濃度增大？

(1)加壓　(2)減壓　(3)降溫　(4)加入 $O_{2(g)}$。

8. 圖 8-12 表某一化學反應之反應位能圖，下列敘述何者正確？

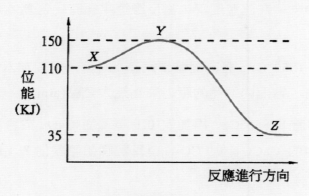

⊃ 圖 8-12

(1) 圖中 X, Y, Z 三點各代表反應物、中間物、產物。

(2) 圖中 X, Y, Z 三點各代表反應物、活化錯合物、產物。

(3) 逆反應的活化能為 150KJ。

(4) 本反應的反應熱 ΔH 為 75KJ。

題組 9~10：

已知 $2N_2O_{5(g)} \rightarrow 4NO_{2(g)} + O_{2(g)}$，$r = k \times [N_2O_5]$

9. 1M 的 $N_2O_{5(g)}$ 經過 10 分鐘變成 0.5M，則反應速率常數(k)多少 min^{-1}？

(1)4/45　(2)1/15　(3)1/20　(4)1/40。

10. 0.5M 的 $N_2O_{5(g)}$ 再經過多少分鐘變成 0.25M？

(1)5　(2)10　(3)15　(4)20。

題組 11~13：

$CaCO_{3(s)}$ 分解為 $CaO_{(s)}$ 與 $CO_{2(g)}$ 的平衡反應式如：$CaCO_{3(s)} \rightleftharpoons CaO_{(s)} + CO_{2(g)}$。
已知 850°C 時，此反應的平衡常數 $K_p = 1.21$（以 atm）表示。試回答下列問題：

11. 取 1.0 莫耳的 $CaO_{(s)}$ 置入一體積為 10.0 公升的容器後，將容器抽至真空，並將容器加熱到 850°C。在此溫度下，當反應達平衡時，容器內氣體的壓力應為幾大氣壓(atm)？

12. 承上題，定溫下(850°C)，將容器體積減為 5.0 公升，並加入 1.35atm 氮氣，當反應再度平衡時，容器內氣體的壓力應為幾大氣壓(atm)？

13. 承第 11 題，定溫下(850°C)，再加入 0.1 莫耳的 $CaO_{(s)}$ 於容器中，當反應再度平衡時，容器中的 $CaCO_{3(s)}$ 與 $CO_{2(g)}$ 莫耳數應如何變化？（以增加、減少、不變的方式表示）

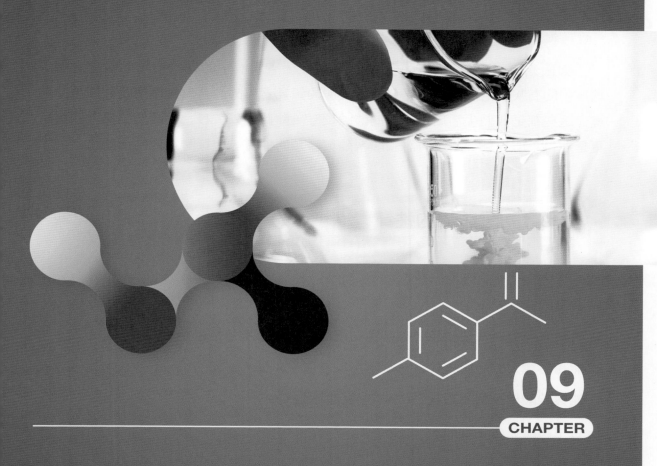

09
CHAPTER

酸、鹼與鹽類

細菌分解口中食物殘渣會產生酸造成蛀牙；胃液中的胃酸會幫助消化食物；地層中的石灰岩溶解後再結晶會析出美麗的鐘乳石；酸雨會腐蝕建築及破壞生態環境。這些都是我們生活周遭常見的酸鹼反應。除此之外，日常生活及工業上的應用更是多得不勝枚舉。本章將討論酸、鹼與鹽類的性質，並探討它們的反應。

9-1 酸與鹼的性質

酸性物質具有以下性質：

1. 具有酸味。

2. 可使有些染料改變顏色（如藍色石蕊試紙放入酸中變成紅色）。

3. 能和活性大的金屬（如鐵、鋁等）反應產生氫氣。

4. 能與碳酸根，例如石灰石$(CaCO_3)$反應產生 CO_2。

5. 可中和鹼並產生鹽類。

鹼是與酸相對的物質，具有以下共同的性質：

1. 具有澀味和滑膩感。

2. 可使有些染料改變顏色（如紅色石蕊試紙放入鹼中變成藍色）。

3. 可以洗去油脂。

4. 能中和酸產生鹽類。

至於酸和鹼的化學行為直至西元 1884 年由瑞典化學家阿瑞尼士提出明確的定義，稱為阿瑞尼士學說。阿瑞尼士認為在水中可以產生 H^+ 的物質為酸(acid)，而產生 OH^- 的物質為鹼(base)，這個定義酸鹼的方法只能在水溶液中使用。例如：

$$H_2SO_4 \rightarrow H^+_{(aq)} + HSO_4^-_{(aq)}$$

$$HSO_4^- \rightleftharpoons H^+_{(aq)} + SO_4^{2-}_{(aq)}$$

$$CO_{2(g)} + H_2O \rightleftharpoons H^+_{(aq)} + HCO_3^-_{(aq)}$$

$$NaOH_{(s)} \xrightarrow{XH_2O} Na^+_{(aq)} + OH^-_{(aq)}$$

$$NH_{3(g)} + H_2O_{(\ell)} \rightleftharpoons NH_4^+_{(aq)} + OH^-_{(aq)}$$

　　前面章節曾介紹過酸的結構及鍵結。酸是以極性共價鍵結合的分子化合物，只有與水混合時產生了偶極－偶極力，才會形成離子。酸的結構大致可分為三類：(1) H 和非金屬原子結合的化合物，如 H_2S, HCl, HF 等；(2) H^+ 和含氧酸根結合的化合物，如 HNO_3, CH_3COOH, H_2SO_4 等；(3)非金屬氧化物，如 CO_2, SO_2 等。這些酸都是分子化合物，在無水時呈中性，只有在水中和水產生偶極－偶極力，才有 H^+ 解離產生酸性。圖 9-1 是 HCl 和水作用解離出 H^+ 的情形。其方程式可表示成：

$$HCl_{(g)} + H_2O \rightarrow Cl^-_{(aq)} + H_3O^+_{(aq)}$$

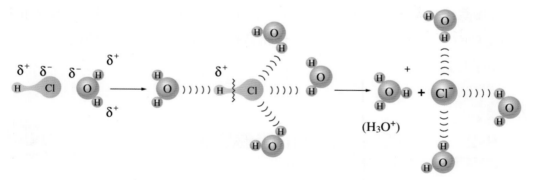

● 圖 9-1　HCl 與 H_2O 之作用：H_2O 與 HCl 之間的偶極－偶極作用力使 HCl 的化學鍵斷裂

　　酸解離出來的 H^+ 是被數個 H_2O 分子所包圍（稱為水合離子）形成 H_3O^+ 或更複雜的形式，但習慣上仍簡略地以 $H^+_{(aq)}$ 來表示。

氫離子(H^+)又稱質子。在水中可解離出一個 H^+ 的酸稱為**單質子酸**，如：

$$HCl \rightarrow H^+ + Cl^-$$

$$H_3PO_2 \rightleftharpoons H^+ + H_2PO_2^-$$

在水中含二個可解離 H^+ 的酸，稱為**雙質子酸**，如：

$$H_2SO_4 \rightarrow 2H^+ + SO_4^{2-}$$

$$H_3PO_3 \rightleftharpoons 2H^+ + HPO_3^{2-}$$

含二個以上可解離 H^+ 的酸稱為**多質子酸**，如：

$$H_3PO_4 \rightleftharpoons H^+ + H_2PO_4^-$$

$$H_2PO_4^- \rightleftharpoons H^+ + HPO_4^{2-}$$

$$HPO_4^{2-} \rightleftharpoons H^+ + PO_4^{3-}$$

接著來探討鹼。鹼是可以在水中產生 OH^- 者。前面章節也介紹過鹼的結構，通常為金屬離子和 OH^- 結合成的化合物，如 $NaOH, Ca(OH)_2$；或者是金屬氧化物，如 Na_2O, CaO 等，以上都是固態的離子化合物，只有氨(NH_3)是以氣態的分子化合物形態存在的鹼。

 ## 9-2 布忍斯特－羅瑞的酸鹼學說

化學家布忍斯特和羅瑞於西元 1923 年分別提出另一個更廣義的酸鹼概念，簡稱為**布－羅學說**。他們認為酸鹼反應是**質子**(H^+)轉移的過程，反應中酸會**失去質子**，而鹼會**接受質子**；酸失去質子後變成其**共軛鹼**(Conjugate base)，而鹼接受質子後變成其**共軛酸**(Conjugate acid)。

酸		質子	共軛鹼
HCl	→	H$^+$	Cl$^-$
H$_2$SO$_4$	→	H$^+$	HSO$_4^-$
H$_2$O	→	H$^+$	OH$^-$
HSO$_4^-$	→	H$^+$	SO$_4^{2-}$
NH$_4^+$	→	H$^+$	NH$_3$

鹼	質子		共軛酸
H$_2$O	H$^+$	→	H$_3$O$^+$
NH$_3$	H$^+$	→	NH$_4^+$
OH$^-$	H$^+$	→	H$_2$O
S^{2-}	H$^+$	→	HS$^-$
CO$_3^{2-}$	H$^+$	→	HCO$_3^-$

在布－羅學說中，酸和鹼是一種相對地概念，沒有絕對的酸，也沒有絕對的鹼。兩者相較，失去 H$^+$傾向大的當酸，而另一者就當鹼。例如，H$_2$O 可以當酸，亦可以當鹼，完全視其所處的環境而定。

$$HCl + H_2O \rightleftharpoons Cl^- + H_3O^+$$

酸 1　鹼 2　　　鹼 1　酸 2

$$NH_3 + H_2O \rightleftharpoons NH_4^+ + OH^-$$

鹼 1　酸 2　　　酸 1　鹼 2

而 H$_2$O, HS$^-$, HCO$_3^-$等有時可以當酸、有時可以當鹼的物質，稱為**兩性物質**。

酸 1	+	鹼 2		酸 2	+	鹼 1
HS$^-$	+	OH$^-$	$\rightleftharpoons$	H$_2$O	+	S^{2-}
HBr	+	**HS$^-$**	$\rightleftharpoons$	H$_2$S	+	Br$^-$
HCO$_3^-$	+	CN$^-$	$\rightleftharpoons$	HCN	+	CO$_3^{2-}$
H$_3$O$^+$	+	**HCO$_3^-$**	$\rightleftharpoons$	H$_2$CO$_3$	+	H$_2$O

純水分子也可和另一個純水分子產生質子轉移的反應，此種反應稱為**自體解離作用**(self-inonization)。

$$H_2O + H_2O \rightleftharpoons H_3O^+ + OH^-$$

酸 1　鹼 2　　　酸 2　　鹼 1

對純水而言，自體解離的程度非常的小。在 25°C 時，10^9 個 H_2O 分子大約只有 2 個會產生自體解離作用。

$$H_2O_{(\ell)}+H_2O_{(\ell)} \rightleftharpoons H_3O^+_{(aq)}+OH^-_{(aq)}$$

因水的自體解離很少，水的莫耳濃度可視為定值，所以上述方程式的平衡定律式可寫成：

$$K_w=[H_3O^+][OH^-]$$

K_w 稱為水的離子積或水的解離常數。在 25°C 時，由實驗測得：

$$K_w=[H_3O^+][OH^-]=1.0 \times 10^{-14} \quad M^2（25°C 時）$$

例 9-1

一、下列物質的共軛鹼為何？

①HCN；②HCO_3^-；③NH_3。

 解 酸失去質子後變成共軛鹼，所以：

①

$$\begin{array}{c} HCN \\ \underline{-H^+} \\ CN^- \end{array}$$

②

$$\begin{array}{c} HCO_3^- \\ \underline{-H^+} \\ CO_3^{2-} \end{array}$$

③

$$\begin{array}{c} NH_3 \\ \underline{-\ H^+} \\ NH_2^- \end{array}$$

例 9-1　（續）

二、下列物質的共軛酸為何？

　　①SCN$^-$；②H$_2$O；③NH$_3$。

解 鹼接受 H$^+$變成共軛酸，所以：

①

$$
\begin{array}{r}
\text{SCN}^- \\
+\text{H}^+ \\
\hline
\text{HSCN}
\end{array}
$$

②

$$
\begin{array}{r}
\text{H}_2\text{O} \\
+\text{H}^+ \\
\hline
\text{H}_3\text{O}^+
\end{array}
$$

③

$$
\begin{array}{r}
\text{NH}_3 \\
+\ \ \text{H}^+ \\
\hline
\text{NH}_4^+
\end{array}
$$

例 9-2

下列何者不可作為兩性物質？①HCO$_3^-$；②S^{2-}；③H$_2$O；④NH$_3$。

解 S^{2-}因沒有 H$^+$所以無法當作酸，故選②。

例 9-3

試求 25°C 時，純水中的$[H_3O^+]$和$[OH^-]$？

 解　$H_2O_{(\ell)}+H_2O_{(\ell)} \rightleftharpoons H_3O^+_{(aq)}+OH^-_{(aq)}$

純水自體解離作用後，所產生的$[H_3O^+]=[OH^-]$，

設$[H_3O^+]=[OH^-]=X$

$K_w=[H_3O^+][OH^-]=1.0\times10^{-14}$

$X^2=1.0\times10^{-14}$

$x=1.0\times10^{-7}(M)$

所以$[H_3O^+]=[OH^-]=1.0\times10^{-7}(M)$

9-3　路易士酸鹼學說

　　1923 年，路易士(G. N. Lewis)提出較布－羅學說更廣義的酸鹼概念，他認為酸是電子對的接受者，鹼是電子對的授與者，例如 NH_3 和 BH_3 的反應中，B 的空軌域接受 N 的未共用電子對，所以在此反應中 NH_3 是鹼，而 BH_3 是酸。

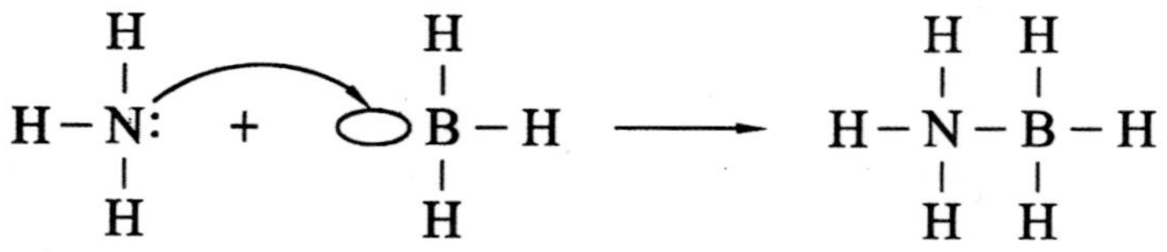

9-4　酸和鹼的強度

以 HA 代表酸，其在水中的反應可寫成：

$$HA+H_2O \rightleftharpoons H_3O^+ + A^-$$

在上述反應中，我們可以知道 HA 是布忍斯特酸，而 H_2O 則當作鹼。至於 HA 酸性的強度，可以藉由酸在水中提供 H^+ 給予 H_2O 的趨勢作為度量強酸溶於水時，（幾乎）100%解離成 H_3O^+ 和其共軛鹼(A^-)，可視為單向反應，因此都是強電解質。如 HCl 在水中幾乎 100%解離，所以 HCl 是強酸，其解離方程式如下：

$$HCl_{(aq)}+H_2O_{(\ell)} \rightarrow H_3O^+_{(aq)}+Cl^-_{(aq)}$$

至於弱酸則只有少部分解離（一般不到 10%解離）成 H_3O^+ 和其共軛鹼，因此弱酸的解離是可逆反應，在水中為弱電解質（圖 9-2）。如 HF 為弱酸，其解離方程式如下：

$$HF_{(aq)}+H_2O_{(\ell)} \rightleftharpoons H_3O^+_{(aq)}+F^-_{(aq)}$$

HCl 是強酸　　　　　　HF 是弱酸

⊃ 圖 9-2　強酸和弱酸：強酸在水中可以完全解離，
　　　　　而弱酸在水中只有部分解離

布忍斯特鹼在水中鹼性的強度，也是依其接受 H^+ 的傾向而定。

$$B+H_2O \rightleftharpoons BH^+ + OH^-$$

布忍斯特鹼(B)在水中（幾乎）全部解離為其共軛酸(BH^+)和OH^-者為強鹼。如NH_2^-在水中的解離即為一例：

$$NH_2^-{}_{(aq)}+H_2O_{(\ell)} \rightarrow NH_{3(aq)}+OH^-{}_{(aq)}$$

在水中僅部分解離者，則為弱鹼，例如氨的水解：

$$NH_{3(aq)}+H_2O \rightleftharpoons NH_4^+ +OH^-$$

電解質（在水中可解離的化合物）在水中解離的程度，可以用解離度(α)表示之，其定義如下：

$$解離度(\alpha)=\frac{電解質的溶解度}{電解質的初濃度} \times 100\%$$

或

$$電解質的溶解質＝解離度 \times 電解質的初濃度$$

例 9-4

25°C 時在 0.10M 醋酸溶液($CH_3COOH_{(aq)}$)發現$[H_3O^+]$=0.0010M，試求醋酸在此溫度下的解離度為何？並依此判斷其為強酸或是弱酸？

$$CH_3COOH+H_2O \rightleftharpoons CH_3COO^- +H_3O^+$$

解

	CH_3COOH + H_2O	$\rightleftharpoons$	CH_3COO^- + H_3O^+
初濃度	0.10M		0 0
	−0.0010M	$\Leftarrow$	+0.0010M
平衡時			0.0010M

依

$$\alpha = \frac{溶解度}{初濃度} \times 100\% = \frac{0.0010M}{0.10M} \times 100\% = 1.0\%$$

所以醋酸是一種弱酸。

除了解離度可作為酸鹼強弱的依據外，平衡常數亦可做為判斷的標準。

$$HA+H_2O \rightleftharpoons H_3O^+ + A^-$$
$$K_a = \frac{[H_3O^+][A^-]}{[HA]}$$

K_a 稱為**酸平衡常數**。方程式中雖然有 H_2O，但水僅作為溶劑，濃度視為定值，所以不列入平衡定律式。K_a 值愈大，酸性愈強。酸的解離常數列於附錄五，請自行參閱。

$$B+H_2O \rightleftharpoons BH^+ + OH^-$$
$$K_b = \frac{[BH^+][OH^-]}{[B]}$$

K_b 稱為**鹼平衡常數**。同理，K_b 值愈大，鹼性愈強。鹼的解離常數亦列於附錄六，請參閱。

在布－羅學說中，酸（鹼）及其共軛鹼（酸）的強度是相對的。即強酸所對應的共軛鹼是弱鹼（如 HCl 是強酸，則 Cl^- 是弱鹼）；強鹼所對應的共軛酸是弱酸，其餘以此類推。表 9-1 列出數種酸和其共軛鹼的相對強度。酸鹼反應的趨勢是由強酸、強鹼往弱酸、弱鹼的方向進行。

▼ 表 9-1　共軛酸鹼對的相對強度

酸				鹼	
過氯酸	$HClO_4$			ClO_4^-	過氯酸根
硫　酸	H_2SO_4			HSO_4^-	硫酸氫根
氫碘酸	HI	強度比 H_3O^+ 強的酸		I^-	碘離子
氫溴酸	HBr	；在水中 100%解離且		Br^-	溴離子
鹽　酸	HCl	產生 H_3O^+		Cl^-	氯離子
硝　酸	NHO_3			NO_3^-	硝酸根
鋞離子	H_3O^+			H_2O	水
硫酸氫根	HSO_4^-			SO_4^{2-}	硫酸根
磷　酸	H_3PO_4			$H_2PO_4^-$	磷酸二氫根
氫氟酸	HF			F^-	氟離子
亞硝酸	HNO_2			NO_2^-	亞硝酸根
醋　酸	CH_3COOH			$CH_3CO_2^-$	醋酸根
碳　酸	H_2CO_3			HCO_3^-	碳酸氫根
硫化氫	H_2S			HS^-	硫化氫根
銨根（銨離子）	NH_4^+			NH_3	氨
氰　酸	HCN			CN^-	氰離子
碳酸氫根	HCO_3^-			CO_3^{2-}	碳酸根離子
水	H_2O			OH^-	氫氧根離子
硫化氫根	HS^-			S^{2-}	硫離子
乙　醇	C_2H_5OH			$C_2H_5O^-$	乙醇根離子
氨	NH_3	強度比 OH^- 強的		NH_2^-	胺離子
氫	H_2	鹼；在水中 100%解		H^-	氫陰離子
甲　烷	CH_4	離且產生 OH^-		CH_3^-	甲基根

左側：酸強度漸增　　右側：鹼強度漸增

　　酸（鹼）的解離常數 K_a 和其共軛鹼（酸）的解離常數 K_b 的乘積恰等於水的解離常數 K_w。例如：

酸：$CH_3COOH+H_2O \rightleftharpoons H_3O^++CH_3COO^-$

$$K_a = \frac{[CH_3COO^-][H_3O^+]}{[CH_3COOH]}$$

共軛鹼：$CH_3COO^-+H_2O \rightleftharpoons CH_3COOH+OH^-$

$$K_b = \frac{[CH_3COOH][OH^-]}{[CH_3COO^-]}$$

$$\therefore K_a \times K_b = \frac{[\cancel{CH_3COO^-}][H_3O^+]}{[\cancel{CH_3COOH}]} \times \frac{[\cancel{CH_3COOH}][OH^-]}{[\cancel{CH_3COO^-}]} = [H_3O^+][OH^-] = K_w$$

$$= 1.0 \times 10^{-14} \text{（25°C 時）}$$

例 9-5

已知醋酸(CH_3COOH)25°C 時，在水中的解離常數 $K_a = 1.8 \times 10^{-5}$，試求其共軛鹼(CH_3COO^-)在此溫度下的解離常數？

 $K_a \times K_b = K_w = 1.0 \times 10^{-14}(25°C)$

$\therefore (1.8 \times 10^{-5}) K_b = 1.0 \times 10^{-14}$

$K_b = 5.6 \times 10^{-10}$

例 9-6

在 0.10M 的氨水中，已知氨水的解離度為 1.34%，則此溶液中$[OH^-]$為何？此反應的鹼平衡常數值 K_b 為何？

$NH_3 + H_2O \rightleftharpoons NH_4^+ + OH^-$

	NH_3 + H_2O $\rightleftharpoons$	NH_4^+	$+OH^-$
初濃度	0.10	0	0
解離濃度	$-(0.10 \times 1.34\%)$	$+0.1 \times 1.34\%$	$+0.1 \times 1.34\%$
平衡濃度	$\fallingdotseq 0.1$	$1.34 \times 10^{-3}M$	$1.34 \times 10^{-3}M$

$\therefore [OH^-] = 1.34 \times 10^{-3}M$

$$K_b = \frac{[NH_4^+][OH^-]}{[NH_3]} = \frac{(1.34 \times 10^{-3})(1.34 \times 10^{-3})}{(0.1)} = 1.8 \times 10^{-5}$$

$HClO_4$, HI, HBr, HCl, HNO_3 及 H_2SO_4 是常見的強酸，其餘多為弱酸。IA 族的氫氧化物和氧化物，如 NaOH, KOH, Na_2O, K_2O 及 IIA 族的氫氧化物 $Ca(OH)_2$, $Sr(OH)_2$, $Ba(OH)_2$ 是常見的強鹼，其餘則多為弱鹼。

9-5　酸鹼中和與鹽類

被蜜蜂或螞蟻螫到，在患處塗抹氨水可解除痛苦；胃酸過多服胃藥可抒解症狀，這些反應都是酸鹼中和的應用。

酸鹼中和屬於雙取代反應，以HCl和NaOH的中和反應為例，其分子方程式如下所示：

分子方程式　　$HCl_{(aq)} + NaOH_{(aq)} \rightarrow NaCl_{(aq)} + H_2O$

離子方程式　　$H^+_{(aq)} + \cancel{Cl^-}_{(aq)} + \cancel{Na^+}_{(aq)} + OH^-_{(aq)} \rightarrow \cancel{Na^+}_{(aq)} + \cancel{Cl^-}_{(aq)} + H_2O_{(\ell)}$

淨離子方程式　$H^+_{(aq)} + OH^-_{(aq)} \rightarrow H_2O_{(\ell)}$

我們從方程式中可以發現，酸鹼中和就是酸的 H^+ 和鹼的 OH^- 結合，形成中性的 H_2O 的反應。若再將溶液中的水除去，則酸的陰離子（如 Cl^-）和鹼的陽離子（如 Na^+）則會彼此結合成離子化合物，稱為鹽類。即：

酸＋鹼→鹽＋水

以下是一些酸鹼中和的例子：

酸	+	鹼	→	鹽	+	水
H_2SO_4	+	2KOH	→	K_2SO_4	+	$2H_2O$
$2HNO_3$	+	$Ca(OH)_2$	→	$Ca(NO_3)_2$	+	$2H_2O$
$HClO_4$	+	NaOH	→	$NaClO_4$	+	H_2O

前面章節曾介紹過鹽類(Salt)。鹽類是不包含鹼類的離子化合物，常見的結構為金屬－非金屬化合物或是金屬離子，NH_4^+ 和多原子陰離子結合的化合物，如 NaCl, $CuSO_4$, NH_4NO_3, NH_4Cl, KCN 等。

若酸和鹼僅部分中和，鹽類中尚存可解離 H$^+$或 OH$^-$者，分別稱為**酸式鹽**或**鹼式鹽**，如：

$$NaOH+H_2SO_4 \rightarrow NaHSO_4+H_2O$$
酸式鹽

$$HCl+Ca(OH)_2 \rightarrow CaCl(OH)+H_2O$$
鹼式鹽

完全中和的鹽，稱為**正鹽**，如：

$$2KOH+H_2SO_4 \rightarrow K_2SO_4+2H_2O$$
正　鹽

例 9-7

下列化合物中何者是酸？何者是鹼？何者是酸式鹽？何者是鹼式鹽？何者是正鹽？
①HI；②Al$_2$(SO$_4$)$_3$；③KI；④Al(OH)$_3$；⑤K$_2$HPO$_4$；⑥AlCl(OH)$_2$。

解　酸的結構為 H+非金屬化合物，H$^+$+含氧酸根或非金屬氧化物，所以①為酸。

鹼的結構多為金屬–OH 化合物或金屬氧化物，所以④為鹼。

正鹽：②③。

酸式鹽：⑤。

鹼式鹽：⑥。

例 9-8

寫出 1mol H_3PO_4 與 1mol KOH 的中和方程式。

解 $H_3PO_4+KOH \rightarrow KH_2PO_4+H_2O$

KH_2PO_4 是酸式鹽，尚有 2mol 的 H^+ 可解離。若欲得到正鹽 K_3PO_4，則需 3mol 的 KOH 和 1mol 的 H_3PO_4 反應。

$H_3PO_4+3KOH \rightarrow K_3PO_4+3H_2O$

例 9-9

寫出 $H_2C_2O_4$ 和 $Ca(OH)_2$ 完全中和反應的方程式。

解 $H_2C_2O_4+Ca(OH)_2 \rightarrow CaC_2O_{4(s)}+2H_2O$

草酸鈣(CaC_2O_4)是身體內結石的成分之一。

9-6 酸鹼標值（pH 值）

水溶液的酸鹼性可以用$[H_3O^+]$或$[OH^-]$大小來判斷，亦可以簡化為 pH 值或 pOH 值來表示。pH 和 pOH 都是以 10 為底的對數負值，即：

$$pH = -\log_{10}^{[H_3O^+]} \quad 或 \quad [H_3O^+]=10^{-pH} \quad i.e.\ [H_3O^+] = a \times 10^{-b} \Rightarrow pH = b - \log a$$

$$pH = -\log_{10}^{[OH^-]} \quad 或 \quad [OH^-]=10^{-pOH} \quad i.e.\ [OH^-] = c \times 10^{-d} \Rightarrow pOH = d - \log c$$

所以在 pH=5 的溶液中，代表 $[H_3O^+]=1.0 \times 10^{-5}$M；pOH=9 的溶液中，表示 $[OH^-]=1.0 \times 10^{-9}$M。在 pH 值的表示法中，由$[H_3O^+]$轉換成 pH 值，則 pH 值的小數位數應與$[H_3O^+]$的有效位數相向。例如：

$$[H_3O^+]=\underline{1.0} \times 10^{-3}M$$

2 位有效數字

$$\Rightarrow pH = -\log_{10}^{1.0 \times 10^{-3}} = -(\log_{10}^{1.0} + \log_{10}^{10^{-3}})=-(0-3)=3.\underline{00}$$

2 位小數位數

例 9-10

試求下列溶液的 pH 值或 pOH 值：

① $[H_3O^+]=2.0\times10^{-5}M$　　　　④ $[H_3O^+]=20M$

② $[OH^-]=3.0\times10^{-7}M$　　　　⑤ $[OH^-]=1M$

③ $[H_3O^+]=1.0\times10^{-9}M$

$(\log_{10}^2 = 0.30;\ \log_{10}^3 = 0.48;\ \log_{10}^1 = 0)$

 ① $pH = -\log_{10}^{[H_3O^+]} = -(\log_{10}^{2.0\times10^{-5}}) = -(\log_{10}^{2.0} + \log_{10}^{10^{-5}}) = -(0.30-5) = 4.7$

② $pOH = -\log_{10}^{[OH^-]} = -(\log_{10}^{3.0\times10^{-7}}) = -(\log_{10}^{3.0} + \log_{10}^{10^{-7}}) = -(0.48-7) = 6.52$

③ $\because \log_{10}^1 = 0$ ， $\therefore [H_3O^+]=1.0\times10^{-9}$ ，其 $pH=9.00$ 。

④ $[H_3O^+]=20M=2\times10^{-(-1)}M$　　　　$\therefore pH=-1-\log^2=-1.30$

⑤ $[OH^-]=1M=1\times10^{-0}M$　　　　$\therefore pOH=0-\log^1=0.0$

例 9-11

試求 0.0010M 氫氧化鈣(Ca(OH)₂)溶液的 pOH 值。

解 $Ca(OH)_2$ 是強鹼，在水中幾乎完全解離：

	$Ca(OH)_2\rightarrow$	Ca^{2+}	$+2OH^-$
解離前	0.0010M		
解離後	0	+0.0010M	+0.0020M

$\therefore [OH^-]=0.0020M=2.0\times10^{-3}$

$pOH = -\log_{10}^{2.0\times10^{-3}} = -(\log_{10}^{2.0} + \log_{10}^{10^{-3}}) = -(0.30-3) = 2.70$

例 9-12

某生配製 0.10M 的醋酸溶液後，測知溶液中 pH 值為 3.00，試求：

① 醋酸的平衡常數 K_a？

② 醋酸的解離度 α？

$$CH_3COOH + H_2O \rightleftharpoons CH_3COO^- + H_3O^+$$

 解

	CH_3COOH	$+H_2O$	$\rightleftharpoons$	CH_3COO^-	$+$	H_3O^+
初濃度	0.10M			0		0
解離	-1.0×10^{-3}			$+1.0\times10^{-3}M$	$+$	$1.0\times10^{-3}M$
平衡濃度	$\fallingdotseq 0.1M$			$1.0\times10^{-3}M$		$1.0\times10^{-3}M(pH=3.00)$

① $K_a = \dfrac{[CH_3COO^-][H_3O^+]}{[CH_3COOH]} = \dfrac{(1.0\times10^{-3})(1.0\times10^{-3})}{0.1} = 1.0\times10^{-5}$

② $\alpha = \dfrac{解離濃度}{初濃度}\times100\% = \dfrac{1.0\times10^{-3}}{0.1}\times100\% = 1\%$

在 9-2 節中，我們曾介紹過水的自體解離作用及水的離子積(K_w)。

$$H_2O_{(\ell)} + H_2O_{(\ell)} \rightleftharpoons H_3O^+_{(aq)} + OH^-_{(aq)}$$

$$K_w = [H_3O^+][OH^-] = 1.0\times10^{-14} \ M^2 (25°C)$$

例題 9-3 也利用水的離子積求出純水（中性溶液）中 H_3O^+ 和 OH^- 的莫耳濃度

25°C 時，純水（中性溶液）：

$$K_w = [H_3O^+][OH^-] = 1.0\times10^{-14}$$

$$[H_3O^+] = 1.0\times10^{-7}M = [OH^-]$$

$$\therefore pH = 7 = pOH，pH + pOH = 14.00$$

若溫度仍保持 25°C，將酸加入水中，因溫度不變，所以水的離子積也不會改變，仍為 1.0×10^{-14}，只是[H₃O⁺]變大，而[OH⁻]變小。

25°C 酸性溶液：

$$K_w = [H_3O^+][OH^-] = 1.0 \times 10^{-14}$$

$$[H_3O^+] > 1.0 \times 10^{-7}M > [OH^-]$$

將水的離子積兩邊取對數值

$$\log_{10}^{[H_3O^+][OH^-]} = \log_{10}^{1.0 \times 10^{-14}} \Rightarrow \log_{10}^{[H_3O^+]} + \log_{10}^{[OH^-]} = -14$$

$$\Rightarrow (-\log_{10}^{[H_3O^+]}) + (-\log_{10}^{[OH^-]}) = -(-14)$$

$$\Rightarrow pH + pOH = 14$$

若溫度仍保持 25°C，將鹼加入水中，因溫度不變，所以水的離子積 K_w 值不變，仍為 1.0×10^{-14}，只是此溶液中[H₃O⁺]變小，而[OH⁻]變大。

25°C 鹼性溶液：

$$K_w = [H_3O^+][OH^-] = 1.0 \times 10^{-14}$$

$$[H_3O^+] < 1.0 \times 10^{-7}M < [OH^-]$$

同理，pH+pOH=14。

所以我們從上面的關係得到一個結論，只要溫度維持在 25°C，無論是中性、酸性還是鹼性的水溶液，其：

$$K_w = [H_3O^+][OH^-] = 1.0 \times 10^{-14}$$

pH+pOH=14.00

至於[H₃O⁺], [OH⁻], pH 值和 pOH 值的大小關係則為：

中性：$[H_3O^+] = 1.0 \times 10^{-7}M = [OH^-]$；pH=7=pOH

酸性：$[H_3O^+] > 1.0 \times 10^{-7}M > [OH^-]$；pH<7<pOH

鹼性：$[H_3O^+] < 1.0 \times 10^{-7}M < [OH^-]$；pH>7>pOH

圖 9-3 是我們日常生活常見物質的 pH 值。

[H₃O⁺]	[OH⁻]	pH	pOH	樣本溶液
10^1	10^{-15}	-1	15	強酸
10^0 or 1	10^{-14}	0	14	← 1 M HCl
10^{-1}	10^{-13}	1	13	
10^{-2}	10^{-12}	2	12	← 胃液 ← 檸檬汁 1 M CH₃CO₂H
10^{-3}	10^{-11}	3	11	← 胃酸
10^{-4}	10^{-10}	4	10	← 酒
10^{-5}	10^{-9}	5	9	← 咖啡
10^{-6}	10^{-8}	6	8	
10^{-7}	10^{-7}	7	7	← 純水 ← 血液
10^{-8}	10^{-6}	8	6	
10^{-9}	10^{-5}	9	5	
10^{-10}	10^{-4}	10	4	
10^{-11}	10^{-3}	11	3	← 鎂乳液
10^{-12}	10^{-2}	12	2	← 氨水
10^{-13}	10^{-1}	13	1	
10^{-14}	10^0 or 1	14	0	← 1 M NaOH 強鹼

酸　中性　鹼

◯ 圖 9-3　[H₃O⁺], [OH⁻], pH 及 pOH 間的關係

在 25°C 時[H₃O⁺], [OH⁻], pH 及 pOH 值的相關性，可以用下圖表示：

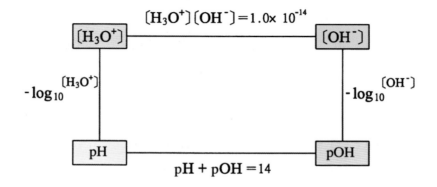

例 9-13

HNO₃ 是強酸，若取 HNO₃ 溶液 0.015M，則此溶液在 25°C 時的 pH 值及 pOH 值各為多少？$(\log_{10}^{1.5} = 0.18)$

 解

$$HNO_3 \quad \rightarrow \quad H^+ \quad + \quad NO_3^-$$
$$-0.015M \qquad +0.015M \qquad +0.015M$$

$$[H^+] = [H_3O^+] = 0.015M = 1.5 \times 10^{-2}M$$

$$pH = -\log_{10}^{[H_3O^+]} = -(\log_{10}^{1.5} + \log_{10}^{10^{-2}}) = -(0.18 - 2) = 1.82$$

$$pH + pOH = 14.00$$

$$1.82 + pOH = 14.00$$

$$\therefore pOH = 12.18$$

9-7 酸鹼滴定

利用一種已知濃度的溶液，測定另一種未知濃度溶液的方法，稱為滴定。酸鹼滴定就是其中的一種。

圖 9-4 所示即為酸鹼滴定的裝置，先由左半部的酸滴定管中量取一定體積，未知濃度的酸溶液，置於下方的錐形瓶中，並滴入數滴適當的指示劑。再將此錐形瓶移至右半部的鹼滴定管下方（鹼滴定管中裝有已知濃度的鹼溶液），逐滴滴入鹼液於錐形瓶中，並不斷搖晃，直到瓶中指示劑突然變色為止（圖 9-5），此時稱為滴定終點，在指示劑適當的時候（參閱 9-8 節）亦代表酸與鹼當量數相等的當量點。在當量點時，H^+ mol ＝ OH^- mol，亦代表酸與鹼完全中和產生正鹽。例如：

$$2KOH + H_2CO_3 \quad \rightarrow \quad K_2CO_3 + 2H_2O$$

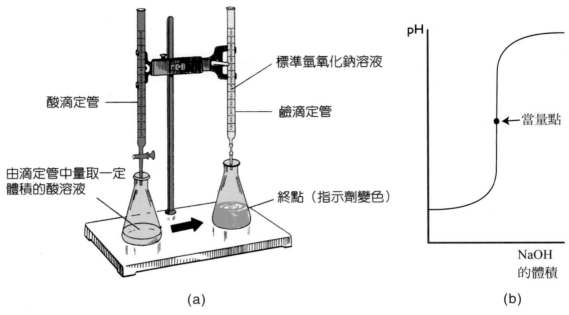

標準氫氧化鈉溶液

酸滴定管

鹼滴定管

由滴定管中量取一定
體積的酸溶液

終點（指示劑變色）

pH

當量點

NaOH
的體積

(a)

(b)

⊃ 圖 9-4　酸鹼滴定

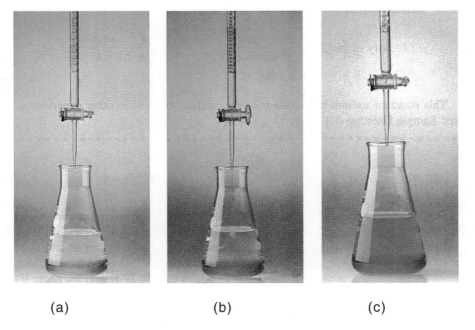

(a)　　　　　　　　(b)　　　　　　　　(c)

⊃ 圖 9-5　(a)鹼液裝入滴定管中，酸液放入錐形瓶中，並加入幾滴的指示劑；

(b)加入鹼液至指示劑變色；

(c)達到當量點時（即滴定終點），此時可由滴定管上讀出所用之鹼液的用量

請注意，滴定終點和當量點未必相同，只有選擇適當的指示劑，滴定終點方可表示當量點。

酸的當量數即是參與反應 H^+ 的莫耳數；鹼的當量數即是參與反應 OH^- 的莫耳數。計算酸、鹼當量數常用的方法有三種：

$$酸（鹼）當量數 = \frac{酸（鹼）的質量}{酸（鹼）分子量} \times 可解離H^+(OH^-)數目$$

$$= C_M \times V（升）\times 可解離 H^+(OH^-)數目$$

$$= C_N \times V（升）$$

$$= 酸（鹼）莫耳數 \times 可解離 H^+(OH^-)數目$$

C_N 稱為**當量濃度**，單位為 N。

$$C_N = C_M \times 可解離H^+(OH^-)的數目 = \frac{當量數}{溶液體積（升）}$$

在酸鹼反應時，C_N 可視為參與酸鹼反應之$[H^+]$或$[OH^-]$。

例 9-14

取 18.5 克的氫氧化鈣$(Ca(OH)_2)$，溶於 500mL 的水中，試求：

①氫氧化鈣的當量數？

②此溶液的當量濃度？（$Ca(OH)_2$=74.0amu）

解 ① $鹼當量數 = \dfrac{質量}{分子量} \times 可解離OH^-數目 = \dfrac{18.5g}{74.0g/mol} \times 2 = 0.5$

② $C_N = \dfrac{當量數}{溶液體積（升）} = \dfrac{0.5}{0.5L} = 1.0N$

滴定終點時，酸鹼恰好中和，代表 H^+ mol=OH^- mol，也就是酸的當量數=鹼的當量數，如此我們便能測定未知溶液的濃度。

例 9-15

氫氧化鈉(NaOH=40.0)晶體 0.60 克投入未知濃度的硫酸溶液 30mL 中，恰可中和。試求硫酸的體積莫耳濃度和當量濃度。

解 NaOH 當量數=H₂SO₄ 的當量數，也就是 OH^- mol ＝ H^+ mol

$$\frac{0.6}{40} \times 1 = C_M \times (0.03\text{L}) \times 2$$

$\therefore C_M$=0.25M

$\therefore C_N = C_M \times H^+$數目=0.25M×2=0.50N

例 9-16

若干毫升 1.04N 的鹽酸方能中和 20.3 毫升 0.830N 的氫氧化鈣？

解 HCl 當量數=Ca(OH)₂ 的當量數

(1.04N)×V=(0.830N)×(20.3mL)

V=16.2mL

9-8 指示劑

酸鹼指示劑是顏色隨溶液 pH 值改變的物質，一般皆為有機顏料。不同的指示劑有不同的變色範圍及顏色變化（表 9-2、圖 9-6）。

▼ 表 9-2　常見的酸鹼指示劑

指示劑	酸性顏色	pH 範圍		鹼性顏色
甲基紫(Methyl violet)	Yellow	0	~ 2	Violet
百里酚藍(Thymol blue)	Pink	1.2	~ 2.8	Yellow
溴酚藍(Bromophenol blue)	Yellow	3.0	~ 4.7	Violet
甲基橙(Methyl orange)	Pink	3.1	~ 4.4	Yellow
溴甲酚綠(Bromocresol green)	Yellow	4.0	~ 5.6	Blue
溴甲酚紫(Bromocresol purple)	Yellow	5.2	~ 6.8	Purple
石蕊(Litmus)	Red	4.7	~ 8.2	Blue
酚酞(Phenolphthalein)	Colorless	8.3	~ 10.0	Pink
百里酚酞 (Thymolphthalein)	Colorless	9.3	~ 10.5	Blue
茜素黃 G(Alizarin yellow G)	Colorless	10.1	~ 12.1	Yellow
三硝基苯(Trinitrobenzene)	Colorless	12.0	~ 14.3	Orange

　　從圖 9-6 中我們可以發現用**甲基橙**(Methyl orange)在酸中呈紅色，鹼中呈黃色。以 HIn 代表甲基橙（紅色），In^-代表甲基橙的共軛鹼(In^-)呈黃色，則甲基橙在水中解離的方程式可表示為：

$$HIn \ + \ H_2O \ \rightleftharpoons \ In^- \ + \ H_3O^+$$

　　　　紅色　　　　　　　　**黃色**

加入酸後，$[H_3O^+]$提高，平衡往左移動所以在酸液中呈紅色；反之，加入鹼後，$[H_3O^+]$降低，平衡往右移動，所以甲基橙在鹼液中呈黃色。因此指示劑顏色的變化是由於溶液中$[H_3O^+]$改變，造成$[In^-]$和$[HIn]$的比例改變所致。

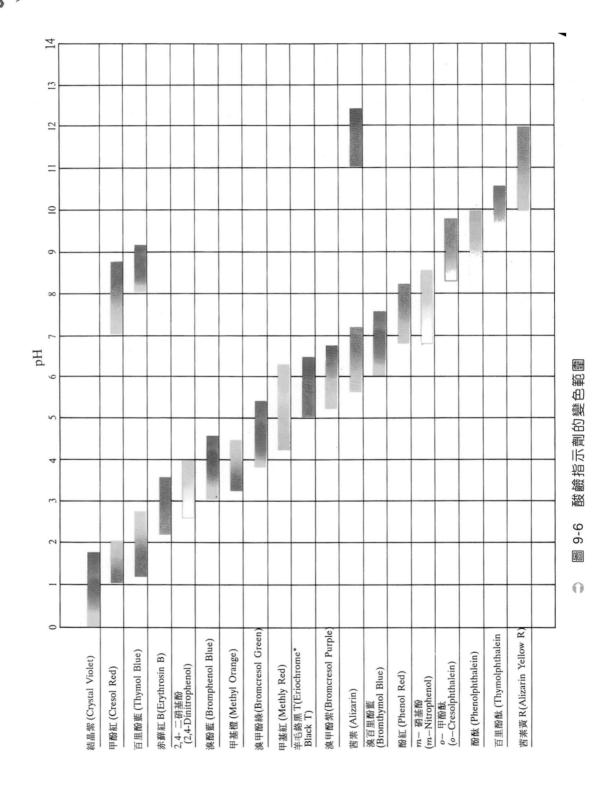

圖 9-6　酸鹼指示劑的變色範圍

9-9　鹽的水解

許多人認為酸鹼中和後溶液呈中性，事實上這個觀念並不完全正確；酸鹼中和後產生鹽和水，所以鹽在水中的酸鹼性，決定了中和後溶液的酸鹼性。

鹽類是離子化合物，在水中可解離為陰離子和陽離子，即：

$$BA_{(aq)} \rightarrow B^+_{(aq)} + A^-_{(aq)}$$
鹽類

有些離子會進一步再與水反應（水解反應），結果產生了 H^+ 或 OH^-，使鹽類在水中表現出酸鹼性：

$$B^+_{(aq)} + H_2O \rightleftharpoons BOH + H^+_{(aq)}$$
（**陽離子水解呈酸性**）
$$A^-_{(aq)} + H_2O \rightleftharpoons HA + OH^-_{(aq)}$$
（**陰離子水解呈鹼性**）

但並非所有鹽類的離子都會水解，接著我們來考慮哪些鹽類在水中可水解，表現出酸鹼性。

1. 強酸和強鹼所形成的鹽不水解呈中性。因為依照共軛酸鹼的理論，酸鹼反應的趨勢是強酸、強鹼往弱酸、弱鹼的方向移動。

   例如：

   $$NaOH + HCl \rightarrow Na^+ + Cl^- + H_2O$$

   　強鹼　　強酸　　弱酸　弱鹼

2. 強酸和弱鹼所形成的鹽水解呈酸性。因為弱鹼反應後的共軛酸呈強酸性，所以可繼續水解。

例如：

$$HCl_{(aq)} + NH_3 \longrightarrow NH_4^+ + Cl^-$$

強酸　　弱鹼　　　強酸　弱鹼

$$NH_4^+ + H_2O \rightleftharpoons NH_4OH + H^+$$

酸性

$$Cl^- + H_2O \longrightarrow \times$$

3. 弱酸和強鹼所形成的鹽類，水解呈鹼性。因為弱酸反應後的共軛鹼呈強鹼性，所以依反應趨勢可繼續水解。

例如：

$$H_2CO_3 + 2NaOH \longrightarrow 2Na^+ + CO_3^{2-} + 2H_2O$$

弱酸　　　強鹼　　　　弱酸　　強鹼

$$Na^+ + H_2O \longrightarrow \times$$

$$CO_3^{2-} + H_2O \rightleftharpoons HCO_3^- + OH^-$$

鹼性

4. 弱酸和弱鹼所形成的鹽類，水解呈酸性、中性或鹼性都有可能，端視其相對強度而定，在此不做進一步的討論。

例 9-17

試判斷下列鹽類在水中的酸鹼性：

①Na_2CO_3；②K_2SO_4；③NH_4NO_3；④$CaCl_2$；⑤CH_3COONa；⑥$AlBr_3$。

解 中性：②、④。

酸性：③、⑤。

鹼性：①、⑥。

9-10　緩衝溶液

　　許多化學反應必須在特定的 pH 值範圍才可進行，若 pH 值超過允許的範圍，則可能造成反應終止或者進行不同途徑的反應。例如人體血液的 pH 值維持在 7.40~7.42 間最適合我們生存，在這範圍以外，就可能會使新陳代謝及各種生化活動產生重大影響。

　　由等量的弱酸及其共軛鹼（如 CH_3COOH 和 CH_3COO^-），或是等量弱鹼及其共軛酸（如 NH_3 和 NH_4^+）所混合而成的溶液，稱為緩衝溶液(Buffer solution)，可以抗拒溶液中因加入少量強酸或強鹼所造成的 pH 值變化。緩衝溶液亦可由多量弱酸和少量強鹼中和混合而成；反之，多量弱鹼和少量強酸中和後亦是緩衝溶液。例如 0.1M 的 HCN（弱酸）和 0.1M 的 NaCN（CN^-，HCN 的共軛鹼）之混合溶液就是緩衝溶液的一種。若將強酸(H_3O^+)加入此一系統則 CN^-會與之中和；若強鹼(OH^-)加入此系統則 HCN 也會將它中和掉（圖 9-7）。

加入酸　$CN^- + H_3O^+ \rightarrow HCN + H_2O$

加入鹼　$HCN + OH^- \rightarrow H_2O + CN^-$

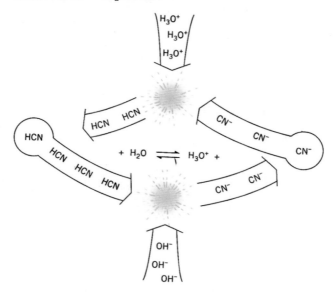

⊃ 圖 9-7　緩衝溶液的行為：HCN 會將加入的鹼反應掉，
　　　　　CN^-會將加入的酸反應掉

　　人體的血液也是一種緩衝溶液，主要由碳酸(H_2CO_3)和碳酸氫鹽(HCO_3^-)所形成。過多的鹼會和 H_2CO_3 中和；過多的酸則會和 HCO_3^- 反應。

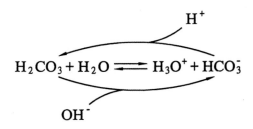

　　至於人體的細胞主要是由 $H_2PO_4^-$ 和 HPO_4^{2-} 所構成的緩衝系統。

例 9-18

試計算：

① 0.1M 100mL CH_3COOH 水溶液的 $[H^+]$=？

　（CH_3COOH 的 K_a=1.8×10^{-5}）

② 將 0.82 克 CH_3COONa 晶體加入上述之溶液中，則$[H^+]$=？

　(CH_3COONa=82)

 ①

$$CH_3COOH_{(aq)} \rightleftharpoons CH_3COO^-_{(aq)} + H^+_{(aq)}$$

最初時　　　　0.1　　　　　　0　　　　　　0

平衡時　　　0.1−x　　　　　x　　　　　　x

$$\therefore 1.8\times10^{-5} = \frac{x^2}{0.1-x} = \frac{x^2}{0.1} \quad , \quad \because x<<0.1$$

$$\therefore x=1.3\times10^{-3}(M)=[H^+]$$

② 0.82 克 CH₃COONa 加入該溶液中，則：

$$[CH_3COO^-] = \frac{0.82/82}{0.1} = 0.1M$$

$$CH_3COOH_{(aq)} \rightleftharpoons CH_3COO^-_{(aq)} + H^+_{(aq)}$$

最初時	0.1	0.1	0
平衡時	$0.1-x$	$0.1+x$	x

$$1.8 \times 10^{-5} = \frac{(0.1+x) \cdot x}{0.1-x} = \frac{0.1x}{0.1}$$

因 $x \ll 0.1$，$\therefore 0.1+x \fallingdotseq 0.1$，$0.1-x \fallingdotseq 0.1$

$$x = [H^+] = 1.8 \times 10^{-5}(M)$$

例 9-19

某單質子酸的 K_a 值為 1.0×10^{-8}，濃度為 1.00N，試問：

① 該溶液的 pH 值為多少？

② 取該溶液 20.0 毫升，加入 5.00 毫升 2.00N 的 NaOH 溶液，則該溶液的 pH 值為多少？

③ 取該溶液 10.0 毫升，加入 10.0 毫升 1.00N 的 NaOH 溶液，則該溶液的[H⁺]為多少？

解 ① 設此弱酸為 HA

	HA	$\rightleftharpoons$	H⁺	+	A⁻
初	1.00N		0		0
解離	$-x$		$+x$		$+x$
平衡	$\fallingdotseq 1.00$		x		x

$$K_a = \frac{[H^+][A^-]}{[HA]}$$

$$1.0 \times 10^{-8} = \frac{x^2}{1.00}$$

$$\therefore x = 1.0 \times 10^{-4}(M) \quad \therefore pH = 4.00$$

② 混合後[HA]=1.00N×20/25=0.8N；[NaOH]=2.00N×5/25=0.4N

	HA	+	NaOH	→	NaA	+	H₂O
初	0.8N		0.4N		0		0
解離	−0.4N		−0.4N		+0.4N		
平衡	0.4N		0		0.4N		

	HA	⇌	H⁺	+	A⁻	
初	0.4N				0.4N	（NaA 解離）
解離	−x		+x		+x	
平衡	≒0.4N		x		≒0.4N	

$$K_a = \frac{[H^+][A^-]}{[HA]}$$

$$1.0 \times 10^{-8} = \frac{(0.4)(x)}{0.4}$$

$$\therefore x = [H^+] = 1.0 \times 10^{-8}(N)$$

$$\Rightarrow pH = 8$$

③

	HA	+	NaOH	→	NaA+H₂O
初	$1.00 \times \dfrac{10}{10+10}$		$1.00 \times \dfrac{10}{10+10}$		
後	0		0		0.5

$$A^-(NaA) + H_2O \xrightarrow[\quad]{\text{水解}} HA + OH^-$$

初	0.5M			
平衡	0.5−x		x	x

$$\frac{x^2}{0.5-x} = K_h = \frac{K_w}{K_a} = \frac{10^{-14}}{10^{-8}}$$

解出 $x = [OH^-] = 7.1 \times 10^{-4} M$

$$\therefore [H^+] = \frac{K_w}{[OH^-]} = 1.4 \times 10^{-11} M$$

例 9-20

有一弱酸 HA 0.20 莫耳和 NaOH 0.08 莫耳，混合後稀釋至 1.00 升。

① 假如此溶液的 pH=5.0，則此弱酸的 K_a 為若干？

② 試問要再加多少莫耳的 NaOH，可使溶液的 pH 增加至 6.0？

 ①

	HA	+ NaOH	→ NaA	+ H_2O
初	0.2M	0.08M	0	
解離	−0.08	−0.08	+0.08	
平衡	0.12	0	0.08	

	HA	⇌	H^+	+	A^-
初	0.12		0		0.08
解離	$-1 \times 10^{-5} M$		$+1 \times 10^{-5} M$		$+1 \times 10^{-5} M$
平衡	≒0.12		$1 \times 10^{-5} M$		≒0.08M

$$\therefore K_a = \frac{0.08 \times 10^{-5}}{0.12} = 6.67 \times 10^{-6}$$

②

HA	+	NaOH	→	NaA	+	H$_2$O
0.2		x		0		0
$-x$		$-x$		$+x$		
0.2$-x$		0		x		

	HA	$\rightleftharpoons$	H$^+$	+	A$^-$
初	0.2$-$X		0		X
解離	-10^{-6}		$+10^{-6}$		$+10^{-6}$
平衡	$\fallingdotseq$0.2$-$X		10^{-6}		$\fallingdotseq$X

$$\because 6.67 \times 10^{-5} = \frac{(10^{-6})(x)}{0.2-x} \qquad x=0.174$$

$$\therefore 0.174 = 0.08 + y \qquad y = 0.094 \text{ mol}$$

一、單選題

（　）1. 下列何項其中文名與化學式不正確？　(A)H_2CO_3 硫酸　(B)H_2SO_3 亞硫酸　(C)$HClO_4$ 過氯酸　(D)H_3PO_3 磷酸。

（　）2. 水的解離 $H_2O \rightleftharpoons H^+_{(aq)} + OH^-_{(aq)}$，試問下列哪項因素不會改變水的解離度？　(A)加入 HCl　(B)加入 NaOH　(C)加水　(D)加熱。

（　）3. 已知水的解離為吸熱反應，其解離常數 K_w 在 25°C 時為 1.0×10^{-14}，下列敘述何者正確？　(A)在 80°C 時，純水之 pK_w>14　(B)在 65°C 時，某水溶液之 pOH=7，則此溶液之 pH<7　(C)在 4°C 時，純水之 pOH<7　(D)在 80°C 時，鹼性溶液的 pOH+pH>14。

（　）4. 下列金屬中，何者不會與熱稀硫酸溶液反應產生氫氣？　(A)Mg　(B)Al　(C)Fe　(D)Cu。

（　）5. 某種一元酸 0.1 莫耳溶於 1 公升水中而得 pH=3 之水溶液，則此酸之 K_a 值約為：　(A)3.0×10^{-7}　(B)1.0×10^{-6}　(C)1.0×10^{-5}　(D)3.0×10^{-3}。

（　）6. 0.1M 之 CH_3COOH 與 0.1M CH_3COONa 之緩衝液，其 pH=4.75，若將其稀釋 10 倍，則 pH 變為若干？　(A)4.75　(B)0.47　(C)7.0　(D)3.75。

（　）7. 下列有關緩衝液的敘述，何者不正確？　(A)緩衝液是弱酸和其鹽或弱鹼和其鹽的混合液　(B)催化反應與一般化學反應不同，不需在緩衝液中進行　(C)緩衝液之 pH 值不會因為加入少量的酸或鹼而發生大幅度的變化　(D)緩衝液是利用到共同離子效應的原理。

（　）8. 溶液中加入 0.1M $HCl_{(aq)}$100mL，則此溶液的 pH 值為？($\log_2$=0.3, $\log_3$=0.48)　(A)2.85　(B)3.15　(C)3.30　(D)2.70。

（　）9. 下列何種鹽的水溶液呈鹼性？　(A)NH_4Cl　(B)$NaHSO_4$　(C)NaCl　(D)$NaHCO_3$。

（　）10. 關於布忍斯特－羅瑞的酸鹼概念，下列各項敘述何者錯誤？ (A)可提供氫離子者為酸 (B)接受電子對者為酸 (C)由此可知酸鹼強弱是相對的 (D)該酸鹼概念應用範圍很廣，除了水溶液外，尚可適用於非水溶液中的反應。

（　）11. 在 $CH_3COOH_{(aq)}+HS^-_{(aq)} \rightleftharpoons H_2S_{(aq)}+CH_3COO^-_{(aq)}$ 反應中，有關酸鹼之敘述，何者正確？（應選三項） (A)HS^- 為酸，CH_3COOH 為鹼 (B)H_2S 為 HS^- 之共軛酸 (C)CH_3COO^- 為 CH_3COOH 之共軛鹼 (D)HS^- 較 CH_3COO^- 鹼性為強，故反應之趨勢由左到右。

（　）12. 25°C 時，水離子積 $K_w=[H^+]\times[OH^-]=10^{-14}$，下列何種情形 K_w 大於 10^{-14} (A)4°C 時，0.1M KCl 溶液 (B)25°C，0.1M HCl 溶液 (C)25°C，0.1M NaOH 溶液 (D)40°C，0.2M KNO_3 溶液 (E)10°C，0.2M HNO_3 溶液。

（　）13. 下列的四種鹽類的 0.1M 水溶液，其 pH 值由低（左）而高（右）的順序為：(1)KNO_3 (2)NH_4Cl (3)$NaHSO_4$ (4)Na_2CO_3。(A)(4)＜(1)＜(3)＜(2) (B)(1)＜(2)＜(4)＜(3) (C)(3)＜(2)＜(1)＜(4) (D)(2)＜(3)＜(4)＜(1)。

（　）14. 在室溫，將 0.10 M 的 HCl 水溶液逐漸滴入 0.10 M 的 NH_3 水溶液 50 mL 中，並經混合均勻。下列有關溶液之敘述，何者錯誤？（NH_3 水溶液的 $K_b=1.8\times10^{-5}$） (A)初始 0.10 M 的 NH_3 水溶液，其$[OH^-]$值約為 1.3×10^{-3}M (B)加入 20mL 的 HCl 水溶液後，可成為緩衝溶液 (C)加入 60mL 的 HCl 水溶液後，溶液的$[H^+]$值約為 9.1×10^{-3}M (D)加入 HCl 水溶液到達當量點時，溶液的 pH 值為 7.0。

（　）15. 10^{-8}M 的 HCl 的水溶液其 pH 值在常溫時最接近： (A)0 (B)1 (C)6 (D)7。

（　）16. 下列哪一圖中的曲線可以定性描述苯甲酸（甲，$K_a=6.6\times10^{-5}$）與氫氟酸（乙，$K_a=6.7\times10^{-4}$），在水中的解離度與其濃度的關係？

(A)
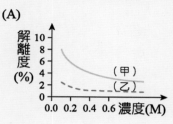

(B)
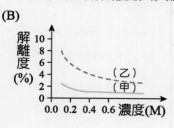

(C)
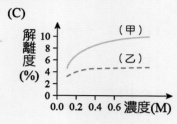

(D)
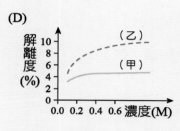

(E)
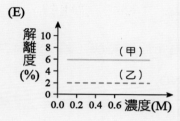

（　）17. 室溫時，若將 20mL 的 4.0×10^{-2} M HCl 溶液與 40mL 的 5.0×10^{-3} M NaOH 溶液均勻混合，則混合後溶液的 pH 值最接近下列哪一個數值？
(A)2.0　(B)3.5　(C)7.0　(D)8.0　(E)9.5。

（　）18. 弱酸(HA)與弱酸鹽(NaA)可配製成緩衝溶液。有一弱酸的解離常數 $K_a=1\times10^{-4}$，若配製成 pH5.0 的緩衝溶液，則溶液中的弱酸與弱酸鹽濃度的比值為何？（即 [HA]/[NaA]）　(A)1/1000　(B)1/100　(C)1/10　(D)1　(E)10。

二、問答題

1. 若下列物質作為酸時，其共軛鹼為何？

　　(1) OH^-

　　(2) H_2O

　　(3) HCO_3^-

　　(4) HBr

　　(5) HSO_4^-

　　(6) NH_3

2. 若下列物質作為鹼時，其共軛酸為何？

   (1) OH^-

   (2) H_2O

   (3) HS^-

   (4) HSO_4^-

   (5) HCO_3^-

   (6) NH_3

3. 針對下列各式指出何者為布忍斯特酸（鹼）及其共軛鹼（酸）。

   (1) $HNO_3 + H_2O \rightarrow H_3O^+ + NO_3^-$

   (2) $CN^- + H_2O \rightleftharpoons HCN + OH^-$

   (3) $H_2SO_4 + Cl^- \rightarrow HCl + HSO_4^-$

   (4) $HSO_4^- + OH^- \rightarrow SO_4^{2-} + H_2O$

4. 下列何者為兩性元素？寫下其化學反應式來說明兩性元素所具有的特性。

   (1) H_2O

   (2) $H_2PO_4^-$

   (3) S^{2-}

   (4) CH_4

5. 試求出於 25°C 時，下列水溶液的 pH 及 pOH。

   (1) 0.200M HCl

   (2) 0.0071M Ca(OH)$_2$

   (3) 0.0143M NaOH

   (4) 0.3M HNO$_3$

6. 0.244M, 48mL 的 KOH 樣品以 0.244M 的 H_2SO_4 來滴定，當達到滴定終點時，用去多少量的 H_2SO_4？

7. 滴定 0.204M, 47mL 的 KOH，需用去多少量的 0.421M HCl？

8. 溶於血液中 CO_2，可達到下列的平衡關係：

   $$H_2CO_3+H_2O \rightleftharpoons H_3O^++HCO_3^-$$

   若血液的 pH 為 7.4，則 $[HCO_3^-]$ 與 $[H_2CO_3]$ 之比值為何？（H_2CO_3 的 $K_a=4.3\times10^{-7}$）

9. 若緩衝溶液是由等體積的 0.100M CH_3COOH 及 0.500M $NaCH_3CO_2$ 混合而成，則：

   (1) 求出此緩衝溶液的 pH 值。

   (2) 若將 1mL 的 0.1M HCl 加入 200mL 的此緩衝溶液中，pH 變為多少？

10. 某一酸 $K_a=10^{-5}$，則其 0.1M 鈉鹽溶液之 pH 值約為？

11. 氫氟酸(HF)是弱酸，其分子量是 20.0，在室溫下 0.20M 氫氟酸水溶液中，氟離子(F^-)的濃度是 0.011M，則氫氟酸的游離常數為何？

12. 某一元弱酸($K_a=10^{-7}\sim10^{-3}$)之溶液 100 毫升，以 0.50N 氫氧化鈉溶液滴定後得滴定曲線如下圖所示：

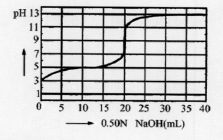

   (1) 該弱酸在滴定前的濃度是？ (A)0.05M (B)0.10M (C)0.15M (D)0.20M (E)0.50M。

   (2) 該弱酸的電離常數（或解離常數）是？ (A)10^{-3} (B)10^{-4} (C)10^{-5} (D)10^{-6} (E)10^{-7}。

(3) 滴定前該弱酸溶液中 $[OH^-]$ 離子濃度應為？　(A)10^{-3}M　(B)10^{-5}M　(C)10^{-7}M　(D)10^{-9}M　(E)10^{-11}M。

(4) 當量點的 pH 值約為？　(A)5　(B)7　(C)9　(D)11　(E)13。

(5) 在上列滴定中，為求滴定終點，下列各項指示劑何者最合適？

指示劑	變色範圍(pH)	顏　色	
		酸　性	鹼　性
(A)	2.9~4.0	紅	黃
(B)	3.1~4.4	紅	黃
(C)	4.2~6.3	紅	黃
(D)	8.0~9.6	無色	紅
(E)	10.1~12.0	無色	藍

13. 某一元酸($K_a=1\times10^{-5}$)的 0.100M 溶液 50.0mL 中加入 0.10M NaOH 溶液 25.0mL，則混合液之 pH 值為下列哪一項？　(1)3.0　(2)5.0　(3)7.0　(4)9.0。

14. 已知 CH_3COOH 的 $K_a=10^{-5}$：

(1) 0.8M 的 CH_3COOH 與 0.4M 的 CH_3COONa 混合溶液 50 毫升，$[H^+]$為多少 M？

(2) 於上(1)題中，加入 0.2M 的 $HCl_{(aq)}$ 50 毫升後，溶液中$[H^+]$為多少 M？

(3) 於上(1)題中，加入 0.2M 的 $NaOH_{(aq)}$ 50 毫升後，溶液中$[H^+]$為多少 M？

15. 實驗課後王同學發現實驗桌上有六瓶試劑未予歸位，可能為醋酸、鹽酸、硫酸、氫氧化鉀、氫氧化鈣以及氨水。王同學取出其中兩瓶，進行簡易分析實驗以辨識二者成分。以下為實驗記錄：

實驗 I：從第一瓶溶液中取出 25.00mL，以標準 NaOH 溶液滴定，滴定結果列於下表：

體積(NaOH)/mL	pH
5.0	2.2
10.0	2.4
20.0	3.0
24.0	3.8
24.8	4.5
25.0	7.0
25.2	9.5
26.0	10.0
30.0	10.7

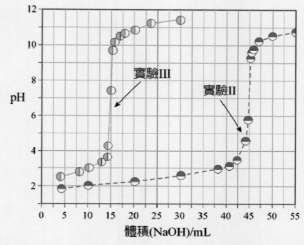

實驗 II：從第一瓶溶液中取 25.00mL 後，加入 10.00mL、0.01 M 的硫酸，再以同一標準 NaOH 溶液滴定，滴定結果繪於上圖。

實驗 III：從第一瓶與第二瓶溶液中分別取出 25.00mL 與 10.00mL，相互混合之後，再以標準 NaOH 溶液滴定，滴定結果也繪於上圖。

實驗 IV：完成實驗 III 後，再加入數滴 $BaCl_2$，溶液並無沉澱出現，但若改加草酸鈉，則溶液出現白色沉澱。

(1) 在答案紙上，比照上圖的繪圖方式，將實驗 I 的滴定結果繪於方格紙內，並以平滑曲線連接各點。

　※ 注意：繪圖可以先用鉛筆，但最後要在鉛筆所繪的點與線上，再用原子筆、鋼珠筆或中性筆描繪（包括縱座標與橫座標）。

(2) 計算標準 NaOH 溶液的濃度。（單位：M）

(3) 若在 12.50mL 標準 NaOH 溶液中加入 12.50mL、0.01M 的鹽酸溶液，則最後溶液的 pH 值為何？

(4) 寫出第一瓶所含成分的正確中文名稱與化學式，並計算其濃度。（單位：M）

(5) 寫出第二瓶所含成分的正確中文名稱與化學式，並計算其濃度。（單位：M）

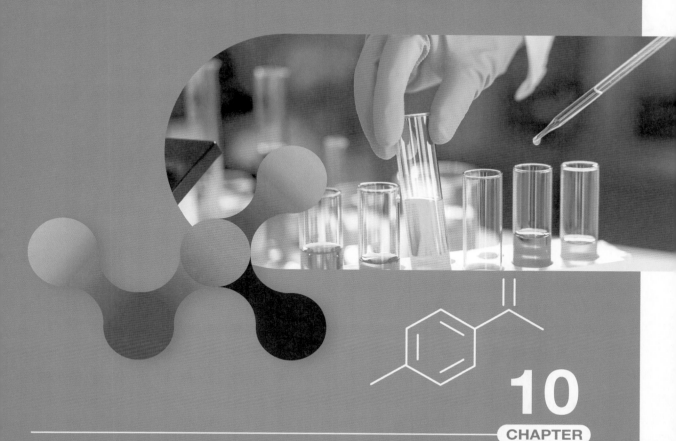

氧化還原反應

10

CHAPTER

酸鹼反應是質子(H^+)轉移的過程；而氧化還原反應(redox reaction)則是電子(e^-)轉移的反應。包括燃燒、生銹、新陳代謝、神經系統的傳遞、植物的光合作用、金屬的冶煉和能源的儲存和轉換等皆涉及電子的轉移。

本章所要探討的問題包括何謂氧化？何謂還原？電子如何在反應間轉移？如何利用轉移的電子數平衡方程式？如何利用滴定法求溶液的未知濃度？電池如何產生電流？如何迫使非自發性的反應發生反應？這一連串的問題，我們先從反應中電子的流向開始探討。

10-1 氧化數

氧化還原反應是電子轉移的反應。所以在反應中一定有物質失去電子，而另一物質獲得電子。為方便了解反應過程中電子轉移的數目及流向，科學家以**氧化數**（oxidation number，簡記為 ON）的觀念來闡釋以上的問題。

氧化數是一個原子的**視電荷數**，也就是未必是實際的價數。分子化合物中，可武斷地將電子歸於電負度大的原子，例如 HF 中，H 和 F 原子間屬極性共價鍵，共用電子較接近 F 原子，但判斷氧化數時可武斷地將共用電子全歸於 F，H 原子則視為完全失去共用電子，所以 F 原子的氧化數為–1，而氫原子的氧化數為+1。

判斷氧化數的通則如下：

1. 元素態的原子其氧化數為零，如 Cl_2 中 Cl 的 $ON=0$。

2. 單原子離子，其氧化數等於所帶電荷數，如 Na^+ 的 $ON=+1$；S^{2-} 的 $ON=-2$。

3. F 化物中，F 原子的氧化數一定為–1，因為 F 是電負度最大的原子，如 OF_2, NaF 中 F 原子的 $ON=-1$。

4. VIIA 族元素與比它陰電性小的原子結合時，其氧化數=–1。

5. IA 族原子所形成的化合物，其 $ON=+1$，如 NaH 化合物，Na 的 $ON=+1$。

6. IIA 族原子所形成的化合物，其 $ON=+2$，如 MgH_2 中，Mg 的 $ON=+2$。

7. 氫原子與電負度大的原子結合（如 F, O, N）時，H 的 $ON=+1$。若與電負度較小的原子結合（如金屬），H 的 $ON=-1$（如 LiH 中，H 的 $ON=-1$）。

8. 氧的化合物中，氧的氧化數一般為-2。但在有 O-O 鍵的過氧化物（如 H_2O_2），氧的 $ON=-1$；有 O_2^- 的超氧化物（如 KO_2）中，氧的 $ON=-1/2$。

9. 中性化合物中，各原子的氧化數總和為零；多原子離子中，各原子的氧化數總和等於離子所帶的電荷。

我們利用以下的例題，說明氧化數的觀念。

例 10-1

下列劃線之原子，其氧化數為何？

①$\underline{S}_8$；②$\underline{Hg}_2^{2+}$；③$\underline{Fe}O$；④$\underline{P}_4O_{10}$；⑤$Ca\underline{H}_2$；⑥$\underline{C}_2O_4^{2-}$；

⑦$K\underline{Mn}O_4$；⑧$NH_4\underline{N}O_3$；⑨$LiAl\underline{H}_4$；⑩$H_2\underline{S}O_4$。

解 $ON(x)$ 代表 x 原子的氧化數，

① $\underline{S}_8$ 為元素態，所以 S 的 $ON=0$

② $\underline{Hg}_2^{2+}$：$2 \times ON(Hg)=+2$

   $ON(Hg)=+1$

③ $\underline{Fe}O$： $ON(O)$ 一般為-2

   $ON(Fe)+ON(O)=0$

   $ON(Fe)=0+2=+2$

④ $\underline{P}_4O_{10}$： $ON(O)$ 一般為-2

   $4 \times ON(P)+10 \times ON(O)=0$

   $4 \times ON(P)+10 \times (-2)=0$

   $\therefore ON(P)=+5$

⑤ Ca<u>H</u>$_2$： $ON(Ca)=+2$

$ON(Ca)+2\times ON(H)=0$

$\therefore ON(H)=-1$

⑥ <u>C</u>$_2$O$_4{}^{2-}$： $ON(O)$一般為-2

$2\times ON(C)+4\times ON(O)=-2$

$2\times ON(C)+4\times(-2)=-2$

$\therefore ON(C)=+3$

⑦ K<u>Mn</u>O$_4$： $ON(K)=+1$，$ON(O)=-2$

$ON(K)+ON(Mn)+4\times ON(O)=0$

$+1+ON(Mn)+(-8)=0$

$\therefore ON(Mn)=+7$

⑧ <u>N</u>H$_4$<u>N</u>O$_3$： NH$_4{}^+$中 $ON(H)=+1$

$ON(N)+4\times ON(H)=+1$

$\therefore ON(N)=+1-4=-3$

NO$_3{}^-$中，$ON(O)=-2$

$ON(N)+3\times ON(O)=-1$

$ON(N)=-1+6=+5$

⑨ LiAl<u>H</u>$_4$： H 原子和金屬結合時

$ON(H)=-1$

⑩ H$_2$<u>S</u>O$_4$： $ON(H)=+1$；$ON(O)=-2$

$2\times ON(H)+ON(S)+4\times ON(O)=0$

$2\times ON(+1)+ON(S)+4\times(-2)=0$

$\therefore ON(S)=+6$

　　氧化數的改變可以讓我們了解個別原子在反應的過程中得失電子數目的情形。氧化數增加（生成物 ON－反應物 $ON>0$）表示失電子，稱為氧化(oxidize)；氧化數減少（生成物 ON－反應物 $ON<0$）表示得電子，稱為還原(reduce)。氧化反應和還原反應相伴而生，不可單獨存在，其中氧化反應的反應物稱為還原劑，因為自己本身氧化相對地使另一物質還原所致。同理，還原反應的反應物稱為氧化劑，因為自身還原，而使另一物質氧化，因而得名。以金屬鈉和氯氣的反應為例：

$$
\begin{array}{ccccc}
& & \overset{\displaystyle -1-0=-1<0}{\overbrace{\qquad\qquad\qquad}} & & \\
2\text{Na} & + & \text{Cl}_{2(g)} & \longrightarrow & 2\text{NaCl} \\
0 & & 0 & & +1\;\;-1 \\
& & \underset{\displaystyle +1-0=+1>0}{\underbrace{\qquad\qquad\qquad}} & &
\end{array}
$$

　　反應後 Na 原子的氧化數增加（正值），所以 Na 失去電子被氧化稱為還原劑，而反應後 Cl 原子的氧化數減少（負值），所以 Cl 原子獲得電子被還原，Cl_2 稱為氧化劑。

例 10-2

試指出下列反應中何者被氧化？何者被還原，並指出氧化劑與還原劑。

①$\text{MnO}_2+\text{HCl}\rightarrow\text{MnCl}_2+\text{Cl}_2+\text{H}_2\text{O}$

②$\text{Fe}+\text{Cu}^{2+}\rightarrow\text{Fe}^{2+}+\text{Cu}$

 ①

$$
\begin{array}{cccccc}
& & \overset{\displaystyle 0-(-1)=+1>0}{\overbrace{\qquad\qquad\qquad\qquad}} & & & \text{氧化反應}\\
\underline{\text{Mn}}\text{O}_2 & + & \text{H}\underline{\text{Cl}} & \longrightarrow & \underline{\text{Mn}}\text{Cl}_2 + \underline{\text{Cl}}_2 & + \text{H}_2\text{O} \\
+4 & & -1 & & +2 \qquad 0 & \\
& & \underset{\displaystyle (+2)-(+4)=-2<0}{\underbrace{\qquad\qquad\qquad\qquad}} & & \text{還原反應} &
\end{array}
$$

　　Mn 被還原；Cl 被氧化；MnO_2 氧化劑；HCl 還原劑。

②

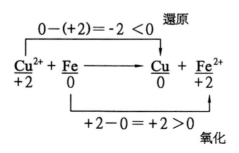

Fe 被氧化；Cu^{2+}被還原；Fe 是還原劑；Cu^{2+}是氧化劑。

10-2　氧化還原反應的平衡

　　氧化與還原必同時發生，所以，氧化所失去的電子數和還原所得到的電子數必然相等，這是氧化還原平衡方程式的重點。欲平衡氧化還原反應，必須遵守三個原則：

1. 氧化半反應所失去的電子數必須等於還原半反應所得到的電子數。

2. 電荷數守恆，即反應物的總電荷數會等於生成物的總電荷數。

3. 滿足質量守恆，即反應物的原子種類和數目等於生成物的原子種類和數目。

　　以下面的列子說明這三個原則：

$$NO_{3(aq)}^{-} + H_2S_{(g)} + H^{+}_{(aq)} \rightarrow NO_{(g)} + S_{(s)} + H_2O_{(\ell)}$$

1. 找出氧化數有變化的原子，並以橋形線相連。

$$\underset{+5}{NO_3^{-}} + \underset{-2}{H_2\underline{S}} + H^{+} \longrightarrow \underset{+2}{\underline{N}O} + \underset{0}{\underline{S}} + H_2O$$

2. 利用氧化數變化判斷得失電子數，正值表失去電子，負值表得到電子。

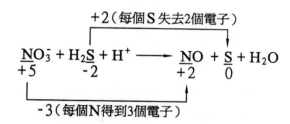

3. 找出最小公倍數，使得失電子數相等。

　　所以必須找出 2 和 3 的最小公倍數為 6，$+2×3=+6$，$-3×2=-6$ 為滿足最小公倍數所乘的數字，就是所需原子的數目。

$$2NO_3^- + 3H_2S + H^+ \longrightarrow 2NO + 3\underline{S} + H_2O$$

$+2×$ 3個 S

$-3×$ 2個 N

4. 平衡兩邊總電荷數。因右邊總電荷數為零，所以 H^+ 的係數為 2。

$$2NO_3^- + 3H_2S + \mathbf{2}H^+ \rightarrow 2NO + 3S + H_2O$$

5. 滿足原子不滅定律，因左邊有 8 個 H 原子，所以 H_2O 的係數為 4。

6. 以左右兩側 O 原子數目做為驗算：

　左邊：$2×3=6$ 個。

　右邊：$2×1+4×1=6$ 個。

　所以平衡方程式為：$2NO_3^- + 3H_2S + 2H^+ \rightarrow 2NO + 3S + 4H_2O$

再來看看另一個例子：$I_2+OH^-\rightarrow I^-+IO_3^-+H_2O$

並判斷得失電子數。

1. 連接氧化數有改變原子。

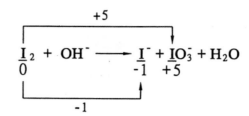

2. 找出最小公倍數使得失電子數相等，所以右邊需要 5 個 I^- 和 1 個 IO_3^-，因此左邊共需 6 個 I，所以 I_2 的係數為 3。

$$\begin{array}{c} \overset{+5\times 1}{\overbrace{\quad\quad\quad\quad}} \\ 3\underline{I}_2 + OH^- \longrightarrow 5\underline{I}^- + 1\underline{I}O_3^- + H_2O \\ 0 \quad\quad\quad\quad\quad\quad -1 \quad +5 \\ \underset{-1\times 5}{\underbrace{\quad\quad\quad\quad}} \end{array}$$

3. 平衡兩邊總電荷數，右邊總電荷數為 -6，所以左邊 OH^- 的係數應為 6。

4. 平衡 H 原子數目，所以 H_2O 的係數為 3。

$$3I_2+6OH^-\rightarrow 5I^-+IO_3^-+3H_2O$$

5. 檢驗兩邊 O 原子的數目是否相等
   左邊：$6\times1=6$
   右邊：$1\times3+3\times1=6$

從此例中發現，I_2 同時被氧化亦被還原，也就是 I_2 既是還原劑同時也是氧化劑，稱為**自身氧化還原**。

例 10-3

平衡下列方程式，並指出反應中何為氧化劑及還原劑。

①$Sn^{2+}_{(aq)}+Fe^{3+}_{(aq)}\rightarrow Sn^{4+}_{(aq)}+Fe^{2+}_{(aq)}$

②$Cu_{(s)}+H^{+}_{(aq)}+NO_3^{-}_{(aq)}\rightarrow Cu^{2+}_{(aq)}+NO_{(g)}+H_2O_{(\ell)}$

③$MnO_4^{-}_{(aq)}+C_2O_4^{2-}_{(aq)}+H^{+}_{(aq)}\rightarrow CO_{2(g)}+Mn^{2+}_{(aq)}+H_2O_{(\ell)}$

 ①

$$(+4)-(+2)=+2\times\ 1個\ Sn$$

$$1\underset{+2}{Sn^{2+}}+2\underset{+3}{Fe^{3+}}\longrightarrow 1\underset{+4}{Sn^{4+}}+2\underset{+2}{Fe^{2+}}$$

$$(+2)-(+3)=-1\times\ 2個\ Fe$$

Fe^{3+}為氧化劑；Sn^{2+}為還原劑。

②

$$+2-0=+2\times\ 3個\ Cu$$

$$3\underset{0}{\underline{Cu}}+8H^{+}+2\underset{+5}{\underline{NO_3^{-}}}\longrightarrow 3\underset{+2}{\underline{Cu}^{2+}}+2\underset{+2}{NO}+4H_2O$$

$$(+2)-(+5)=-3\times\ 2個\ N$$

NO_3^{-}為氧化劑；Cu 為還原劑。

③

$$(+4)-(+3)=+1\times\ 5個\ C$$

$$1\underset{+7}{\underline{MnO_4^{-}}}+\frac{5}{2}\underset{+3}{\underline{C_2O_4^{2-}}}+8H^{+}\longrightarrow 5\underset{+4}{CO_2}+1\underset{+2}{\underline{Mn}^{2+}}+4H_2O$$

$$(+2)-(+7)=+5\times\ 1個\ Mn$$

MnO_4^{-}為氧化劑；$C_2O_4^{2-}$為還原劑。

10-3 半反應法平衡方程式

半反應法(half-reaction method)是氧化半反應和還原半反應之和求出平衡方程式，其最大的特色是使電子數出現於方程式中，主要步驟為：

1. 寫出氧化與還原半反應，並遵守原子不滅定律及電荷守恆。

2. 乘以適當倍數使得失電子數相等。

3. 兩個半反應相加即可得到全反應的平衡方程式，且方程式中不得出現電子。

以下列反應式來說明半反應平衡法：

$$Cr_2O_7^{2-}{}_{(aq)}+Cl^-{}_{(aq)}+H^+ \rightarrow Cr^{3+}{}_{(aq)}+Cl_{2(aq)}+H_2O_{(\ell)}$$

還原半反應：

1. 依氧化數改變，寫出得失電子數。還原反應得電子數，寫在反應物；氧化反應失電子數，寫在生成物。

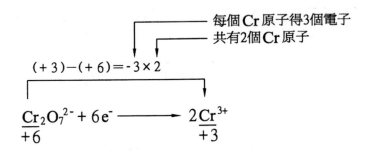

2. 酸性環境下，以 H^+ 平衡兩邊電荷數；鹼性環境下以 OH^- 平衡兩邊總電荷數。

$$Cr_2O_7^{2-}+6e^-+14H^+ \rightarrow 2Cr^{3+}$$

3. 以 H_2O 平衡兩邊 H 原子或氧原子數目。

$$Cr_2O_7^{2-}+6e^-+14H^+ \rightarrow 2Cr^{3+}+7H_2O$$

氧化半反應：

1. $2Cl^- \rightarrow Cl_2$

2. 以電子平衡電荷：$2Cl^- \rightarrow Cl_2+2e^-$

求出氧化反應和還原反應的和，並使得失電子數相等，求得淨反應如下：

$$6e^-+14H^++Cr_2O_7^{2-} \rightarrow 2Cr^{3+}+7H_2O$$

$$+ \quad (2Cl^- \rightarrow Cl_2+2e^-)\times 3$$

$$\overline{14H^+_{(aq)}+6Cl^-_{(aq)}+Cr_2O_7^{2-}_{(aq)} \rightarrow 2Cr^{3+}_{(aq)}+3Cl_{2(g)}+7H_2O_{(\ell)}}$$

例 10-4

以半反應法平衡下列方程式。

①$NO_3^-_{(aq)}+H_2S_{(g)}+H^+_{(aq)} \rightarrow NO_{(g)}+S_{(s)}+H_2O_{(\ell)}$

②$Br^-_{(aq)}+H^+_{(aq)}+SO_4^{2-}_{(aq)} \rightarrow SO_{2(g)}+Br_{2(\ell)}+H_2O_{(\ell)}$

解 步驟如前例，得：

①氧化半反應	$(NO_3^-+4H^++3e^-$	$\rightarrow$	$NO+2H_2O)\times \mathbf{2}$
還原半反應	$(H_2S$	$\rightarrow$	$S+2H^++2e^-)\times \mathbf{3}$
全反應	$2NO_3^-+3H_2S+2H^+$	$\rightarrow$	$2NO+3S+4H_2O$

②氧化半反應	$2Br^-$	$\rightarrow$	Br_2+2e^-
還原半反應	$2e^-+SO_4^{2-}+4H^+$	$\rightarrow$	SO_2+2H_2O
全反應	$2Br^-+4H^++SO_4^{2-}$	$\rightarrow$	$SO_2+Br_2+2H_2O$

10-4 氧化還原滴定

　　如酸鹼中和滴定一樣，氧化還原滴定(redox titration)為分析物質濃度相當重要的方法。操作方法和儀器均與酸鹼滴定相同，計算方法亦類似，氧化還原滴定不一定要加指示劑，因為氧化劑或還原劑反應前後顏色常常不同，例如在酸中，$KMnO_4$ 呈紫色，反應後 Mn^{2+} 則呈淡紅色。酸鹼滴定達當量點時，酸的當量數等於鹼的當量數；而氧化還原滴定達當量點時，氧化劑的當量數等於還原劑的當量數，依此關係式，我們就可以求出物質的濃度。氧化劑的當量數是指氧化劑獲得電子的莫耳數；而還原劑是指還原劑失去電子的莫耳數，所以反應時兩者理應相等。

　　氧化劑和還原劑的當量數求法和酸鹼當量數求法類似，差異處是酸鹼反應的 H^+ 和 OH^- 數目在氧化還原反應中以得失電子數替代。

$$氧化劑當量數=氧化劑莫耳數×得電子數=C_M×V×得電子數$$

$$=C_N×V=\frac{W}{M}×得電子數$$

W：物質的質量；M：物質的分子量。

　　同理，

$$還原劑當量數=還原劑莫耳數×失電子數$$

$$=C_M×V×失電子數$$

$$=C_N×V$$

$$=\frac{W}{M}×失電子數$$

例 10-5

下列化學方程式：$a\text{Na}_2\text{Cr}_2\text{O}_7 + b\text{FeSO}_4 + c\text{H}_2\text{SO}_4 \rightarrow d\text{Fe}_2(\text{SO}_4)_3 + e\text{Cr}_2(\text{SO}_4)_3 + f\text{Na}_2\text{SO}_4 + g\text{H}_2\text{O}$ 平衡後各反應物及產物之係數應為？

	a	b	c	d	e	f	g
①	1	2	5	1	1	1	5
②	1	2	7	1	1	1	7
③	3	2	13	1	3	7	13
④	1	6	7	3	1	1	7

解 $\text{Na}_2\underline{\text{Cr}}_2\text{O}_7 + 6\underline{\text{Fe}}\text{SO}_4 + 7\text{H}_2\text{SO}_4 \rightarrow 3\underline{\text{Fe}}_2(\text{SO}_4)_3 + \underline{\text{Cr}}_2(\text{SO}_4)_3 + \text{Na}_2\text{SO}_4 + 7\text{H}_2\text{O}$

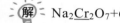

(+6)　　　(+2)　　　　　(+3)　　　　　(+3)

$[(+1)\times 2]\times 3$

$[(-3\times 2)]\times 1$

故選④。

例 10-6

氧化 0.01M 的 FeSO_4 酸性溶液 400mL，需多少克的 KMnO_4 參與反應？

$\text{MnO}_4^- + 8\text{H}^+ + 5\text{Fe}^{2+} \rightarrow 5\text{Fe}^{3+} + \text{Mn}^{2+} + 4\text{H}_2\text{O}(\text{KMnO}_4 = 158.0)$

解 $\underline{\text{Mn}}\text{O}_4^- \rightarrow \underline{\text{Mn}}^{2+}$

+7　　　+2

−5（得 5 個電子）

$$Fe^{2+} \rightarrow Fe^{3+}$$

+1（失 1 個電子）

$KMnO_4$ 當量數＝$FeSO_4$ 當量數

$$\frac{質量}{分子量} \times 得電子數 = C_M \times V \times 失電子數$$

$$\frac{質量}{158} \times 5 = 0.01 \times 0.4(升) \times 1$$

∴質量＝0.13 克

10-5　電化電池

　　光、熱和電都是常見的能量形式，任何的化學反應都會伴隨能量的發生，例如酸鹼中和會放出熱，燃燒過程也會有光和熱的產生，氧化還原是電子轉移的反應，因此在此種反應中我們是否能看到電能的釋放？電化學就是研究利用化學反應將化學能轉變為電能（稱為電池）或利用電能使物質產生氧化還原反應（稱為電解）的科學，以下內容介紹如何產生電能及如何利用電能。

一、電化電池的原理

　　以實驗來說明電化電池的原理：

　　先將金屬 Cu 置於含有 Zn^{2+} 的溶液($ZnSO_{4(aq)}$)中，結果沒有反應。

$$Cu_{(s)}+Zn^{2+} \rightarrow \times$$

接著我們反過來將金屬 Zn 放入 Cu^{2+}($CuSO_{4(aq)}$)中，結果 Zn 溶解為 Zn^{2+}（無色），而 Cu^{2+}（藍色）產生了金屬銅（紅色）而沉澱（圖 10-1）。

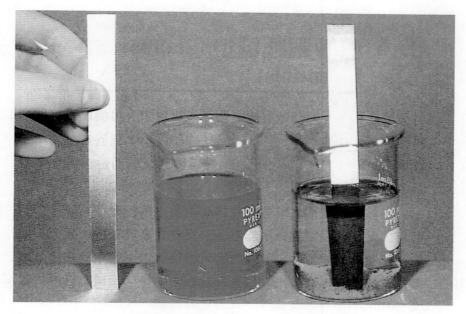

⊃ 圖 10-1　當鋅片於硫酸銅溶液中時，銅金屬及無色硫酸鋅形成。
　　　　　右邊燒杯為反應完全時

$$Cu^{2+}_{(aq)}+Zn_{(s)} \rightarrow Cu_{(s)}+Zn^{2+}$$

在這個反應中，我們把氧化劑(Cu^{2+})和還原劑(Zn)置於同一容器中，產生了氧化還原反應，但並沒有看到電流，而是感受到熱能的釋出。

但如果將氧化劑與還原劑分開，並設法將兩者以導線和鹽橋（內裝 $KNO_{3(aq)}$）相連造成通路，會發現導線上的安培計指針發生了偏轉，顯示有電流通過，電子流動的方向是由鋅棒流向銅棒，且伏特計顯示當時的電位為 1.10V（圖 10-2）。

⟳ 圖 10-2　由 Zn^{2+}/Zn 電極（左邊）及 Cu^{2+}/Cu 電極（右邊）所構成之電池，
　　　　　當濃度為 1M，溫度為 25°C 時之電位為 1.10V

　　隨著時間增加，鋅棒逐漸溶解而銅棒則增加，在這個裝置中，很明顯是將氧化半反應和還原半反應分別在兩個容器中進行：

　　　左邊所進行的是氧化半反應：$Zn_{(s)} \rightarrow Zn^{2+} + 2e^-$

　　　右邊所進行的是還原半反應：$Cu^{2+} + 2e^- \rightarrow Cu$

　　　氧化半反應和還原半反應的和為：$Zn_{(s)} + Cu^{2+}_{(aq)} \rightarrow Zn^{2+}_{(aq)} + Cu_{(s)}$

　　比較 Zn 和 Cu^{2+} 在水溶液中直接反應與兩個半反應分開，所得到的生成物是相同的，但化學反應所伴隨的能量形態則大有不同。直接反應時，能量以反應熱的形態逸散，而分開反應則變成了電能，像這種將氧化還原反應分開，並經由外電路產生電能的裝置，稱為**伏打電池**(Voltaic cell)或稱為**賈法尼電池**(Galvanic cell)。在電池中發生化學反應的導體稱為**電極**(electrode)（如圖 10-3 的 Zn 棒與 Cu 棒），電極有**陽極**(anode)和**陰極**(cathode)之分，發生氧化反應的電極是為陽極（Zn 棒，Zn→Zn^{2+}+$2e^-$）；發生還原反應的電極為陰極（銅棒 Cu^{2+}+$2e^-$→Cu）。電子就由陽極透過

外電路（導線）傳向陰極。請注意，電池的陽極亦稱為負極，代表電子(e⁻)流出之極；電池的陰極則稱為正極，代表電子流入之極，此是以電子的流向命名之。

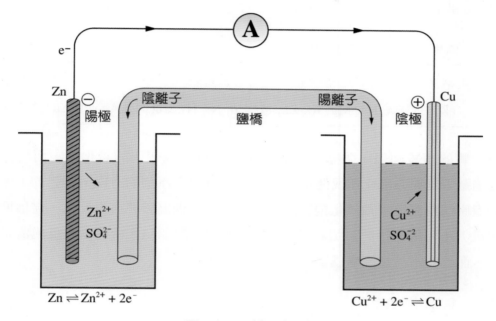

⊃ 圖 10-3　鋅－銅電池

鹽橋中的陰離子(NO_3^-)流向陽極，中和過多 Zn^{2+}的電性，而鹽橋中的陽離子(K^+)則流向陰極，補充所失去 Cu^{2+}的電性，如此不但使溶液一直維持電中性，同時也藉著離子的移動使裝置保持通路。

二、電池的標準電位

在圖 10-2 的裝置中，伏特計顯示此電池的電壓（電位差）為 1.10V，這個單元我們來看，電池的電壓如何產生？

前面曾經談過 Cu 在 Zn^{2+}溶液中沒有反應（非自發反應），但反過來，Zn 在 Cu^{2+}中則可發生變化（自發性反應）：

$$Cu+Zn^{2+}\rightarrow \times$$
$$Zn+Cu^{2+}\rightarrow Zn^{2+}+Cu$$

　　這個現象表示，Zn 失去電子的能力大過 Cu，也就是說 Zn 較易失去電子（被氧化）或者是說 Zn 是較強的還原劑，而 Cu 是較弱的還原劑，Zn 的還原力大過 Cu 的還原力。表 10-1 列舉數種常見物質失去電子的能力。

▼ 表 10-1　常見物質失去電子的難易

易失去電子 ────────────────────────────➤ 難失去電子

K, Ba, Ca, Na, Mg, Al, Zn, Fe, Co, Ni, H_2, Cu, Hg, Ag, Pt, Au

　　與共軛的現象類似，強還原劑失去電子後就變成較弱的氧化劑，而自發性的反應是強還原劑與強氧化劑反應得到弱的氧化劑與還原劑的方向。相對的，弱氧化劑與弱還原劑反應得到強氧化劑與還原劑的方向，則屬於非自發反應，需借助外力（如通電）才可以進行，對照表 10-2 可以發現。就如同水由高處往低處流是自發性反應，而低處水流往高處就需借助外力。

▼ 表 10-2　氧化劑與還原劑

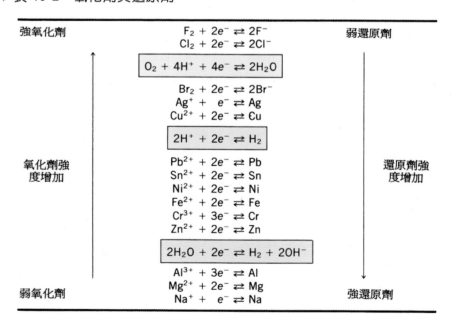

$$\text{Zn} \quad + \quad \text{Cu}^{2+} \quad \overset{\text{自發性}}{\underset{\text{非自發性}}{\rightleftharpoons}} \quad \text{Zn}^{2+} \quad + \quad \text{Cu}$$

強還原劑　　　　強氧化劑　　　　　　　　弱氧化劑　　　弱還原劑

例 10-7

下列反應的自發方向為何？

① $2Ag_{(s)}+2H^+_{(aq)} \rightleftharpoons H_{2(g)}+2Ag^+_{(aq)}$

② $Pb^{2+}_{(aq)}+2Cl^-_{(aq)} \rightleftharpoons Pb_{(s)}+Cl_{2(g)}$

解 ①　　$2Ag$　　$+$　　$2H^+$　　$\rightleftharpoons$　　H_2　　$+$　　$2Ag^+$

弱還原劑　　　弱氧化劑　　　　強還原劑　　　強氧化劑

所以自發性反應往左進行。

②　　Pb^{2+}　　$+$　　$2Cl^-$　　$\rightleftharpoons$　　Pb　　$+$　　Cl_2

弱氧化劑　　　弱還原劑　　　　強還原劑　　　強氧化劑

所以自發性反應往左進行。

例 10-8

將鋁置於硝酸銀($AgNO_{3(aq)}$)溶液中是否會發生反應？如果是，方程式如何表示？

解　　Al　　$+$　　$3Ag^+$　　$\rightleftharpoons$　　Al^{3+}　　$+$　　$3Ag$

強還原劑　　　強氧化劑　　　　弱氧化劑　　　弱還原劑

所以會發生反應。方程式為：$Al+3Ag^+ \rightarrow Al^{3+}+3Ag$

在表 10-1 中可定性地預測氧化還原的方向，如果能多進一步測定大小，則將有更大的意義。所有的電化學裝置一定有兩個電極和電解質，其中陽極與電解質的界面所產生的電位，稱為陽極電位（anode potential，簡記為 E_{ox}）；陰極和電解質的界面所產生的電位，稱為陰極電位（cathode potential，簡記為 E_{red}），陽極電位與陰極電位的和就是伏特計所測量到電池的電位（cell potential，簡記為 E_{cell}），或稱為電池的電動勢(electromotive force)。

$$E_{cell} = E_{ox} + E_{red}$$

電池電位大於零（正值）表自發性反應，電池電位小於零（負值）則為非自發反應，即 $E_{cell} > 0$ 自發反應，$E_{cell} < 0$ 非自發反應。

若欲使非自發性反應發生化學變化，則需外加電池且其電位必須大過此反應的電位才行，此種方式稱為電解，將在之後的單元探討。

在 25°C，1atm，1M 的電解質溶液中測得的電位稱為標準電位，記為 E°_{cell}, E°_{ox} 和 E°_{red}。

表 10-3 列出許多電極之標準還原電位（附錄八為更廣的表）這些值可用來測定各種電池的電位。

請注意我們無法單獨測得還原電位（或氧化電位），但可以選定一個特定的電極作為基準，此特定電極稱為參考電極(reference electrode)。通常以標準氫電極（圖 10-4）為參考電極，它的半反應為：

$$1/2H_{2(g)}(1\ atm) \rightarrow H^{+}_{(aq)}(1M) + e^{-} \qquad E^{\circ} = 0 \text{ 伏特}$$

所以將一個半反應電池與氫電極組成完整電池時，所得的電動勢即為該半反應的電極電位，如表 10-3 所列（圖 10-5）。

▼ 表 10-3　標準還原電位

半反應	$E°$, V
$K^+ + e^- \longrightarrow K$	−2.925
$Ba^{2+} + 2e^- \longrightarrow Ba$	−2.90
$Ca^{2+} + 2e^- \longrightarrow Ca$	−2.87
$Na^+ + e^- \longrightarrow Na$	−2.714
$Mg^{2+} + 2e^- \longrightarrow Mg$	−2.37
$Al^{3+} + 3e^- \longrightarrow Al$	−1.66
$Zn(OH)_2 + 2e^- \longrightarrow Zn + 2OH^-$	−1.245
$Mn^{2+} + 2e^- \longrightarrow Mn$	−1.18
$Fe(OH)_2 + 2e^- \longrightarrow Fe + 2OH^-$	−0.877
$Zn^{2+} + 2e^- \longrightarrow Zn$	−0.763
$Cr^{3+} + 3e^- \longrightarrow Cr$	−0.74
$Fe^{2+} + 2e^- \longrightarrow Fe$	−0.440
$Cd^{2+} + 2e^- \longrightarrow Cd$	−0.403
$PbSO_4 + 2e^- \longrightarrow Pb + SO_4^{2-}$	−0.356
$Co^{2+} + 2e^- \longrightarrow Co$	−0.277
$Ni^{2+} + 2e^- \longrightarrow Ni$	−0.250
$Sn^{2+} + 2e^- \longrightarrow Sn$	−0.136
$Pb^{2+} + 2e^- \longrightarrow Pb$	−0.126
$2H_3O^+ + 2e^- \longrightarrow H_2 + 2H_2O$	0.00
$Sn^{4+} + 2e^- \longrightarrow Sn^{2+}$	+0.15
$AgCl + e^- \longrightarrow Ag + Cl^-$	+0.222
$Hg_2Cl_2 + 2e^- \longrightarrow 2Hg + 2Cl^-$	+0.27
$Cu^{2+} + 2e^- \longrightarrow Cu$	+0.337
$NiO_2 + 2H_2O + 2e^- \longrightarrow Ni(OH)_2 + 2OH^-$	+0.49
$I_2 + 2e^- \longrightarrow 2I^-$	+0.5355
$MnO_4^- + 2H_2O + 3e^- \longrightarrow MnO_2 + 4OH^-$	+0.588
$Fe^{3+} + e^- \longrightarrow Fe^{2+}$	+0.771
$Hg_2^{2+} + 2e^- \longrightarrow 2Hg$	+0.789
$Ag^+ + e^- \longrightarrow Ag$	+0.7991
$Br_2(l) + 2e \longrightarrow 2Br^-$	+1.0652
$Pt^{2+} + 2e^- \longrightarrow Pt$	~ +1.20
$O_2 + 4H_3O^+ + 4e^- \longrightarrow 6H_2O$	+1.23
$Cl_2 + 2e^- \longrightarrow 2Cl^-$	+1.3595
$Au^{3+} + 3e^- \longrightarrow Au$	+1.50
$MnO_4^- + 8H_3O^+ + 5e^- \longrightarrow Mn^{2+} + 12H_2O$	+1.51
$PbO_2 + SO_4^{2-} + 4H_3O^+ + 2e^- \longrightarrow$ $PbSO_4 + 6H_2O$	+1.685
$F_2 + 2e^- \longrightarrow 2F^-$	+2.87

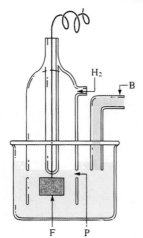

◒ 圖 10-4　簡單標準氫電極。F 為鍍鉑之薄片；
　　　　　P 為氫氧之出口；B 為部分鹽橋

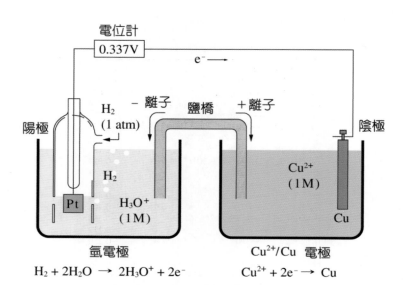

○ 圖 10-5　由氫電極及 Cu^{2+}/Cu 電極所構成之電流電池

例 10-9

請依表 10-3 計算下列反應標準電位的大小？並預測此反應是否可行？

$$2Au_{(s)}+3Cl_{2(g)} \rightarrow 2Au^{3+}_{(aq)}+6Cl^-_{(aq)}$$

解

$$2Au \rightarrow 2Au^{3+}+6e^- \qquad E^o_{ox}=-1.50V$$

$$+ \quad 6e^-+3Cl_2 \rightarrow 6Cl^- \qquad E^o_{red}=+1.3595V$$

$$\overline{\qquad\qquad\qquad\qquad\qquad E_{cell}=-0.14V<0 \qquad\quad}$$

此為非自發反應。若欲使此化學反應發生，則必須外接電池，且此電池的電壓必須大過 0.14V 才可進行。

10-6　常用的電化電池

　　汽車發動、使用手機、手電筒、心律調節器、助聽器等皆需要電池，接著我們介紹幾種常用的電池。

一、乾電池

　　乾電池於 1866 年發明至今，其最大的優點是成本低與攜帶方便，缺點則是不能充電，其構造如圖 10-6 所示，外皮由鋅所包覆作為陽極（負極、電子流出之極），而電池中間的石墨棒當作陰極（正極、電子流入之極），兩極間以糊狀的 MnO_2、NH_4Cl、$ZnCl_2$ 及水當電解質，其反應如下：

$$陽極：Zn_{(s)} \rightarrow Zn^{2+} + 2e^-$$
$$陰極：2NH_4^+_{(aq)} + 2MnO_{2(s)} + 2e^- \rightarrow Mn_2O_{3(s)} + 2NH_{3(aq)} + H_2O$$

　　石墨在此僅充當傳遞電子的任務，沒有直接參與反應，此種電極稱為惰性電極(inert electrode)。所產生的 NH_3 和 Zn^{2+} 又會結合為 $Zn(NH_3)_4^{2+}$ 錯離子，此可避免絕緣體 NH_3 的堆積，造成電池極化而停擺。

電池電位 $E_{cell}=1.5V$

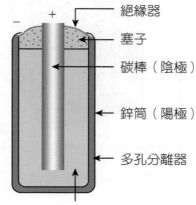

MnO_2 , NH_4Cl , $ZnCl_2$, 水及填充物

⤷ 圖 10-6　乾電池－閃光燈電池之橫切面

二、鉛蓄電池

打開汽車引擎蓋，看看汽車的電瓶，此種電池就是鉛蓄電池，它是以鉛（陽極）和二氧化鉛（陰極）作為電極，$H_2SO_{4(aq)}$ 為電解質的裝置（圖 10-7），放電反應（自發反應）時的半反應如下：

陽　極：$Pb_{(s)}+H_2SO_{4(aq)} \rightarrow PbSO_{4(s)}+2H^++2e^-$

陰　極：$2e^-+2H^+_{(aq)}+PbO_{2(s)}+H_2SO_{4(aq)} \rightarrow PbSO_{4(s)}+2H_2O$

全反應：$Pb_{(s)}+PbO_{2(s)}+2H_2SO_{4(aq)} \xrightarrow{\text{放電}} 2PbSO_{4(s)}+2H_2O$

鉛蓄電池最大的好處是可以充電（使非自發反應發生），如汽車引擎發動後，其電池可被充電行逆反應：

$$2PbSO_{4(s)} + 2H_2O \xrightarrow{\text{充電}} Pb_{(s)} + PbO_{2(s)} + 2H_2SO_{4(aq)}$$

鉛蓄電池每個單位的電位為 2V，通常電瓶是由 3~6 單位串聯而成，因此電位為 6~12V。

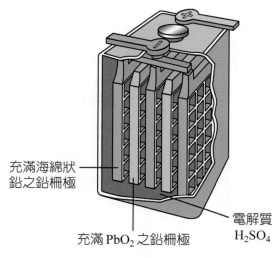

充滿海綿狀鉛之鉛柵極

充滿 PbO_2 之鉛柵極

電解質 H_2SO_4

◯ 圖 10-7　鉛蓄電池

三、燃料電池

在外太空的探測船進行天際旅行需要甚多的能量，所以使用的電池必須放電量延續性好、穩定性佳且重量輕便。**燃料電池**(fuel cell)即具有以上特點，所以常作為太空運輸工具的能源。

燃料電池以多孔性碳棒覆以白金(Pt)作為電極，$KOH_{(aq)}$（或 $NaOH_{(aq)}$）為電解質，陽極通入 $H_{2(g)}$，陰極通入 $O_{2(g)}$，反應溫度為 70~140°C 之間，可產生大約 0.7 伏特的電位（圖 10-8）。其陽極和陰極的反應如下：

陽　　極：$[H_{2(g)}+2OH^-_{(aq)}\rightarrow 2H_2O_{(\ell)}+2e^-]\times$**2**

陰　　極：$O_{2(g)}+2H_2O_{(\ell)}+4e^-\rightarrow 4OH^-_{(aq)}$

全反應：$2H_{2(g)}+O_{2(g)}\rightarrow 2H_2O_{(\ell)}$

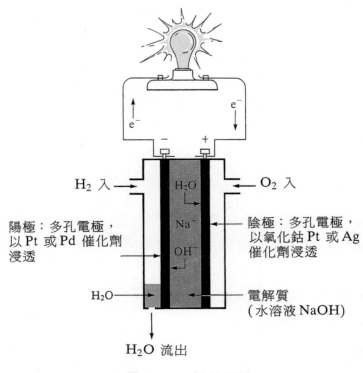

⊃ 圖 10-8　燃料電池

燃料電池因石墨電極覆以白金作為吸附 O_2 和 H_2 的催化劑，所以成本昂貴，以電池內的反應為三相反應（H_2, O_2 為氣相；Pt 為固相；NaOH 為液相），技術較為複雜，所以應用較少。

　　除了上述電池外，如電腦、電話機所使用的 Ni-Cd 電池、Ni-H 電池與鋰電池，具有可重覆充電的特性，已有取代乾電池的趨勢。

 ## 10-7　電解與電鍍

　　電解(electrolysis)和電鍍(electroplating)在工業上的應用相當廣泛。電解是外施電壓，迫使非自發性反應發生的方法；電鍍是外施電壓，迫使金屬覆蓋在物體表面的方式（亦有不須外施電壓的無電極電鍍）。

一、電　解

　　前面單元曾提到過 Zn 和 Cu^{2+} 的反應：

$$Zn_{(s)}+Cu^{2+}_{(s)} \rightarrow Zn^{2+}_{(aq)}+Cu_{(s)} \qquad E=1.10V$$

但若要使逆反應發生，

$$Zn^{2+}_{(aq)}+Cu_{(s)} \rightarrow Zn_{(s)}+Cu^{2+}_{(aq)} \qquad E=-1.10V$$

則必須外加電源，最少施以 1.10V 的電壓方有可能。像上述這種迫使非自發性反應($E<0$)得以進行就是電解。圖 10-9 為熔融氯化鈉($NaCl_{(\ell)}$)的電解。其反應如下：

$$陽　極：[Na^++e^- \rightarrow Na]\times 2$$
$$陰　極：2Cl^- \rightarrow Cl_2+2e^-$$
$$全反應：2Na^++2Cl^- \rightarrow 2Na_{(\ell)}+Cl_{2(g)}$$
$$或$$
$$2NaCl_{(\ell)} \rightarrow 2Na_{(\ell)}+Cl_{2(g)}$$

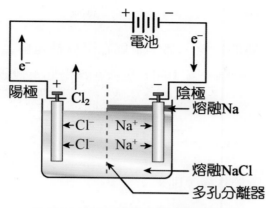

➲ 圖 10-9 熔融氯化鈉之電解

　　金屬的冶煉也應用到和電解相同的原理。在圖 10-10 的裝置中，我們將粗銅礦（含有雜質）置於陽極，其半反應如下：

　　　陽極：$Cu_{(s)} \rightarrow Cu^{2+} + 2e^-$
　　　　　　粗銅

Cu^{2+} 被吸引至陰極，獲得電子，析出純度較高的銅：

　　　陰極：$Cu^+_{(aq)} + 2e^- \rightarrow Cu_{(s)}$

　　粗銅礦中不易被氧化的雜質（如 Ag, Au）則沉澱在電解槽的底部；較易被氧化的雜質（如 Zn, Fe）則以離子形態留在溶液中。

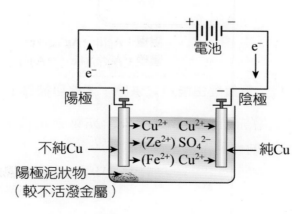

$Cu \rightarrow Cu^{2+} + 2e^-$ 　　　$Cu^{2+} + 2e^- \rightarrow Cu$

➲ 圖 10-10 粗銅的冶煉

二、電　鍍

　　電鍍的原理類似金屬的冶煉，都是金屬在陽極被電解為金屬離子，再被陰極吸引，獲得電子後在陰極析出。圖 10-11 是欲在鐵湯匙上鍍銀的裝置，電鍍時，將欲鍍金屬(Ag)置於陽極：

　　　陽　　極：$Ag_{(s)} \rightarrow Ag^+_{(aq)} + e^-$

被鍍物（鐵湯匙）置於陰極，則：

　　　陰　　極：$Ag^+_{(aq)} + e^- \rightarrow Ag_{(s)}$

如此在鐵湯匙上就可覆蓋一層銀，使湯匙閃閃發亮。

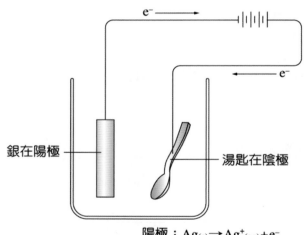

銀在陽極　　　　湯匙在陰極

陽極：$Ag_{(s)} \rightarrow Ag^+_{(aq)} + e^-$
陰極：$Ag^+_{(aq)} + e^- \rightarrow Ag_{(s)}$

◯ 圖 10-11　電鍍經由能量之供應，湯匙可被鍍上一層銀

　　電鍍的目的，除了增加光澤外形美觀外，亦可強化被鍍物的抗蝕性及導電性，還有增強物體硬度及韌性的作用。

10-8 腐蝕

Chemistry

　　有沒有看過老舊建物水龍頭流出紅褐色的自來水？這就是水管被腐蝕 (corrosion)的結果。在美國，每年要花上數百萬美元處理金屬的銹蝕。我們先來研究鐵生銹的原因，再來探討因應之道。

　　鐵銹蝕的過程中需要空氣和水的參與，且水中亦要有電解質存在，尤其在酸性溶液(H_3O^+)中，銹蝕速度特別地快。鐵腐蝕的系統是一個完整的電池系統，以 Fe 為陽極，O_2 為陰極，含 Fe^{2+}, Fe^{3+}和 H^+的水溶液為電解質，而傳導電子者（導線）為鐵本身（圖 10-12）。

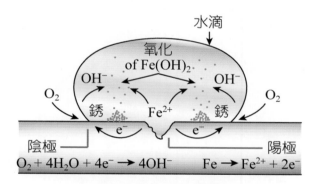

⊃ 圖 10-12　鐵的腐蝕

其發生的反應如下：

陽　極：$[Fe_{(s)} \rightarrow Fe^{2+}_{(aq)} + 2e^-] \times \mathbf{2}$

陰　極：$O_2 + 2H_2O + 4e^- \rightarrow 4OH^-$

全反應：$2Fe_{(s)} + O_2 + 2H_2O \rightarrow 2Fe^{2+} + 4OH^-$

$Fe^{2+}_{(aq)}$會和 $OH^-_{(aq)}$結合為不溶性的 $Fe(OH)_{2(s)}$；$Fe(OH)_2$ 再繼續氧化生成鐵銹：

$$Fe^{2+} + 2OH^- \rightarrow Fe(OH)_2 \xrightarrow{\text{氧化}} Fe_2O_3 \cdot XH_2O$$

所以為了避免鐵的銹蝕，必須隔絕鐵和 O_2 和 H_2O 的接觸。例如油漆、上油、電鍍都是常用的方法，亦可將鐵連接至比鐵更易氧化的金屬（如 Mg），也能達到防銹的目的：

陽　極：$2Mg \rightarrow 2Mg^{2+} + 2e^-$

陰　極：$O_2 + 2H_2O + 4e^- \rightarrow 4OH^-$

全反應：$2Mg + O_2 + 2H_2O \rightarrow 2Mg^{2+} + 4OH^-$

一、單選題

(　　) 1. Na_3PO_4 中 P 之氧化數若干？ (A)+3 (B)+4 (C)+5 (D)+6 (E)+2。

(　　) 2. NH_4NO_2 中後一個氮原子的氧化數與下列哪一個氮原子的氧化數相同？
(A)NO (B)NO_2 (C)N_2O (D)N_2O_3。

(　　) 3. 下列化合物何者氧的氧化數為 +2？ (A)Na_2O_2 (B)$Fe(ClO_4)_3$
(C)H_3PO_2 (D)OF_2。

(　　) 4. $NO_3^- + H_2S + H^+ \rightarrow NO + S + H_2O$ 氧化還原反應平衡後，取最小整數之各係數
總和為？ (A)15 (B)16 (C)17 (D)18 (E)19。

(　　) 5. $Al + OH^- + H_2O \rightarrow Al(OH)_4^- + H_2$ 方程式平衡後，各項係數之總和為？
(A)9 (B)7 (C)15 (D)14 (E)11。

(　　) 6. 在反應 $2MnO_4^- + 3SO_3^{2-} + H_2O \rightarrow 2MnO_2 + 3SO_4^{2-} + 2OH^-$ 中，$KMnO_4$ 的當量
為？ (K=39.1, Mn=54.9, O=16.0) (A)$\dfrac{158}{3}$ 克 (B)$\dfrac{158}{5}$ 克 (C)$\dfrac{158}{6}$ 克
(D)$\dfrac{158}{7}$ 克。

(　　) 7. Na^+ 的還原電位小於 Zn^{2+} 的還原電位，此表示？ (A)Na^+ 當還原劑優於
Zn^{2+} (B)Na 將還原 Zn (C)Na 當還原劑優於 Zn (D)Na^+ 將還原 Zn^{2+}。

(　　) 8. 已知 $\Delta E^o(Al-Cu^{2+})$=2.00V, $\Delta E^o(Ni-Ag^+)$=1.05V, $\Delta E^o(Cu-Ag^+)$= 0.46V，則
$\Delta E^o(Al-Ni^{2+})$ 為？ (A)4.51V (B)2.59V (C)1.82V (D)1.41V。

(　　) 9. 已知 $X+Y^+$ 會反應，$Z+Y^+$ 不會反應；又 $W+X^+$ 會反應，則下列何項敘述
正確？ (A)還原力：$X^+ > Y^+$ (B)氧化力：Z＞Y (C)還原電位：$W^+ >$
X^+ (D)氧化電位：W＞Z。

(　　) 10. 最強的還原劑為下列何者？ (A)Li (B)Na (C)Rb (D)Cs。

(　)11. 銅的電解精煉中有陽極泥，下列何者不是陽極泥金屬？　(A)金　(B)銀　(C)鋅　(D)鉑。

(　)12. 下列半電池的電位，何者不會受 pH 值影響？
(A)$MnO_4^+ + H^+ + 5e^- \rightarrow Mn^{2+}$　(B)$O_2 + 4H^+ + 4e^- \rightleftharpoons 2H_2O$
(C)$H_2O_2 + 2H^+ + 2e^- \rightleftharpoons 2H_2O$　(D)$Fe^{3+} + e^- \rightleftharpoons Fe^{2+}$。

(　)13. 電解 1M 之 Ag^+ 及 1M 之 Pb^{2+} 混合水溶液，何種物質將首先在陰極析出？（$Ag^+ + e^- \rightarrow Ag$, $E^o = +0.80$ 伏特；$Pb^{2+} + 2e^- \rightarrow Pb$, $E^o = -0.13$ 伏特）
(A)H_2　(B)Ag　(C)Pb　(D)O_2。

(　)14. 工業上電解濃食鹽水，為何常在陽極及陰極間放置陽離子交換膜？　(A)防止陰極 NaOH 的與陽極的 Cl_2 起作用　(B)保持溶液之 pH 值不變　(C)只允許鈉離子進入陰極，增加鈉金屬之產率　(D)做為鹽橋。

(　)15. 某學生嘗試用下圖裝置將一銅環鍍上鎳，下列哪一組合是正確的？

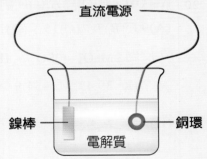

	陽極	陰極	電解質
(A)	銅環	鎳棒	$Ni^{2+}_{(aq)}$
(B)	鎳棒	銅環	$Ni^{2+}_{(aq)}$
(C)	銅環	鎳棒	$Cu^{2+}_{(aq)}$
(D)	鎳棒	銅環	$Cu^{2+}_{(aq)}$

(　)16. 在不同濃度的硝酸溶液中通入硫化氫，會產生不同的反應，如下：
甲：$2HNO_{3(aq)} + H_2S_{(g)} \rightarrow S_{(s)} + 2N_{2(g)} + 2H_2O_{(\ell)}$
乙：$2HNO_{3(aq)} + 3H_2S_{(g)} \rightarrow 3S_{(s)} + 2NO_{(g)} + 4H_2O_{(\ell)}$
丙：$2HNO_{3(aq)} + 4H_2S_{(g)} \rightarrow 4S_{(s)} + NH_4NO_{3(aq)} + 3H_2O_{(\ell)}$
丁：$2HNO_{3(aq)} + 5H_2S_{(g)} \rightarrow 5S_{(s)} + N_{2(g)} + 6H_2O_{(\ell)}$

上列氧化還原反應，若只針對硝酸，氮的氧化數有改變的，將其單一氮原子的氧化數改變的差距由大至小依序排列，下列哪一選項為是？　(A)甲乙丙丁　(B)乙丙丁甲　(C)丙丁乙甲　(D)丁丙乙甲　(E)丁丙甲乙。

（　　）17. 將一銅線放入裝有硝酸銀溶液的燒杯中，杯口以塑膠膜封住後，靜置一天。試問下列有關此實驗之敘述，哪些是正確的？　(A)銅線為氧化劑　(B)溶液顏色逐漸變深　(C)銀離子為還原劑　(D)析出的銀和溶解的銅質量相等。

（　　）18. 下列哪些不為氧化還原反應？　(A)漂白作用　(B)光合作用　(C)鞭炮爆炸　(D)酸鹼中和。

　　　19. 黑火藥爆炸的反應式（係數未平衡）如下：

$$KNO_{3(s)}+C_{(s)}+S_{(s)} \xrightarrow{\text{點燃}} K_2S_{(s)}+N_{2(g)}+3X_{(g)}$$

（　　）　(1) 試問下列哪一化合物是式中的 X？　(A)CO　(B)CO_2　(C)NO　(D)NO_2　(E)SO_2。

（　　）　(2) 式中的物質，哪一原子扮演還原劑的角色？　(A)K　(B)N　(C)O　(D)C　(E)S。

（　　）20. 已知 0.150M 的氫氧化鈉標準溶液 30.0 毫升，可滴定 45.0 毫升的草酸溶液至完全中和。在酸性條件下，25.0 毫升的該草酸溶液，可與 25.0 毫升的過錳酸鉀溶液完全氧化還原反應。則過錳酸鉀溶液的濃度應為？　(A)0.010M　(B)0.020M　(C)0.050M　(D)0.10M。

（　　）21. 一超導金屬氧化物的組成是 $YBa_2Cu_3O_{7-x}$（Y 與 Sc 同族），如果 x=0.1，則在此超導氧化物中，何者氧化數不正確？　(A)釔的氧化數為 +3　(B)鋇的氧化數是+4　(C)銅的平均氧化數是 2.27　(D)銅的氧化數可能有 2 種以上。

（　　）22. 在室溫電解 2.0 M 的 $Au(NO_3)_3$ 水溶液，在電解時，和電源供應器的正極相連電極（甲電極）的最主要產物及電解槽陰極的最主要產物，分別是什麼？　(A)氫氣及金　(B)氧氣及金　(C)兩者均為金　(D)氧氣及氫氣　(E)金及一氧化氮。

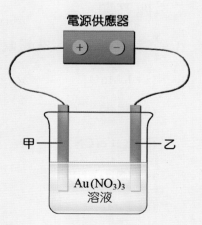

題組 23~24：

在實驗室中常利用雙氧水與二氧化錳來製備氧氣，也常將雙氧水塗在受傷流血的皮膚上，會很快地冒出氣泡，以消毒傷口。雙氧水也能消毒隱形眼鏡，人們常將清潔好的隱形眼鏡鏡片放在塑膠容器內，再加入過氧化氫溶液，由於容器內白金催化劑（像輪子形狀）的催化作用產生氧氣：

$$2H_2O_2 \xrightarrow{\text{白金}} 2H_2O + O_2$$

這時，聽到嘶嘶的聲音，就是氧化氫分解的聲音，氧氣可以氧化細菌及殺死細菌，試回答下列兩題。

（　）23. 在實驗室中利用二氧化錳來催化雙氧水分解製氧，以及白金催化雙氧水消毒隱形眼鏡，下列有關催化劑的敘述，何者正確？　(A)催化劑不參與反應　(B)兩者皆為非勻相催化反應　(C)加入催化劑可提升氧氣的產率　(D)催化劑能改變分子動能的分布，使反應加速。

（　）24. 在紫色的酸性過錳酸鉀溶液中滴加 H_2O_2 溶液，過錳酸鉀溶液的紫色立即褪去。有關的離子方程式為：
$$2\,MnO_4^- + 5\,H_2O_2 + 6H^+ \rightarrow 2Mn^{2+} + 5\,O_2 + 8\,H_2O$$
在該反應中，每 1mol 的 $KMnO_4$ 反應，其電子轉移為多少莫耳？　(A)5　(B)8　(C)10　(D)12。

二、問答題

1. 下列各原子的氧化數為若干？

(1) $KMnO_4$

(2) NiO_2

(3) $K_4Fe(CN)_6$

(4) $(NH_4)_2HPO_4$

(5) P_4O_6

(6) Fe_3O_4

(7) $XeOF_4$

(8) SF_4

(9) CO

2. 求下列各物種之 Cl 的氧化數：OCl^-, ClO_2^-, ClO_3^- 和 ClO_4^-。

3. 在下述反應式中，指出何者為氧化劑，何者為還原劑，並平衡方程式。

(1) $Cr_2O_7^{2-}{}_{(aq)}+SO_3^{2-}{}_{(aq)}+H^+{}_{(aq)}\rightarrow Cr^{3+}{}_{(aq)}+SO_4^{2-}{}_{(aq)}+H_2O_{(\ell)}$

(2) $MnO_{2(s)}+H^+{}_{(aq)}+Cl^-{}_{(aq)}\rightarrow Mn^{2+}{}_{(aq)}+Cl_{2(g)}+H_2O_{(\ell)}$

(3) $Sn^{2+}{}_{(aq)}+Fe^{3+}{}_{(aq)}\rightarrow Sn^{4+}{}_{(aq)}+Fe^{2+}{}_{(aq)}$

(4) $Cu_{(s)}+H^+{}_{(aq)}+NO_3^-{}_{(aq)}\rightarrow Cu^{2+}{}_{(aq)}+NO_{(g)}+H_2O_{(\ell)}$

(5) $MnO_4^-{}_{(aq)}+C_2O_4^{2-}{}_{(aq)}+H^+{}_{(aq)}\rightarrow CO_{2(aq)}+Mn^{2+}{}_{(aq)}+H_2O_{(\ell)}$

(6) $MnO_{2(s)}+OH^-{}_{(aq)}+O_{2(g)}\rightarrow MnO_4^-{}_{(aq)}+H_2O_{(\ell)}$

(7) $H_2O_{2(aq)}+I^-{}_{(aq)}+H^+{}_{(aq)}\rightarrow I_{2(s)}+H_2O_{(\ell)}$

4. 用半反應法平衡在鹼性溶液中之反應方程式。

(1) $S^{2-}+OH^-+I_2\rightarrow SO_4^{2-}+I^-+H_2O$

(2) $MnO_4^-+OH^-+I^-\rightarrow MnO_4^{2-}+IO_4^-+H_2O$

(3) $SnO_2^{2-}+BiO_3^-+H_2O\rightarrow SnO_3^{2-}+OH^-+Bi(OH)_3$

5. 以半反應法平衡在酸性或鹼性溶液中之反應方程式。

(1) $S^{2-}+NO_3^-+H^+\rightarrow S+NO+H_2O$

(2) $I_2+S_2O_3^{2-}\rightarrow S_4O_6^{2-}+I^-$

(3) $SO_3^{2-}+ClO_3^-\rightarrow Cl^-+SO_4^{2-}$

(4) $Fe^{2+}+H_2O_2+H^+\rightarrow Fe^{3+}+H_2O$

(5) $MnO_{2(s)}+OH^-{}_{(aq)}+O_{2(g)}\rightarrow MnO_4^-{}_{(aq)}+H_2O$

6. 使用表 10-3 預測下列反應在水溶液中是否可發生？

   (1) $Sn^{2+}+Pb\rightarrow Pb^{2+}+Sn$

   (2) $Ni^{2+}+H_2\rightarrow 2H^++Ni$

   (3) $Cu+F_2\rightarrow CuF_2$

   (4) $Ni^{2+}+2Br^-\rightarrow Ni+Br_2$

7. 利用標準電位表預測下列化學反應的方向。

   (1) $Cu_{(s)}+Zn^{2+}_{(aq)}\rightleftharpoons Zn_{(s)}+Cu^{2+}_{(aq)}$

   (2) $2K_{(s)}+2H_2O_{(\ell)}\rightleftharpoons 2K^+_{(aq)}+2OH^-_{(aq)}+H_{2(g)}$

   (3) $Fe^{2+}_{(aq)}+2Hg_{(\ell)}\rightleftharpoons Hg_2^{2+}_{(aq)}+Fe_{(s)}$

8. 通常利用過錳酸鉀的氧化還原滴定都是在硫酸溶液中進行，是不是也可以在鹽酸中進行？為什麼？

9. 以鋁匙攪拌硝酸鐵(II)的水溶液會發生什麼現象？

10. 試說明放電與充電時，蓄電池外電路的電子流動方向。

11. 已知下列半反應標準電位：

    $Au\rightarrow Au^{3+}+3e^-$ －1.42 伏特

    $2Cl^-\rightarrow Cl_2+2e^-$ －1.36 伏特

    則下列全反應的電動勢在標準狀態下為多少伏特？

    $2Au+3Cl_2\rightarrow 2Au^{3+}+6Cl^-$

12. 鹽橋在電化電池的功用是？

    (1) 傳導電子，使電路流通。

    (2) 傳導離子，使電路流通。

    (3) 增加電池的電壓。

    (4) 當作電路中的開關。

13. 參閱下圖及標準電位 $Cr \rightarrow Cr^{3+}+3e^-$, E_0=+0.74V, $Ag \rightarrow Ag^++e^-$, E_0=−0.80V 設線路接通，即在 ① （填 Ag 或 Cr）極發生氧化作用；電池最高電壓可達 ② ；又設將鹽橋移去，則電壓降為 ③ 。

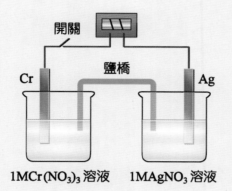

14. 已知 0.150M 的氫氧化鈉標準溶液 30.0 毫升，可滴定 45.0 毫升的草酸溶液至完全中和。在酸性條件下，25.0 毫升的該草酸溶液，可與 25.0 毫升的過錳酸鉀溶液完成氧化還原反應。則此過錳酸鉀溶液的濃度應為若干 M？

15. 決定下列電池之電位：

(1) $Co|Co^{2+}(1M)||Cr^{3+}(1M)|Cr$

(2) $Ni|Ni^{2+}(1M)||Br^-(1M)|Br_{2(\ell)}|Pt$

(3) $Pb; PbSO_{4(s)}|SO_4^{2-}(1M)||H_3O^+(1M)|H_2, (1\ atm)|Pt$

MEMO

CHEMISTRY

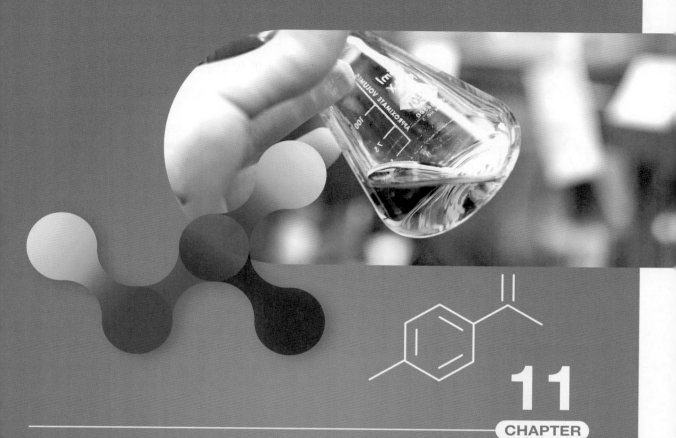

無機化合物

11

CHAPTER

　　無機化合物名稱的由來是指來自於沒有生命的化合物，如空氣、岩石、土壤中的化合物，舉凡自然界生物體以外之化合物皆屬之，其種類繁多，不勝枚舉。

11-1　非金屬元素及其化合物

一、鹵素及其化合物

　　鹵素為雙原子分子，包括氟(F_2)、氯(Cl_2)、溴(Br_2)、碘(I_2)、砈(At_2)五種元素，自然界中鹵素易與金屬化合，如氯化鈉$(NaCl)$、碘化鉀(KI)等，故有「造鹽者」之名。

　　鹵素分子皆有顏色，其色澤隨原子序增加而加深。游離態鹵素亦有毒性，會侵蝕皮膚及呼吸器官，危害程度隨原子序之增加而減低，以氟最為強烈，因氟活性最大。

　　鹵素中氟的氧化力最強，而氯、溴、碘在鹼性溶液中易發生自身氧化還原反應，例如：

$$3I_2+6OH^-\rightarrow IO_3^-+5I^-+3H_2O$$

砈具放射性，極不安定，自然界中幾乎不存在。表 11-1 列出鹵素的相關性質。

　　氯、溴、碘三元素，所形成的鹵氧酸中，鹵素在次鹵酸(HXO)的氧化數為+1，亞鹵酸(HXO_2)為+3，鹵酸(HXO_3)為+5，過鹵酸(HXO_4)為+7。鹵氧酸皆為強氧化劑。氟的電負度最高，氧化數僅有-1 與 0，故無鹵氧酸。鹵化氫水溶液具有酸性，且隨原子序之增加而增強。

　　鹵素被廣泛地運用在日常生活中。**特氟龍$(CF_2=CF_2)$**是良好的密合劑。**氟氯烷(Freon)**，如二氟二氯甲烷(CF_2Cl_2)，汽化熱極大，可作為冷媒。自來水添加氟以減少罹患齲齒，加氯可消毒、殺菌。**次氯酸$(HClO)$**與**亞氯酸$(HClO_2)$**皆具有漂白作用。**溴化銀$(AgBr)$**可作為照相底片之感光劑。**二溴乙烷$(C_2H_4Br_2)$**則用來作汽油添

加劑，除去汽油抗震劑四乙基鉛(Pb(C₂H₅)₄)反應後殘留的鉛。碘化鈉(NaI)加入食鹽防止甲狀腺腫大；**碘酒(I₂/C₂H₅OH)**為消毒劑；**碘仿(CHI₃)**為防腐劑。

▼ 表 11-1　鹵素理化性質的比較

性質 ＼ 鹵素	氟(F₂)	氯(Cl₂)	溴(Br₂)	碘(I₂)
常溫時之狀態	氣體	氣體	液體	晶體
顏色（常溫）	淡黃色	黃綠色	暗紅色	紫黑色
原子序	9	17	35	53
原子量	18.998	35.453	79.909	126.904
價電子組態	$2s^22p^5$	$3s^23p^5$	$4s^24p^5$	$5s^25p^5$
X₂之熔點(°C)	−223	−102.4	−7.3	113.7
X₂之沸點(°C)	−188.3	−34.1	57.8	184
X⁻之離子半徑(Å)	1.36	1.81	1.95	2.16
X⁻之共價半徑(Å)	0.72	0.99	1.14	1.33
密度	1.69g/L	3.21g/L	2.93g/mL	4.93g/mL
第一游離能(eV)	17.4	13.0	11.8	10.4
電負度	4.0	3.0	2.8	2.5
電子親和力	3.62	3.82	3.54	3.24
汽化熱(cal/mol)	1,510	4,878	7,340	11,140
解離熱(kcal/mol)	36.6	58.0	46.1	36.1
還原電位(volt)	+2.87	+1.36	+1.06	+0.53
化學性質	最活潑	活潑	次活潑	較不活潑
氧化力	最強	甚強	強	較弱
毒性	劇毒	甚毒	毒	較弱

二、硫及其化合物

硫元素依形成時溫度的差異，主要有三種同素異形體：斜方硫、單斜硫與塑性硫，見圖 11-1；三者之間的互變關係如圖 11-2 所示。

(a)斜方晶硫　　　　　　　　(b)單斜晶硫

(c)熔硫倒入水中所生成的彈性硫

⊃ 圖 11-1　硫磺的三種同素異形體

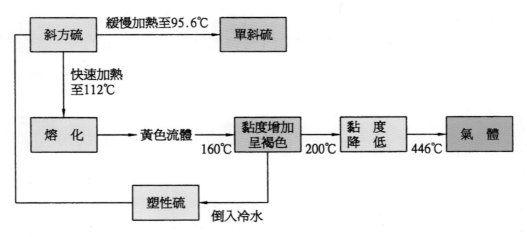

⊃ 圖 11-2　三種硫相互轉變的條件

斜方硫以 8 個硫原子(S_8)為單位，構成錐狀結晶，在常溫下最安定，因此久置於常溫下之單斜硫與彈性硫易自動轉變為斜方硫。單斜硫為 S_8 構成之柱狀結晶，而塑性硫為長鏈硫原子，具彈性，無定形。

硫所製造的**硫酸(H_2SO_4)**為工業之母，兼具強氧化力與脫水性，主要用於硫酸銨或過磷酸鹽等肥料之製造，另外也運用在油漆、塗料、鉛蓄電池與鋼鐵工業上。

二氧化硫(SO_2)以及**三氧化硫(SO_3)**與大氣中的水汽結合，形成亞硫酸(H_2SO_3)與硫酸(H_2SO_4)，隨雨水降至地面，產生酸雨，影響整個地球之生態環境。

硫代硫酸鈉($Na_2S_2O_3$)俗稱海波或大蘇打，可用來做定影劑或脫氯劑。黃鐵礦(FeS_2)俗稱愚人金，因其金黃色而常被誤認為黃金。

三、氮及其化合物

地球的氣圈中，**氮氣(N_2)**占了幾乎 4/5 的體積，無色、無臭且無毒。一般使用低溫分餾法製造氮氣，液化空氣後，再提高溫度，因氮之沸點低($-196°C$)，故先行逸去。77K 之液態氮常作為低溫冷卻之用。由於氮之反應性低且價格便宜，常取代昂貴之惰性氣體作為充填氣。

哈柏法製氨(NH_3)，在適當的溫度與壓力下，將三倍於氮氣體積之氫氣與氮氣反應：

$$N_{2(g)} + 3H_{2(g)} \xrightarrow{\Delta} 2NH_{3(g)}$$

可以順利合成氨氣。

NO_x 代表氮之氧化物，重要的有 NO、NO_2、N_2O 等。**一氧化氮(NO)**極安定，為無色氣體，有輕微毒性，微溶於水。**二氧化氮(NO_2)**為紅棕色毒性氣體，具刺激味道，在常溫下 NO_2 易化合形成二聚物(dimer)：

$$2NO_{2(g)} \rightarrow N_2O_{4(g)}，\Delta H° = -58KJ$$

一氧化二氮(N_2O)為「笑氣」，吸入少量時會出現頭暈症狀，可作麻醉用。

　　NO_x 與大氣中之水汽結合生成亞硝酸(HNO_2)或硝酸(HNO_3)，亦為酸雨的成因之一。硝酸是無色，有特殊味道之發煙液體。硝酸水溶液兼具強酸與強氧化劑的特色，幾乎可氧化任何金屬（除金與鉑）。至於金、鉑等元素的溶解，則需使用王水（體積比為 3：1 之鹽酸與硝酸混合液）。

　　亞硝酸為一弱酸，極不安定，在冷水中易自身氧化還原而分解成 HNO_3 與 NO。亞硝酸鹽則為淡黃色或白色固體，不易受熱分解。過去在食品工業中，亞硝酸鈉常作為香腸、臘肉等醃製肉品之防腐劑，同時可保持顏色鮮豔；但目前已知它在體內可轉化為致癌的亞硝銨(NH_4NO_2)，故禁止使用。

四、磷及其化合物

　　磷以磷酸鹽形式存於自然界的礦物中，含有多種同素異形體，主要是白磷(P_4)與赤磷(P_x)，如圖 11-3 所示。白磷是 P_4 分子，屬正四面體，鍵角 60°。白磷為白色蠟狀物，低熔點，具毒性之物質，不溶於水，故儲存在水中。赤磷是高分子結構，網狀固體，紅色粉末，穩定性高，毒性低，比白磷難溶。隔絕空氣，加熱白磷至 250°C 或以光線照射之，皆可得到赤磷。

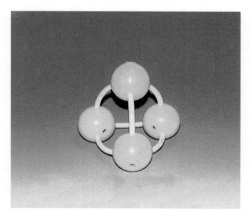

(a)白磷結構

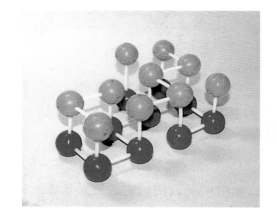

(b)赤磷之網狀結構

⊃ 圖 11-3

磷亦含多種氧化數，可結合成不同的磷化物。

例如：Na_3P、PH_3、Ca_3P_2 等化合物中，磷之氧化數為-3。

次磷酸(H_3PO_2)中，磷之氧化數為$+1$。

三氯化磷(PCl_3)中，磷之氧化數為$+3$。

五氯化磷(PCl_5)中，磷之氧化數為$+5$。

五氧化二磷(P_4O_{10})可作為酸性乾燥劑，吸收水分生成磷酸。

$$P_4O_{10(s)}+6H_2O_{(\ell)} \rightarrow 4H_3PO_{4(aq)}$$

食品工業，**磷酸鈣($Ca_3(PO_4)_2$)**可製造碳酸飲料之酸味，亦常見於清潔用品、水之軟化劑與火焰遲緩劑中。此外，生化系統上更見到磷化物之重要性。不論是去氧核糖核酸(DNA)或核糖核酸(RNA)皆含有磷酸根，扮演基因訊息傳遞與合成蛋白質的重要功能。代謝作用中，含有磷酸根之腺嘌呤核苷三磷酸(ATP)的水解，供應了人體所需的能量。

五、矽與矽酸鹽

矽在自然界中存於矽石(SiO_2)或矽酸鹽礦物。工業上利用石墨(C)還原白砂(SiO_2)可得到純矽。

$$2C_{(s)}+SiO_{2(\ell)} \rightarrow Si_{(\ell)}+2CO_{(g)}$$

矽的結構與金剛石類似，為網狀固體，熔點高，屬於半導體，在室溫時導電性介於絕緣體與良導體之間，可作電子零件或太陽能電池材料。目前國內半導體工業執世界之牛耳，為我國賺取大量外匯。

矽酸鹽單元體為$[SiO_4^{4-}]$，以 SP^3 鍵結之矽原子為中心的正四面體，與氧原子形成 4 個共價鍵，如圖 11-4 所示。

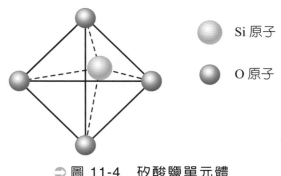

⊃ 圖 11-4　矽酸鹽單元體

　　矽酸鹽類礦物是地球上造岩礦物的主要成分。圖 11-5 列出各種矽酸鹽的構造。

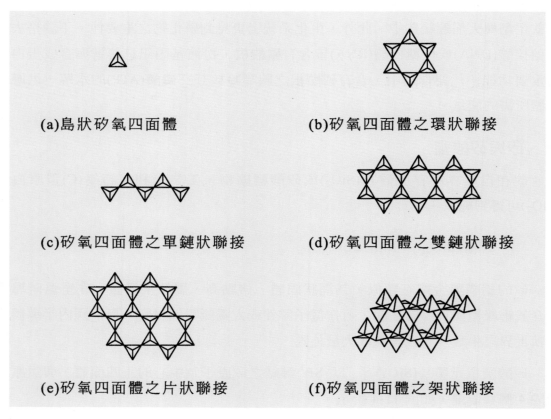

⊃ 圖 11-5　矽氧四面體的聯接方式，圖中四面體與四面體相接點，代表二個四面體所共用的氧離子

矽砂與氫氧化鈉共熱，生成水溶性之矽酸鈉，俗稱"水玻璃"，常用於黏著劑、防水與防火劑上。水玻璃以稀酸稀釋，可得一膠狀物質 $SiO_2 \cdot XH_2O$（俗稱矽酸）。一般玻璃成分主要為 Na_2SiO_3 與 $CaSiO_3$ 之混合物，加二氧化錫(SnO_2)成為毛玻璃，添加硼砂生成**派克司(Pyrrex)**玻璃－熱膨脹係數小，可製作玻璃器皿。水泥硬化後生成鋁矽酸鈣，陶瓷則含有鋁矽酸鹽。

六、硼及其化合物

硼在地殼中含量僅 0.001%，主要以硼酸鹽礦物存在。在高溫下，以金屬鎂還原氧化硼可得多晶性硼粉末。

$$B_2O_{3(s)} + 3Mg_{(s)} \xrightarrow{\Delta} 2B_{(s)} + 3MgO_{(s)}$$

若在 1000°C 時，用氫氣還原三氯化硼(BCl_3)，可得純度較高的黑色晶狀硼。

$$2BCl_{3(g)} + 3H_{2(g)} \xrightarrow{\Delta} 2B_{(s)} + 6HCl_{(g)}$$

硼以 B_{12} 組成的二十面體為單元體，如圖 11-6 所示，形成三種同素異形體。

硼為網狀固體，熔點約 2300°C，硬度極大，化性安定，除氟與硝酸外，常溫下不與任何化合物反應。**硼酸(H_3BO_3)**是白色晶狀物質，為單質子弱酸，可作消毒劑，為眼藥水主要成分，加熱後可得偏硼酸(HBO_2)。**三氟化硼(BF_3)**是高腐蝕性氣體，可作酸觸媒來提煉石油。**硼砂(Borax, $Na_2BO_7 \cdot 10H_2O$)**是白色晶體，具殺菌效果，作防腐消毒劑使用，用於清潔劑與洗濯產品。**碳化硼($B_{12}C_3$)**與**氮化硼(BN)**熔點極高，硬度僅次於鑽石。

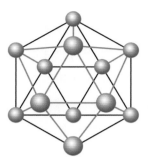

⊃ 圖 11-6　B_{12} 單位，在廿面體中之原子排列情形（硼的晶體結構）

11-2　金屬元素及其化合物

一、鹼金屬元素及其化合物

鹼金屬為 IA 族，包括鋰(Li)、鈉(Na)、鉀(K)、銣(Rb)、銫(Cs)、鍅(Fr)，具典型之金屬性質，導電、導熱能力與延展性俱佳，然而密度與熔點皆低。具低游離能電子，易失去一個電子形成離子化合物。表 11-2 列出鹼金屬元素常見之性質。

▼ 表 11-2　鹼金屬之理化性質

鹼金屬 性質	鋰(Li)	鈉(Na)	鉀(K)	銣(Rh)	銫(Cs)	鍅(Fr)
原子序	3	11	19	37	55	87
原子量	6.939	22.9898	39.102	85.47	132.905	(223)
價電子組態	$2s^1$	$3s^1$	$4s^1$	$5s^1$	$6s^1$	$7s^1$
第一游離能(eV)	5.4	5.1	4.3	4.2	3.9	
離子半徑(Å)	0.60	0.95	1.33	1.48	1.69	
原子半徑(Å)	1.23	1.57	2.03	2.16	2.35	
熔點(°C)	180.5	97.3	63.3	39.0	28.3	
沸點(°C)	1347	883	757	688	670	
密度(g/mL)	0.53	0.97	0.86	1.53	1.90	
還原電位(V)	−3.02	−2.71	−2.92	−2.99	−3.02	
水合熱(kcal/mol)	−121	−95	−76	−69	−62	

鹼金屬為強還原劑，化性活潑，在自然界中不以元素態存在，易與許多非金屬化合，需儲存在石油中，例如鈉的水解與鋰的氧化。

$$2Na_{(s)}+2H_2O_{(\ell)} \rightarrow 2NaOH_{(aq)}+H_{2(g)}$$
鈉　　水　　氫氧化鈉　氫

$$4Li_{(s)}+O_{2(g)} \rightarrow 2Li_2O_{(s)}$$
鋰　氧氣　氧化鋰

電解飽和食鹽水在陰極可得氫氧化鈉，俗稱燒鹼或苛性鈉，具強鹼性，在空氣中會吸水與二氧化碳，變成碳酸鈉(Na_2CO_3)。碳酸鈉俗稱蘇打或洗濯鹼，可作為洗滌、清潔、軟化硬水（水中含多量 Ca^{2+}與 Mg^{2+}）之用。而碳酸氫鈉($NaHCO_3$)俗稱培用鹼或小蘇打，在水中為弱鹼性，可作制酸劑、胃藥、滅火劑等。硝酸鉀**(KNO_3)**俗稱硝石，為強氧化劑，可製煙火。碳酸鉀**(K_2CO_3)**俗稱草鹼，可供洗濯與植物鉀肥之用。

二、鹼土金屬元素及其化合物

鹼土金屬是 IIA 族，包括鈹**(Be)**、鎂**(Mg)**、鈣**(Ca)**、鍶**(Sr)**、鋇**(Ba)**、鐳**(Ra)**，為熱與電的良導體，並具延展性；易失去兩個電子，與非金屬形成化合物。表 11-3 列出鹼土金屬元素常見之性質。

▼ 表 11-3　鹼土金屬的主要理化性質

性質 ＼ 鹼土金屬(M)	鈹(Be)	鎂(Mg)	鈣(Ca)	鍶(Sr)	鋇(Ba)	鐳(Ra)
熔點(°C)	1283	650	850	770	704	770
沸點(°C)	1500	1120	1490	1384	1638	1500
比重(20°C)	1.84	1.74	1.54	2.60	3.5	5（約）
原子半徑(Å)	1.11	1.60	1.97	2.15	2.17	2.20
離子半徑(Å)（+2 價）	0.31	0.65	0.99	1.13	1.35	1.52
價電子組態	$2s^2$	$3s^2$	$4s^2$	$5s^2$	$6s^2$	$7s^2$

氧化鎂(MgO)俗稱苦土，與氯酸鉀混合可作閃光燈原料。硫酸鎂$(MgSO_4 \cdot 7H_2O)$俗稱瀉鹽。碳酸鈣$(CaCO_3)$是大理石與灰石的成分，如圖 11-7 所示，可溶於碳酸。氧化鈣(CaO)俗稱生石灰，可加熱灰石獲得，加水則生成氫氧化鈣（$Ca(OH)_2$，俗稱熟石灰）。以二氧化碳檢驗石灰水，會產生碳酸鈣沉澱。

$$CaCO_{3(s)} \xrightarrow{\Delta} CaO_{(s)} + CO_{2(g)}$$

　碳酸鈣　　　氧化鈣　　二氧化碳

$$CaO_{(s)} + H_2O_{(\ell)} \rightarrow Ca(OH)_{2(aq)} + 熱$$

　氧化鈣　　水　　　氫氧化鈣

$$Ca(OH)_{2(aq)} + CO_{2(g)} \rightarrow CaCO_{3(s)}\downarrow + H_2O_{(\ell)}$$

　石灰水　　　　二氧化碳　　　碳酸鈣　　　　　水

硫酸鈣$(CaSO_4)$俗稱石膏（$CaSO_4 \cdot 2H_2O$），石膏加熱可得熟石膏（$(CaSO_4)_2 \cdot H_2O$），可塑像，並充當外科繃紮材料。無水硫酸鈣可製造粉筆。

● 圖 11-7　鐘乳石的主要成分是 $CaCO_3$

三、鋁及其化合物

鋁是地殼中含量最豐富的金屬，自然界中多以化合物狀態存在於礦物中，如鐵礬土($Al_2O_3 \cdot 2H_2O$)與尖晶石($MgAl_2O_4$)等。

鋁之製備是利用石墨電極電解熔於助熔劑冰晶石(Na_3AlF_6)的鋁礬土(Al_2O_3)，以獲得大量的鋁。鋁曝露於空氣中時，易形成氧化鋁(Al_2O_3)，此氧化物之薄層可保護鋁金屬免於被腐蝕。

$$4Al_{(s)}+3O_{2(g)} \rightarrow 2Al_2O_{3(s)}$$

鋁　　氧氣　　氧化鋁

氧化鋁俗稱鋁礬土，可製人造寶石。鋁為兩性金屬，而**氫氧化鋁($Al(OH)_3$)**為兩性氫氧化物，呈白色膠狀，可黏附水中懸浮物下沉，作為淨水劑，亦可吸附色質，作為棉紗之媒染劑。**明礬($KAl(SO_4)_2 \cdot 12H_2O$)**亦可作為淨水劑與媒染劑。

$$Al_{(s)}+3H^+_{(aq)} \rightarrow Al^{3+}_{(aq)}+3/2H_{2(g)}$$
$$Al_{(s)}+OH^-_{(aq)}+3H_2O \rightarrow Al(OH)_4^-+3/2H_{2(g)}$$

四、錫及其化合物

錫與鉛均質軟，熔點不高，易鑄。錫在不同的溫度下形成不同的型態，共有三種同素異形體：

$$灰錫 \xrightarrow{\ 13°C\ } 白錫 \xrightarrow{\ 161°C\ } \gamma-錫（碎錫）$$

白錫具軟性與延展性，可製錫箔，氧化物安定。鐵外鍍錫稱**馬口鐵**，可製成**錫蠟(SnPb)**，即錫與鉛之合金，熔點低，易附著金屬表面，常用以焊接金屬。**錫合金之活字金**是錫、銻、鉛組成，可作印刷鉛字。**青銅**為銅錫合金。

　　錫之氧化物具+2 與+4 兩種氧化數，**氯化亞錫(SnCl₂)**中 Sn^{2+} 較具離子性與還原性，能使 $KMnO_4$ 與 $K_2Cr_2O_7$ 溶液褪色；**氯化錫(SnCl₄)**中 Sn^{4+} 則較具共價性與氧化性，為無色發煙之液體，其蒸氣與氨及水蒸氣混合即生成氫氧化錫及氯化銨之微粒而呈濃煙狀，可作為煙幕彈。

$$SnCl_4+4NH_3+4H_2O \rightarrow Sn(OH)_4 + 4NH_4Cl$$
氯化錫　　氨　　　水　　氫氧化錫　氯化銨

五、鉛及其化合物

　　鉛以**方鉛礦(PbS)**最常見。鉛的製備首先在空氣中煅燒方鉛塊：

$$2PbS_{(s)}+3O_{2(g)} \rightarrow 2PbO_{(s)}+2SO_{2(g)}$$
硫化鉛　氧　　　氧化鉛　二氧化硫

然後在鼓風爐中以焦碳(C)還原氧化鉛(PbO)。

$$PbO_{(s)}+C_{(s)} \rightarrow Pb_{(\ell)}+CO_{(g)}$$
$$PbO_{(s)}+CO_{(g)} \rightarrow Pb_{(\ell)}+CO_{2(g)}$$

　　鉛製水管曝露於空氣，表面易形成氧化物，使水管不易受腐蝕。近年來研究發現，鉛會逐漸溶於水中，因此不適用於飲水輸水管。鉛可阻絕高能量輻射穿透，保護在放射線下的研究者。**一氧化鉛(PbO)**俗稱密陀僧，為淡黃色晶體，用來製造玻璃、琺瑯與釉藥。**四氧化三鉛(Pb₃O₄)**俗稱鉛丹，為鮮紅色粉末，可作防銹劑－紅丹漆。**二氧化鉛(PbO₂)**為棕色粉末，是一種氧化劑，可製鉛蓄電池之陰極板。**鉻酸鉛(PbCrO₄)**俗稱鉻黃，為黃色粉末，是重要黃色原料。**四乙基鉛(Pb(C₂H₅)₄)**可作為汽油中之抗震劑。

11-3　過渡元素及其化合物

過渡元素在週期表中位於 IIA 族與 IIIA 族之間，元素最後一個電子填入 d 軌域之元素均屬之。過渡元素均為金屬性，具金屬光澤，為電與熱的良導體，熔點沸點均高（鋅(Zn)除外）；因為價電子數不同，所以彼此間化性差異大；離子與化合物常具特殊顏色；大多具有多種氧化數，如錳(Mn)有五種氧化數(+2, +3, +4, +6, +7)，易生成錯合物。

第一列過渡元素有鈧(Sc)、鈦(Ti)、釩(V)、鉻(Cr)、錳(Mn)、鐵(Fe)、鈷(Co)、鎳(Ni)、銅(Cu)、鋅(Zn)。這些元素應用極廣，常用來製造合金，以增加耐力，硬度與抗腐蝕能力。表 11-4 列出第一列過渡元素之重要性質。

▼ 表 11-4　第一列過渡元素的性質

	鈧 (Sc)	鈦 (Ti)	釩 (V)	鉻 (Cr)	錳 (Mn)	鐵 (Fe)	鈷 (Co)	鎳 (Ni)	銅 (Cu)	鋅 (Zn)
價電子軌域	$3d^14s^2$	$3d^24s^2$	$3d^34s^2$	$3d^54s^1$	$3d^54s^2$	$3d^64s^2$	$3d^74s^2$	$3d^{10}4s^2$	$3d^{10}4s^1$	$3d^{10}4s^2$
熔點(°C)	1541	1660	1890	1857	1244	1535	1495	1453	1083	420
沸點(°C)	2831	3287	3380	2672	1962	2750	2870	2732	2567	907
原子半徑(A)	1.60	1.46	1.31	1.25	1.29	1.26	1.25	1.24	1.28	1.33
離子半徑(A)		0.94	0.88	0.89	0.80	0.74	0.72	0.69	0.72	0.74
標準還原電位(V) ($M^{n+}+ne^-{\rightarrow}M$)	−2.08	−1.63	−1.2	−0.74	−1.03	−0.440	−0.277	−0.250	+0.337	−0.763
氧化數	3^+	1^+4^+ 2^+ 3^+	2^+5^+ 3^+ 4^+	2^+ 3^+ 6^+	2^+6^+ 3^+7^+ 4^+	2^+ 3^+	2^+ 3^+	2^+ 3^+	1^+ 2^+	2^+

以下為常見之重要過渡元素化合物的性質與應用。

1. **二氧化鈦 (TiO_2)**：為白色粉末，俗稱鈦白，可作油漆、紙張、顏料與化妝品原料，亦可製造鈦金屬，為極佳的航空材料。

2. **三氧化二鉻 (Cr_2O_3)**：為綠色粉末，俗稱鉻綠，為兩性化合物，可作為玻璃、瓷器之色素使用。

3. **黃色之鉻酸鉀 (K_2CrO_4) 與橙色二鉻酸鉀 ($K_2Cr_2O_7$)**：均可作色素使用，二鉻酸鉀亦為常用之氧化劑。

4. **二氧化錳 (MnO_2)**：為褐色粉末，可作為氧化劑與催化劑，可用來造玻璃、漆與乾電池。

5. **過錳酸鉀 ($KMnO_4$)**：為紫黑色固體，易溶於水，可作為消毒劑；亦為強氧化劑，氧化力隨溶液酸鹼度不同而異。

6. **鐵氰化鉀 ($K_3[Fe(CN)_6]$)**：為不含結晶水之紅色晶體，俗稱赤血鹽，可溶於水，生成 $[Fe(CN)_6]^{3-}$，此一鐵氰根離子遇亞鐵離子(Fe^{2+})生成深藍色沉澱，稱滕氏藍。

7. **亞鐵氰化鉀 ($K_4[Fe(CN)_6]$)**：為含三分子結晶水之黃色晶體，俗稱黃血鹽，易溶於水，生成 $[Fe(CN)_6]^{4-}$，此一亞鐵氰根離子，遇鐵離子(Fe^{3+})生成深藍色沉澱，稱普魯士藍，為貴重藍色顏料。

課後練習　Exercise

一、單選題

(　　) 1. 下列有關金屬的敘述，何者不正確？

　　(A) 導電性最好的金屬是銀

　　(B) 延展性最好的金屬是金

　　(C) 氧化鐵的熔點很高，因此冶煉鐵時，必須加入冰晶石當助熔劑

　　(D) 鋁的化性活潑，但在空氣中可以抗銹蝕，是因為表面會形成氧化鋁保護層

　　(E) 除少數重金屬外，地殼中金屬多以氧化物的方式存在。

(　　) 2. 下列鉛的氧化物與顏色的關係何者為正確？

　　(A)PbO_2－棕色，Pb_3O_4－紅色，$PbCrO_4$－黃色

　　(B)PbO_2－紅色，Pb_3O_4－棕色，$PbCrO_4$－黃色

　　(C)PbO_2－黃色，Pb_3O_4－棕色，$PbCrO_4$－紅色

　　(D)PbO_2－黃色，Pb_3O_4－紅色，$PbCrO_4$－棕色。

(　　) 3. 生產液態氦的成本遠比液態氮為高，可能的原因如下：

　　（甲）氦的沸點比氮低很多；（乙）氦的化學活性比氮低；

　　（丙）自然界中氦的含量極低。

　　下列何者正確？

　　(A)正確原因是（甲）與（乙）　　(B)正確原因是（乙）與（丙）

　　(C)正確原因是（甲）與（丙）　　(D)正確原因是（甲）（乙）與（丙）。

(　　) 4. 硫酸及乙酸（醋酸）是化學工業中重要的原料，用途廣泛。下列有關硫酸及乙酸的敘述，何者錯誤？　(A)硫酸可用來催化乙酸，以生成乙酐　(B)此兩種物質一為無機強酸，一為有機酸　(C)稀釋硫酸的正確操作方法是將硫酸緩慢地加入水中　(D)硫酸滴到方糖上，導致方糖變黑，是酸鹼反應的結果　(E)工業上使用金屬為催化劑，使甲醇及一氧化碳反應，以製備大量的乙酸。

（　）　5. 硫酸是化學實驗及化學工業中的重要物質，下列有關「硫酸」的敘述，何者正確？

　　(A) 在實驗室中製備氫氣，可由鋅粒加入濃硫酸製得

　　(B) 濃硫酸滴到筆記本上，紙張變黑，是酸鹼反應的結果

　　(C) 鉛蓄電池中加入硫酸，進行酸鹼反應而放電

　　(D) 將濃硫酸緩慢加入食鹽中，可以製備出氯化氫氣體。

（　）　6. 下列何項物質可以當作定影劑？　(A)Na_2SO_4　(B)Na_2S　(C)$Na_2S_2O_3$　(D)$Na_2S_2O_5$。

（　）　7. 下列有關鹼金族與鹼土金族元素的敘述，何者正確？

　　(A) 鹼金族元素中原子量較大者較不活潑，可以在自然界中游離存在

　　(B) 鹼金族元素最外殼只有 ns^1 電子，通常只能形成+1 氧化態化合物，不形成+2 氧化態化合物

　　(C) 鹼土金族元素最外殼有 ns^2 電子，所以可以形成+1 及+2 氧化態化合物

　　(D) 所有鹼金族元素在室溫時，都易與水作用產生氫氧化物及氧氣。

（　）　8. 同列之 IA 族與 IIA 族元素性質的比較，何者不正確？　(A)蒸發熱：IA＜IIA　(B)化學活性：IA>IIA　(C)熔點：IA>IIA　(D)氧化物鹼性：IA>IIA。

二、問答題

1. 試比較氫鹵酸(HF、HCl、HBr、HI)的酸性強弱？

2. 氫氟酸(HF)為何不能用玻璃瓶儲存？試以反應式說明之。

3. 氯的含氧酸有哪幾種？試以其酸性強度、氧化力及熱安定性比較其性質。

4. 試以反應式說明漂白粉的漂白原理。

5. 試以反應式說明鹽酸(HCl)的除銹原理。

6. 氯水為淡黃綠色，但放置日久則會褪色，試以反應式說明其原因。

7. 乙基汽油中會添加二溴乙烯($C_2H_4Br_2$)，其目的何在？

8. 試從各組中選擇最適當的物質。

    (1) 最強的酸：　　　HF　　　　HCl　　　　HBr　　　　HI

    (2) 最弱的酸：　　　HClO　　HClO$_2$　　HClO$_3$　　HClO$_4$

    (3) 最強的鹼：　　　NaClO　　NaClO$_2$　　NaClO$_3$　　NaClO$_4$

    (4) 最大氧化力：　　F_2　　　　Cl_2　　　　Br_2　　　　I_2

    (5) 最小原子半徑：F　　　　　Cl　　　　　Br　　　　　I

9. 下列各元素有哪些主要同素異形體？

    (1) 碳。

    (2) 硫。

    (3) 磷。

10. 比較白磷和赤磷之結構和性質的差異。

11. (1) 王水如何配製？

    (2) 寫出金(Au)溶解於王水的化學程式。

12. 鈦(Ti)為何可以作太空梭的材料？

13. 試述鐘乳石和石筍的主要成分為何？是如何形成的？

14. 舉例說明錳(Mn)的各種氧化數。

15. 請寫出下列各化合物的化學式。

    (1) 石膏。

    (2) 金剛砂。

    (3) 生石灰。

    (4) 熟石灰。

    (5) 電石。

(6) 燒鹼。

(7) 熟石膏。

(8) 普魯士藍。

(9) 石灰乳。

(10) 水玻璃。

(11) 重鉻酸鉀。

(12) 高錳酸鉀。

(13) 硝石。

(14) 小蘇打。

16. 試述如何儲存金屬鈉(Na)和鉀(K)？

17. 為何碳酸氫鈉($NaHCO_3$)可作為製造餅干時的焙粉？

18. 滅火器內分開置放硫酸(H_2SO_4)和碳酸氫鈉($NaHCO_3$)溶液，試以化學反應式說明使用滅火器時如何產生 CO_2 氣體。

19. 在鹼金屬元素中，何者化學活性最大？

20. 試寫出下列各化學反應式。

(1) 鎂帶在空氣中燃燒。

(2) 鈣在氫氣中強熱。

(3) 碳酸鈣溶於 CO_2 水溶液。

(4) 電石和水反應。

(5) CO_2 通入石灰水。

(6) $Na+CaCl_2 \rightarrow$

(7) $CaCO_3+NaCl \rightarrow$

(8) $Ca(OH)_2+Na_2CO_3 \rightarrow$

(9) $NaHCO_3+HCl \rightarrow$

12 CHAPTER

有機化學概論

　　有機化學是研究含碳化合物的化學。碳元素是構成地球上生物的主要元素，小至傳遞訊息的去氧核糖核酸(DNA)分子—決定生命的種屬與性別，決定你是黑髮或金髮、黑眼珠或藍眼珠，決定你年長時是否白髮如霜？大至構成人類骨骼與肌肉的蛋白質，均是由含碳化合物所組成。

　　我們生活在一個繽紛的有機世界裡，不論是天然的羊毛或棉花，或是人工合成的耐綸或聚酯，皆屬於碳化合物。食物中的醣類、蛋白質與脂肪等碳化合物被氧化，供給維持生命的能量。室內裝潢使用的木材與塑料，汽車輪胎與燃油的成分、藥物與殺蟲劑的組成，也都是碳化合物。衣、食、住、行，一切都與有機化合物息息相關。

　　人類發展有機化學的歷史與日常生活密不可分。早在古埃及人就使用靛青與茜素等有機染料來染色。利用葡萄發酵製造葡萄酒，亦早有記錄可尋。德國化學家伍勒在 1828 年利用加熱無機化合物氰酸銨，製得有機化合物尿素，首度證明除了天然有機化合物外，也可以在實驗室中人工合成有機化合物，從此有機物合成方興未艾，改變人類的生活。

$$NH_4OCN \xrightarrow{\Delta} H_2N-\overset{\displaystyle O}{\underset{\displaystyle \|}{C}}-NH_2$$

　　　　氰酸銨　　　　　　　尿素

12-1　有機化合物的來源

　　有機化合物的來源有天然與合成兩條途徑，僅含碳、氫兩種元素的化合物，簡稱為烴。煤、石油與天然氣是天然有機化合物的最主要來源。煤的主要成分為碳，經由乾餾程序可收集揮發性的煤氣與液態煤渣，以及剩餘的固體煤焦。煤氣的主要成分為氫氣、甲烷與一氧化碳；煤渣再經分餾可得苯、萘、蒽與酚等 200 餘種碳氫化合物；而煤焦可作為製造水煤氣與乙炔的原料。

　　石油主要成分是碳、氫元素組成的烷系烴，碳以鏈狀或環狀結合，亦有支鏈結構，分餾後種類繁多，達一百萬種以上。天然氣成分主要為甲烷與乙烷，其餘為少量其他低級烷類。此外，糖、澱粉、植物油、膠染料、藥物與纖維等動植物產品也是天然有機物的來源。此外，人工合成有機化合物常見的有聚乙烯、聚丙烯、聚苯乙烯、達克綸與耐綸等。

　　含碳化合物幾乎全是有機化合物，下列是少數的例外：

1. 分子化合物：碳的氧化物（如 CO, CO_2）、氰化氫(HCN)、硫氰化氫(HSCN)、碳的硫化物(CS_2)。

2. 離子化合物：碳酸鹽（如 Na_2CO_3, K_2CO_3 等）、碳酸氫鹽（如 $NaHCO_3$, $KHCO_3$ 等）、氰化物（如 NaCN, KCN 等）、硫氫化物（如 NaSCN, KSCN 等）。

3. 網狀化合物：金剛石(C)、石墨(C)、碳化矽(SiC)。

12-2　碳與化學鍵結

　　有機分子中原子的鍵結方式，是以共用電子對的形式相結合，幾乎完全是共價鍵。碳原子屬於 IVA 族，電子組態為 $1s^2 2s^2 2p^2$，最外層有 4 個價電子，$2s$ 軌域中的一個電子提升至 $2p$ 軌域，混成 4 個等價的 sp^3 軌域，再結合其他碳原子或氫原子等，形成無數鏈狀或環狀的化合物。例如最簡單的有機分子－甲烷(CH_4)，是由一個碳原子的四個 sp^3 混成軌域，與四個氫原子的 **1s** 軌域鍵結而成，如圖 12-1 所示。

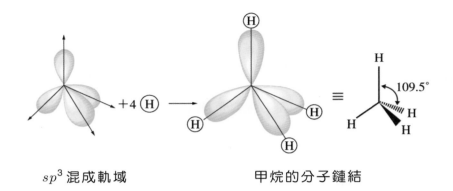

sp^3 混成軌域 　　　　　　甲烷的分子鏈結

⏎ 圖 12-1　甲烷分子的鍵結方式

12-3　結構式與同分異構現象

　　原子的種類、數目與結合方式決定分子的結構式。結構不同的有機分子，其物理性質與化學性質亦不相同。甲烷(CH_4)的立體結構，碳原子位在正四面體的中心，四個氫原子則落在四個角上，碳原子與氫原子間以共價鍵相連結。甲烷(CH_4)的球棒分子模型以原子為球，鍵結作棒，結構如圖 12-2 所示。

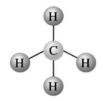

⏎ 圖 12-2　甲烷的分子結構

乙烷(C_2H_6)與丙烷(C_3H_8)的分子模型如圖 12-3。

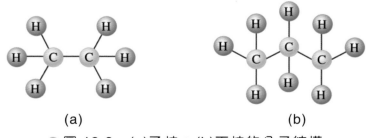

(a)　　　　　　　　　　　　　　(b)

⏎ 圖 12-3　(a)乙烷；(b)丙烷的分子結構

丁烷(C_4H_{10})分子的球棒分子模型與碳骨架表示法如圖 12-4。碳骨架表示法省略所有氫原子，僅以鋸齒線的折點與端點表示碳原子的相對位置，是一種最簡單的結構式。丁烷的碳在空間中有兩種連結方式，第一種是將四個碳串成一列，形成開鏈的正丁烷；第二種是將三個碳串成一列，第四個碳連接在中間，形成異丁烷。正丁烷與異丁烷的分子式相同，但結構式不同，性質亦不相同，稱為同分異構物。

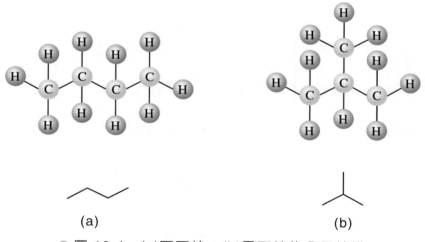

(a)   (b)

● 圖 12-4　(a)正丁烷；(b)異丁烷的分子結構

有機分子中碳原子數越多，同分異構物的數目也越多。例如戊烷(C_5H_{12})含 5 個碳原子，共有 3 種同分異構物；己烷(C_6H_{14})含 6 個碳原子，共有 5 種同分異構物。

12-4　官能基

如果一原子、原子團或化學鍵（雙鍵、三鍵）連結於烴基上，而使該化合物具備某些特殊性質者，稱為官能基。官能基經常是分子中發生化學反應之處。常見的官能基如表 12-1 所列。

▼ 表 12-1　常見官能基之符號、結構與範例

官能基	符號	結構	最簡分子
烷	—	$-\overset{\displaystyle |}{\underset{\displaystyle |}{C}}-$	甲烷(CH_4)
烯	=	$>C=C<$	乙烯($H_2C=CH_2$)
炔	≡	$-C\equiv C-$	乙炔($HC\equiv CH$)
羥基（醇）	$-OH$（與鏈狀碳連接）	$-O{\atop H}$	甲醇(CH_3OH)
羥基（酚）	$-OH$（與芳香碳連接）	$-O{\atop H}$	苯酚(C_6H_5OH)
醚基	$-O-$	$-\overset{\displaystyle |}{\underset{\displaystyle |}{C}}-O-\overset{\displaystyle |}{\underset{\displaystyle |}{C}}-$	甲醚(CH_3OCH_3)
醛基	$-CHO$	$-C\overset{O}{\underset{H}{<}}$	甲醛(HCHO)
酮基（羰基）	$>CO$	$\overset{C}{\underset{C}{>}}C=O$	丙酮(CH_3COCH_3)
羧基（羧酸）	$-COOH$	$-C\overset{O}{\underset{O-H}{<}}$	甲酸(HCOOH)
酯基	$-COO\overset{\displaystyle |}{\underset{\displaystyle |}{C}}-$	$-C\overset{O}{\underset{O-\overset{\displaystyle |}{\underset{\displaystyle |}{C}}-}{<}}$	甲酸甲酯($HCOOCH_3$)
胺基	$-NH_2$	$-N\overset{H}{\underset{H}{<}}$	甲胺(CH_3NH_2)
醯胺基	$-CONH_2$	$-C\overset{O}{\underset{\underset{H}{N-H}}{<}}$	甲醯胺($HCONH_2$)

12-5 命　名

　　人類使用有機化合物的歷史甚早，早期的名稱經常反應該物質的來源，故其俗名一直沿用至今，例如甲醇俗稱木精－得自腐爛的木頭；甲酸俗稱蟻酸－取自螞蟻；乙酸俗稱醋酸－來自醋。

　　迄今有機化合物有數百萬種以上被分離或合成出來，不但數量龐大，而且結構相當複雜。為了區別起見，國際純粹與應用化學聯合會(IUPAC)提出有機化合物的**系統命名法**，給予每一種化合物特定的名稱。中文命名採用甲、乙、丙、丁、戊、己、庚、辛、壬、癸十個天干數字，代表分子內所含碳原子數依次為 1、2、3、4、5、6、7、8、9、10 個，而分子含十一個碳數以上者，直接以數字命名，最後再加上應有的官能基名稱（烷、烯、炔、醇等）。系統命名法依下列規則命名：

1. 以最長的碳原子鏈為主鏈，最後再加上官能基名稱，形成基礎名稱。

    例：$CH_3CH_2CH_2CH_2CH_3$：戊烷(pentane)

    　　$CH_3CH_2CH_2CH=CH_2$：戊烯(pentene)

    　　$CH_3CH_2CH_2CH_2CH_2OH$：戊醇(pentanol)

2. 短的碳鏈為支鏈，命名時以阿拉伯數字由最接近官能基的端點起標出支鏈或取代基的位置與名稱，再加上基礎名稱。

    支鏈以「烷基」稱之，依碳數而異，常見之烷基如表 12-2 所示。

▼ 表 12-2　常見之烷基

名稱	甲基	乙基	丙基	異丙基
結構	CH_3-	CH_3CH_2-	$CH_3CH_2CH_2-$	$CH_3\overset{\mid}{C}HCH_3$

例： CH₃CHCH₂CH₂CH₃：2–甲基戊烷(2-methylpentane)
       |
      CH₃

CH₃CH₂CHCH=CH₂：3–甲基–1–戊烯(3-methyl-1-pentene)
         |
        CH₃

CH₃CH₂C=CHCH₃：3-甲基–2–戊烯(3-methyl-2-pentene)
        |
      CH₃

3. 兩個或兩個以上的取代基出現時，分別給予相關位置的數字。相同取代基之總數以一、二、三、四…表於阿拉伯數字之後。

例： CH₃CHCH₂CHCH₃：2,4–二甲基戊烷(2,4-dimethylpentane)
      | |
     CH₃   CH₃

CH₃CHCH₂CHCH₃：2,4–二甲基己烷(2,4-dimethylhexane)
     | |
    CH₃   CH₂CH₃

    CH₃
     |
CH₃CCH₂CH₂CH₃：2,2–二甲基戊烷(2,2-dimethylpentane)
     |
    CH₃

4. 等長的兩個碳鏈選擇主鏈時，以取代基數量較多，且位置數字較低者為主鏈。

例： CH₃CHCH₂CH CHCH₃：2,3,5–三甲基己烷(2,3,5-trimethylhexane)
     | | |
    CH₃   CH₃CH₃

5. 若為環狀，則名稱前冠個 "環" 字。

例：

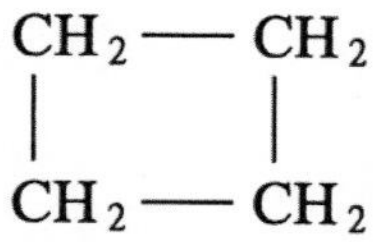

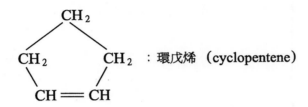

　　：環丁烷（cyclobutane）

　　：環戊烯（cyclopentene）

一、單選題

1. 以 IUPAC 系統命名法命名下列分子。

   (1) $CH_3CH_2OCH_3$

   (2) 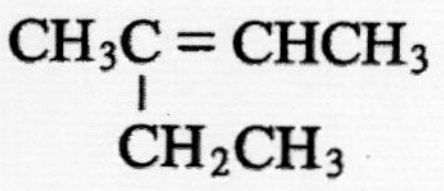 $CH_3C = CHCH_3$
             |
           CH_2CH_3

   (3) C - C - C - C - C - C
           | |
           C   C

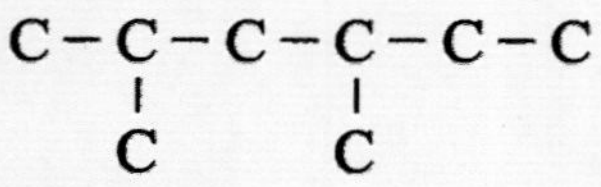

   (4)  □

   (5) $CH_3CH(OH)COOH$

   (6) 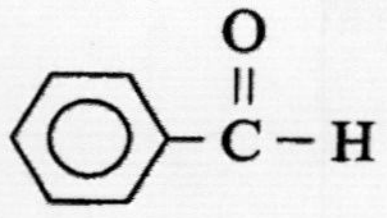 苯環-C(=O)-H

   (7) CH_2Cl_2

   (8) 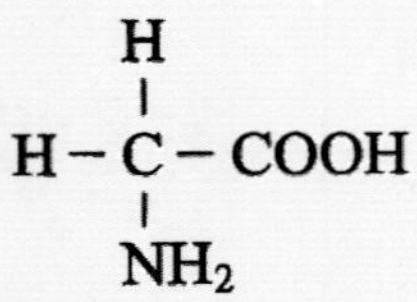 H-C(H)(NH$_2$)-COOH

2. 畫出下列有機物之結構。

   (1) 電石氣（乙炔）。

   (2) 反–1,2–二氯乙烯。

   (3) 甲酸甲酯。

   (4) 六氯化苯。

   (5) 丙三醇。

   (6) 鄰甲酚。

   (7) 3–甲基–3–戊醇。

   (8) D–葡萄糖。

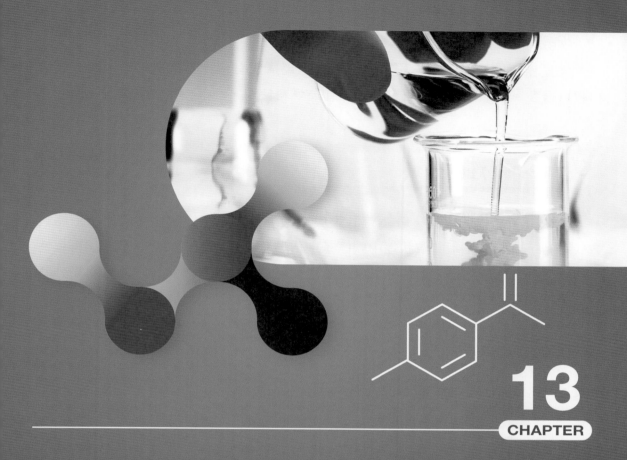

13
CHAPTER

有機化學(一)
一烴

烴是僅含碳、氫兩元素的有機化合物。烴構成有機物骨架與結構，同分異構物數目很多。烴類易燃燒放出熱量，常作為燃料使用，不溶於水，但彼此互溶。

13-1　烴的分類

　　烴依分子結構的不同，分為鏈狀烴與環狀烴兩大類。鏈狀烴中碳原子依開鏈方式連結，有始有終；而環狀烴中碳原子則依環狀排列，始終如一。環狀烴再依性質的差異分為脂環烴與芳香烴。其中鏈狀烴與脂環烴依化學鍵結原理的差異劃分為各碳原子間以單鍵(C–C)結合的飽和烴與雙鍵(C=C)或參鍵(C≡C)結合的不飽和烴。芳香烴之性質與反應特性異於脂環烴，可再分為苯、萘、蒽三類。烴的分類、通式與範例列於表 13-1。

▼ 表 13-1　烴的分類、通式與範例

烴			通式	最簡單之化合物
鏈狀烴	飽和烴	烷系	C_nH_{2n+2}　$(n \geq 1)$	CH_4　甲烷
	不飽和烴	烯系	C_nH_{2n}　$(n \geq 2)$	C_2H_4　乙烯
		炔系	C_nH_{2n-2}　$(n \geq 2)$	C_2H_2　乙炔
環狀烴	脂環烴	飽和烴　環烷系	C_nH_{2n}　$(n \geq 3)$	C_3H_6　環丙烷
		不飽和烴　環烯系	C_nH_{2n-2}　$(n \geq 3)$	C_3H_4　環丙烯
	芳香烴	苯	C_nH_{2n-6}　$(n \geq 6)$	C_6H_6　苯
		萘	C_nH_{2n-12}　$(n \geq 10)$	$C_{10}H_8$　萘
		蒽	C_nH_{2n-18}　$(n \geq 14)$	$C_{14}H_{10}$　蒽

13-2　飽和烴（烷系）

　　烴分子中碳原子間，只以單鍵結合者稱為飽和烴，鏈狀飽和烴又稱為烷，其通式為 C_nH_{2n+2}，n 代表碳原子數，$n \geq 1$。

　　烷類的碳原子為 sp^3 混成軌域，以碳為核心，成 σ 鍵結合，周圍的原子或原子團在三度空間呈現正四面體結構。烷類的球棒分子模型以原子為球，鍵結作棒。甲烷、乙烷與丙烷的球棒分子模型如表 13-2 所示。

▼ 表 13-2　烷的分子式與球棒模型

烷類		球棒分子模型
名稱	分子式	
甲烷	CH_4	
乙烷	C_2H_6	
丙烷	C_3H_8	

　　烷為無色、無臭之有機物，是一種非極性物質，難溶於水，易溶於乙醚、氯仿等有機溶液。其溶點、沸點與比重隨碳數增加而漸增（丙烷(C_3H_8)之熔點例外）。表 13-3 列出若干烷類的性質。

▼ 表 13-3 一些烷類之性質（表中所列者均為正烷）

名稱	分子式	沸點(°C)	熔點(°C)
甲烷(Methane)	CH_4	−162.0	−184
乙烷(Ethane)	C_2H_6	−88.0	−172
丙烷(Propane)	C_3H_8	−42.0	−192
丁烷(Butane)	C_4H_{10}	0.6	−135
戊烷(Pentane)	C_5H_{12}	36.0	−130
己烷(Hexane)	C_6H_{14}	69.0	−94
庚烷(Heptane)	C_7H_{16}	98.0	−90
辛烷(Octane)	C_8H_{18}	126.0	−57
壬烷(Nonane)	C_9H_{20}	151.0	−51
癸烷(Decane)	$C_{10}H_{22}$	174.0	−31
十一烷(Undecane)	$C_{11}H_{24}$	196.0	−27
十二烷(Dodecane)	$C_{12}H_{26}$	215.0	−12
十八烷(Octadecane)	$C_{18}H_{38}$	316.0	28
二十烷(Eicosane)	$C_{20}H_{42}$	343.0	37

一、燃燒反應

烷類主要用途是燃燒和溶劑。烷類燃燒放出大量的熱，如甲烷(CH_4)燃燒的熱化學方程式：

$$CH_{4(g)}+2O_{2(g)} \rightarrow CO_{2(g)}+2H_2O_{(\ell)}，\Delta H°=-212kcal$$

烷類的燃燒方程式可以通式表示如下：

$$C_nH_{2n+2}+\frac{3n+1}{2}O_2 \rightarrow nCO_2+(n+1)H_2O，\Delta H < 0$$

甲烷為天然氣的主要成分，在沼澤中常有大量存在，又稱沼氣。丙烷是液化煤氣的主要成分。丁烷(C_4H_{10})是打火機的填充燃料。機動車輛使用的燃料汽油，

是 6~12 個碳的烷類混合物。汽油在引擎燃燒的抗震程度以正庚烷的**辛烷值**（Octane Number，簡稱 O.N.）為零，而異辛烷則為 100 來表示，辛烷值越高，引擎的爆震性越小。

$$CH_3CH_2CH_2CH_2CH_2CH_2CH_3$$

正庚烷：O.N.=0

$$\underset{\underset{CH_3}{|}}{CH_3}\underset{\underset{CH_3}{|}}{C}CH_2\underset{\underset{CH_3}{|}}{C}HCH_3$$

異辛烷：O.N.=100

辛烷值九五的汽油，其燃燒效果相當於 95 份體積異辛烷與 5 份體積正庚烷所混合液體燃燒所產生的爆震性。

二、取代反應

烷類在日光或 250~400°C 的高溫下，可與鹵素發生取代反應，稱**鹵化反應**。

例如： $CH_4 + Cl_2 \xrightarrow{\text{日光}} CH_3Cl + HCl$

甲烷　氯　　一氯甲烷　氯化氫

$CH_3Cl + Cl_2 \xrightarrow{\text{日光}} CH_2Cl_2 + HCl$

二氯甲烷

$CH_2Cl_2 + Cl_2 \xrightarrow{\text{日光}} CHCl_3 + HCl$

三氯甲烷

$CHCl_3 + Cl_2 \xrightarrow{\text{日光}} CCl_4 + HCl$

四氯化碳

　　其中三氯甲烷($CHCl_3$)，俗稱氯仿，可作為麻醉劑。四氯化碳(CCl_4)可作為乾洗劑與滅火劑，皆是用途頗廣的溶劑。

　　表 13-4 列出常見烷類之異構物的數目。

▼ 表 13-4　烷類(C_nH_{2n+2})之異構物數目表

n	1	2	3	4	5	6	7	8
異構物個數	1	1	1	2	3	5	9	18

13-3　不飽和烴（烯系與炔系）

　　多鍵的烯類與炔類，氫的數目較少，可以進行加氫反應，稱為不飽和烴。不飽和烴之物理性質與烷類似，均難溶於水，易溶於氯仿、四氯化碳、苯等有機溶劑中，沸點與熔點大致依碳原子數的增加而漸增，但有例外。不飽和烴易起加成反應形成飽和單鍵，也會進行聚合反應生成聚合物。

一、烯

　　烯類之碳原子間含雙鍵鍵結，鏈狀烯通式為 C_nH_{2n}，$n \geq 2$。表 13-5 列出常見之烯類與性質。以雙鍵結合的碳原子為 sp^2 混成軌域，σ 鍵與 π 鍵各一，如圖 13-1 所示，π 鍵鍵結力較弱，易被打斷，進行加成反應，所以化性較烷類活潑。

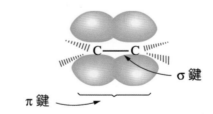

⊃ 圖 13-1　烯類雙鍵的分子結構

▼ 表 13-5　一些烯類之性質

名稱	結構式	沸點 (°C)	熔點 (°C)	密度（液態） (g/mL)
乙烯(Ethylene)	$CH_2 = CH_2$	-202.4	-169.4	0.610
丙烯(Propylene)	$CH_2 = CHCH_3$	-47.7	-185.0	0.610
1-丁烯(1-Butene)	$CH_2 = CHCH_2CH_3$	-6.5	-130.0	0.626
2-丁烯(2-Butene)	$CH_3CH = CHCH_3$	2.5	-127.0	0.642
甲基丙烯 (Methylpropene)	$\overset{\displaystyle CH_3}{\underset{\displaystyle}{CH_2 = C - CH_3}}$	-6.6	-140.0	0.623
1-戊烯(1-Pentene)	$CH_2 = CHCH_2CH_2CH_3$	30.1	-138.0	0.643
1-己烯(1-Hexene)	$CH_2 = CH(CH_2)_3CH_3$	63.5	-138.0	0.675

1. 加成反應

(1)

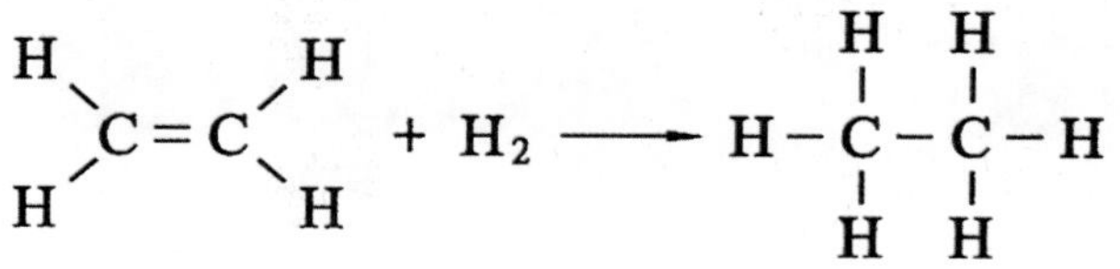

乙烯　　　氫　　　乙烷

乙烯之加氫反應，可製造乙烷。圖 13-2 是金屬鎳在此反應的催化步驟。

(2)

$$H_2C = CH_2 \ + \ Br_2 \longrightarrow CH_2BrCH_2Br$$

乙烯　　　　溴　　　　二溴乙烷

乙烯可使溴之四氯化碳溶液，由紅棕色變成無色。

$$CH_2 = CH_2 \; + \; HCl \longrightarrow CH_3CH_2Cl$$

(3)

乙烯　　　　氯化氫　　　　一氯乙烷

乙烯之加氯化氫反應，可製氯乙烷。

$$CH_2 = CH_2 \; + \; H_2O \xrightarrow{H^+} CH_3CH_2OH$$

(4)

乙烯　　　　水　　　　　乙醇

乙烯水解可以製造酒精。

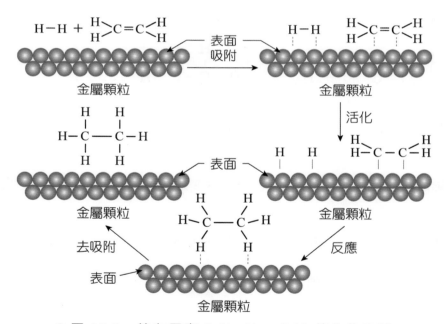

➲ 圖 13-2　鎳在反應 $C_2H_4 + H_2 \rightarrow C_2H_6$ 催化的步驟

2. 燃燒反應

乙烯燃燒之熱化學方程式如下：

$$C_2H_{4(g)}+3O_{2(g)} \rightarrow 2CO_{2(g)}+2H_2O_{(\ell)}，\Delta H°=-337kcal$$

烯類燃燒方程式之通式如下：

$$C_nH_{2n}+\frac{3n}{2}O_2 \rightarrow nCO_{2(g)}+nH_2O_{(\ell)}，\Delta H<0$$

3. 聚合反應

(1) 乙烯經加成聚合反應，製造聚乙烯（polyethylene，簡稱 P.E.）。

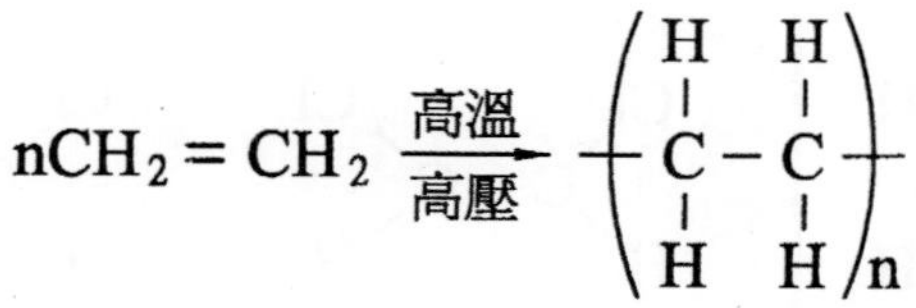

乙烯　　　　　　　聚乙烯

(2) 丙烯經加成聚合反應，製造聚丙烯（polypropylene，簡稱 P.P.）。

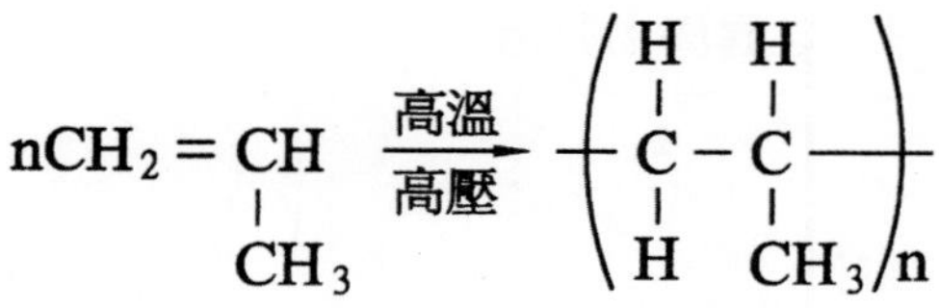

丙烯　　　　　　　聚丙烯

　　P.E.與 P.P.都是常用的塑膠成分。

　　乙烯分子無色、略臭，主要用途為製造塑膠與酒精，亦常添加於瓦斯，作為偵測漏氣之用。乙烯可利用乙醇加濃硫酸脫水製得：

$$CH_3CH_2OH \xrightarrow[160\sim170°C]{濃硫酸} CH_2=CH_2+H_2O$$

某些烯類具有幾何異構物,即順反異構物。例如:

1. 2－丁烯($CH_3CH=CHCH_3$)

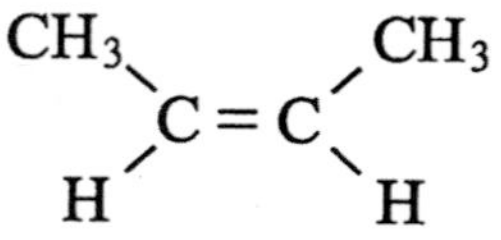

順－2－丁烯 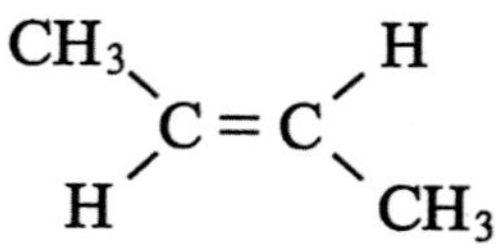　　　　　　　　反－2－丁烯

沸點高低:順－2－丁烯＞反－2－丁烯,而熔點高低:反－2－丁烯＞順－2－丁烯。可見結構不同,性質相異。

2. 二氯乙烯($C_2H_2Cl_2$)

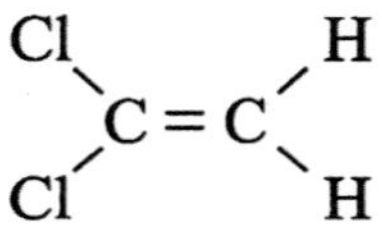

1,1－二氯乙烯 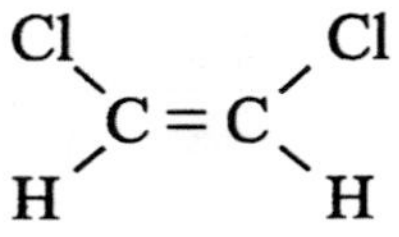　　　順－1,2－二氯乙烯 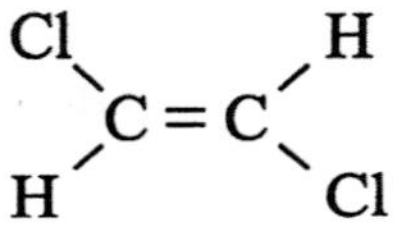　　反－1,2－二氯乙烯

表 13-6 列出常見之烯與環烷的異構物數目。

▼ 表 13-6　烯與環烷類(C_nH_{2n})之異構物數目表

n	1	2	3	4	5
烯	0	1	1	4	6
環烷	0	0	1	2	6

二、炔

　　炔類之碳原子間含參鍵鍵結,鏈狀炔通式為 C_nH_{2n-2},$n \geq 2$。表 13-7 列出常見之炔類性質。以參鍵結合的碳原子為 sp 混成軌域,含有一個 σ 鍵與兩個 π 鍵,如圖 13-3 所示,較烯類還多一個 π 鍵,所以化性最為活潑,可接受二個分子的加成。

▼ 表 13-7　一些炔類之性質

名稱	結構式	沸點 (°C)	熔點 (°C)	密度 (液態) (g/mL)
乙炔(Ethyne, Acetylene)	$CH \equiv CH$	−83.5	−	0.618
丙炔(Propyne)	$HC \equiv C–CH_3$	−23.3	−101.5	0.671
1-丁炔(1-Butyne)	$HC \equiv C–CH_2CH_3$	9.0	−122.5	0.668
1-戊炔(2-Pentyne)	$HC \equiv C–CH_2CH_2CH_3$	40.0	−98.0	0.695
2-戊炔(2-Pentyne)	$H_3C–C \equiv C–CH_2–CH_3$	55.0	−101.0	0.714

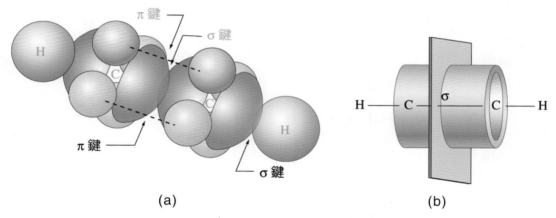

(a)   (b)

◔ 圖 13-3　乙炔參鍵的分子結構

1. 加成反應

(1) 乙炔加入 2 個溴分子，生成四溴乙烷。

$$CH \equiv CH + Br_2 \rightarrow CHBr=CHBr$$

　　乙炔　　　溴　　　1,2−二溴乙烯

$$CHBr=CHBr + Br_2 \rightarrow CHBr_2CHBr_2$$

1,2−二溴乙烯　溴　　　1,1,2,2−四溴乙烷

(2) 乙炔加入 2 個氯化氫分子，生成 1,1-二氯乙烷。

$$CH \equiv CH + HCl \rightarrow CH_2=CHCl$$

乙炔　　氯化氫　　一氯乙烯

$$CH_2=CHCl + HCl \rightarrow CH_3CHCl_2$$

一氯乙烯　　氯化氫　　1,1-二氯乙烷

(3) 乙炔水解，製造乙醛。

$$CH \equiv CH + H_2O \xrightarrow[\text{H}_2\text{SO}_4]{\text{HgSO}_4} \left[\begin{matrix} H \\ H \end{matrix} C = C \begin{matrix} OH \\ H \end{matrix} \right] \longrightarrow CH_3 - \overset{\overset{\displaystyle O}{\|}}{C} - H$$

乙烯　　　　　水　　　　　　乙烯醇　　　　　　　乙醛

2. 燃燒反應

乙炔燃燒的熱化學方程式如下：

$$2C_2H_{2(g)}+5O_{2(g)} \rightarrow 4CO_{2(g)}+2H_2O_{(\ell)}，\Delta H°=-621 \text{ kcal}$$

炔類燃燒方程式的通式如下：

$$C_nH_{2n-2} + \frac{3n-1}{2}O_{2(g)} \rightarrow nCO_{2(g)} + (n-1)H_2O_{(\ell)}，\Delta H < 0$$

3. 聚合反應

利用乙炔加入氯化氫分子所製得之氯乙烯為原料，再進行加成聚合反應，得到**聚氯乙烯**（polyvinyl chloride，簡稱 P.V.C.）。

$$CH \equiv CH \quad + \quad HCl \quad \rightarrow \quad CH_2=CHCl$$

乙炔　　　　　氯化氫　　　氯乙烯

$$nCH_2 = CHCl \longrightarrow \left(\begin{matrix} H & H \\ C - C \\ H & Cl \end{matrix} \right)_n$$

氯乙烯　　　　　　　　聚氯乙烯

乙炔與氧氣燃燒可產生高溫，稱為氧炔吹管，能熔焊切割金屬、鋼板等。乙炔俗名**電石氣**，可利用電石(CaC_2)和水反應獲得。

$$CaC_{2(s)} + 2H_2O_{(\ell)} \rightarrow C_2H_{2(g)} + Ca(OH)_2$$
碳化鈣　　水　　　　乙炔　　氫氧化鈣

 ## 13-4　脂環烴

一、環烷烴

飽和脂環烴，又稱環烷烴，其通式為 C_nH_{2n}，$n \geq 3$。

例如：

1. 環丙烷為 C_3H_6，其結構式為：

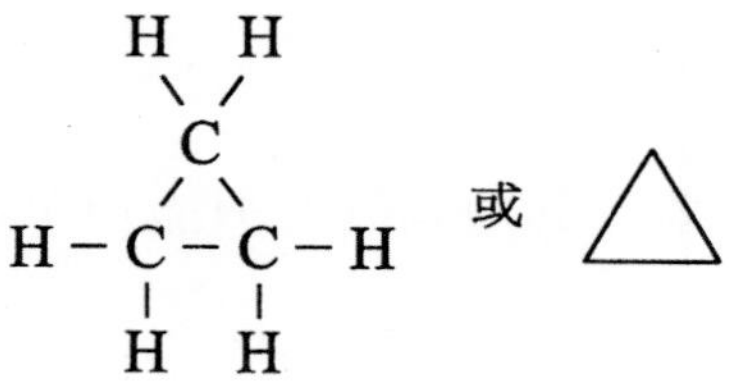

H H
 \ /
  C
 / \
H–C–C–H　　或　△
  | |
  H   H

常作為麻醉劑使用。

2. 環丁烷為 C_4H_8，其結構式為：

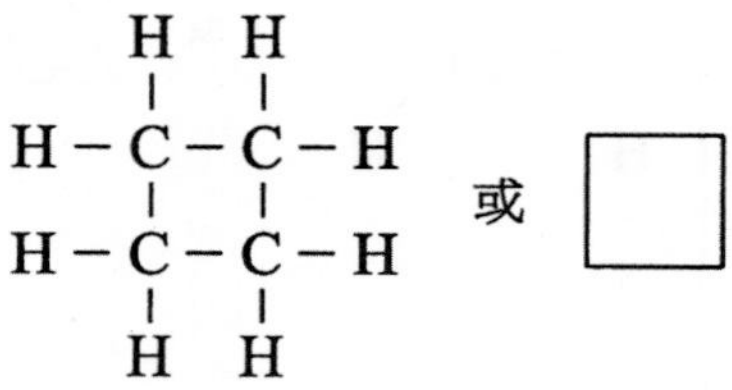

H H
| |
H–C–C–H
| |
H–C–C–H　或　□
| |
H H

3. 環戊烷為 C_5H_{10}，其結構式為：

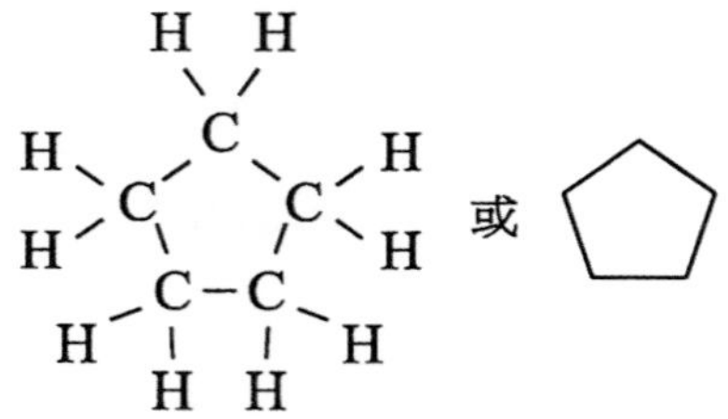

或

4. 環己烷為 C_6H_{12}，其結構式為：

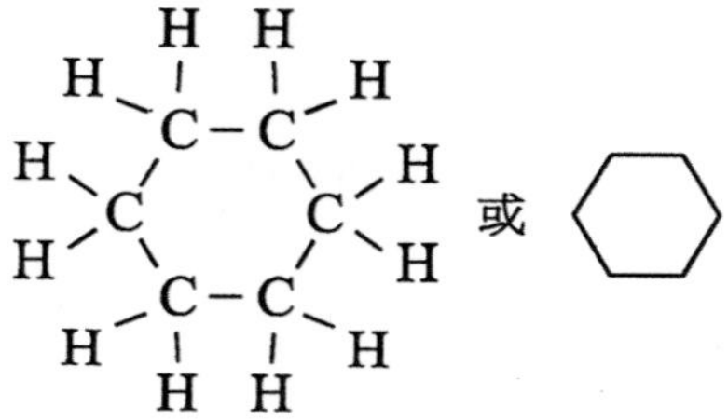

或

二、環烯烴

不飽和脂環烴又稱環烯烴，其通式為 C_nH_{2n-2}，$n \geq 3$。

例如：

1. 環丙烯為 C_3H_4，其結構式為：

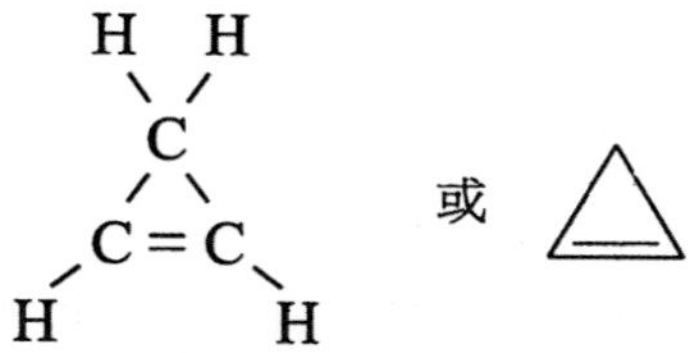

或

2. 環丁烯為 C_4H_6，其結構式為：

$$
\begin{array}{c}
\quad\; H \quad\;\; H \\
\quad\; | \quad\;\; | \\
H-C-C-H \\
\quad\; | \quad\;\; | \\
\quad\;\; C=C \\
\quad\; H \quad\;\; H
\end{array}
$$
或 □

3. 環戊烯為 C_5H_8，其結構式為：

$$
\begin{array}{c}
H \quad H \\
\backslash\;/ \\
C \\
H\;\; / \quad \backslash \;\; H \\
\;\;C \qquad C \\
H\;/ \qquad\quad \backslash\; H \\
\;C = C \\
H \qquad\quad H
\end{array}
$$
或

4. 環己烯為 C_6H_{10}，其結構式為：

$$
\begin{array}{c}
H \quad H \\
H \quad C - C \quad H \\
\quad C \qquad\qquad C \\
H \quad C \qquad C \quad H \\
H \qquad\qquad\quad H \\
\quad C = C \\
H \qquad\quad H
\end{array}
$$
或

13-5　芳香烴

　　芳香烴是結構中含有苯環之化合物，由石油或煤焦中提煉，具有特殊味道。

一、苯

苯是最簡單的芳香烴，其分子式為 C_6H_6，結構式為：

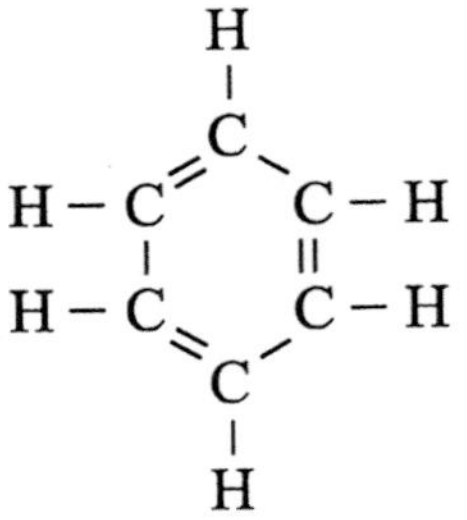

分子內含三個雙鍵，π 鍵的電子可在環內游走，稱為共振現象（），常使用  ，表示苯為共振體。

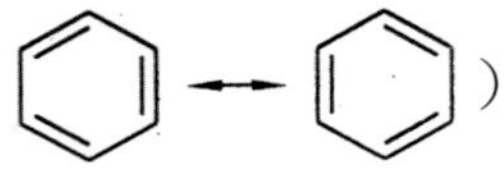

苯俗名為安息油，是一種無色具芳香味的液體，不溶於水，為重要的有機溶劑。苯因具共振結構，化性較烯類安定，除非在適當反應條件下，否則不易進行加成反應，反而容易進行取代反應。

1. 取代反應

(1) 氯化

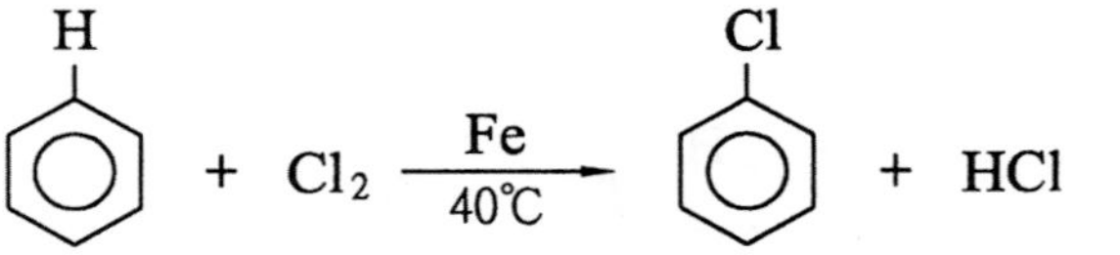

+ Cl_2 $\xrightarrow[40℃]{Fe}$ + HCl

氯苯

(2) 硝化

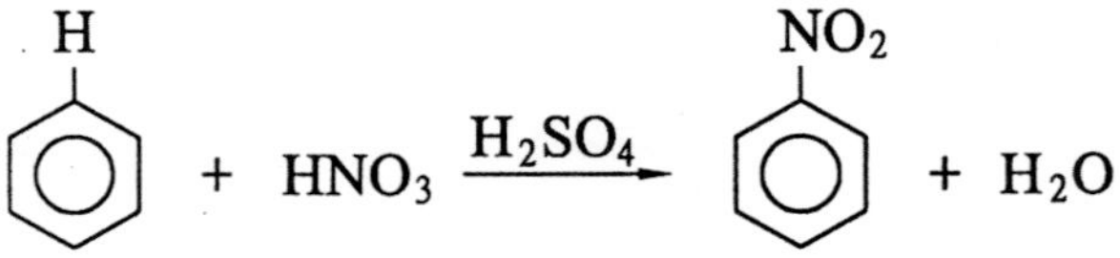

+ HNO_3 $\xrightarrow{H_2SO_4}$ + H_2O

硝基苯

(3) 磺化

+ H_2SO_4 $\longrightarrow$ + H_2O

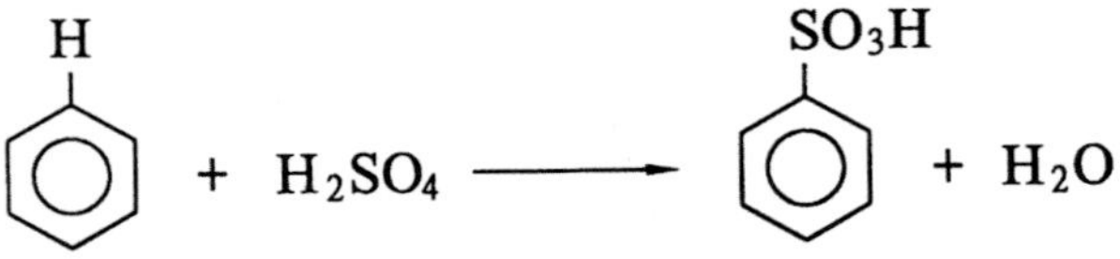

苯磺酸

2. 加成反應

(1) 苯之氫化,生成環己烷。

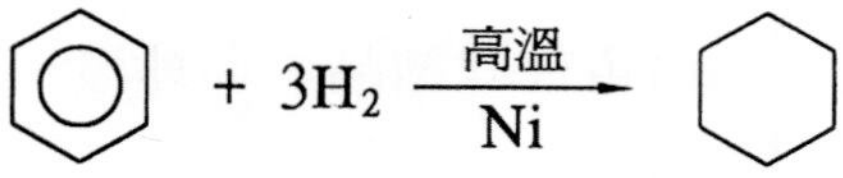

環己烷

(2) 苯之氯化,生成六氯化苯（benzene hexachloride,簡稱 B.H.C.）。

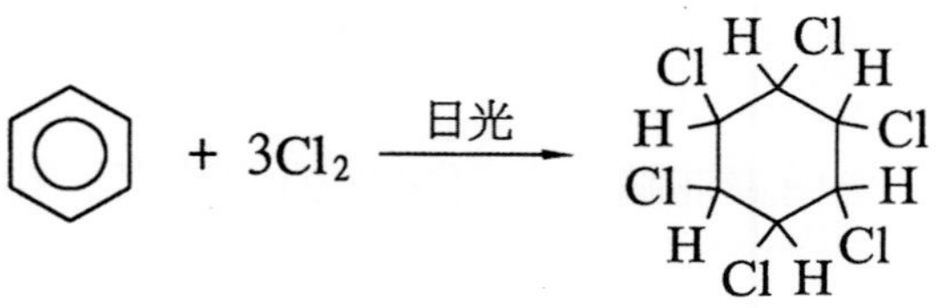

六氯化苯

苯之衍生物:甲苯與二甲苯化性似苯,皆為重要之有機溶劑。

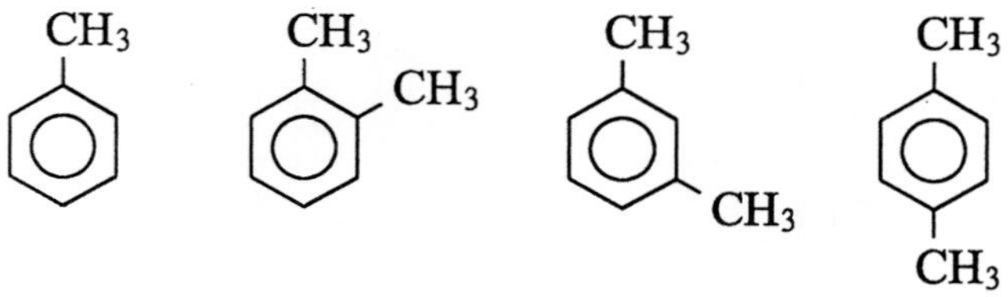

2,4,6-三硝基甲苯（2,4,6-trinitrotoluene,俗稱 T.N.T.）是著名的黃色炸藥成分。

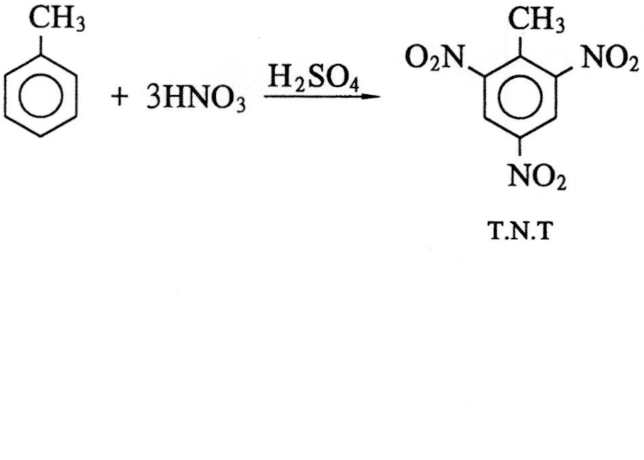

T.N.T

二、萘

　　兩個苯環共用兩個碳原子相連稱為萘，分子式是 $C_{10}H_8$，結構式為
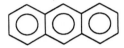，俗稱焦油腦，為白色片狀結晶，易揮發，有特臭，常用作萘丸，置於浴廁、衣櫥，用以殺蟲，防腐；另可作為靛藍染料之原料。

三、蒽

　　萘再直併一個苯環形成蒽，分子式為 $C_{14}H_{10}$，結構式為：
，俗稱綠油腦。蒽可用來製造茜素染料與藥物。

菲：是蒽的同分異構物。

課後練習

一、單選題

（　）1. 下列何者不屬於有機化合物？　(A)CH_4　(B)C_2H_4　(C)C_2H_2　(D)CH_3OH　(E)CS_2。

（　）2. 下列何項物質的成分不包含烷類？　(A)天然氣　(B)液態瓦斯　(C)煤氣　(D)水煤氣　(E)以上選項皆包含烷類。

（　）3. 下列有關甲烷的敘述，何者為非？　(A)屬於飽和烴類　(B)形狀為正四面體　(C)易進行加成反應　(D)俗稱沼氣　(E)煤坑爆炸的主因。

（　）4. 下列何者為 1 莫耳甲烷(CH_4)完全燃燒的產物？　(A)1 莫耳 CO_2 與 1 莫耳 H_2O　(B)1 莫耳 CO_2 與 2 莫耳 H_2O　(C)2 莫耳 CO_2 與 1 莫耳 H_2O　(D)1 莫耳 CO 與 2 莫耳 H_2O　(E)1 莫耳 CO 與 2 莫耳 H_2。

（　）5. 同溫同壓下，一莫耳甲烷(CH_4)與三莫耳氯氣(Cl_2)在日光照射下進行取代反應，其產物為何？　(A)CH_4　(B)CH_3Cl　(C)CH_2Cl_2　(D)$CHCl_3$　(E)CCl_4。

（　）6. 承上題，產物的俗名為何？　(A)酒精　(B)木精　(C)安息油　(D)綠油腦　(E)氯仿。

（　）7. 下列哪一組物質不屬於同系物？　(A)CH_4、C_2H_6、C_3H_8　(B)C_2H_4、C_3H_6、C_4H_8　(C)C_2H_2、C_3H_4、C_4H_6　(D)CH_3OH、C_2H_5OH、C_3H_7OH　(E)C_2H_2、C_2H_4、C_2H_6。

（　）8. 下列有關氟氯碳化物的敘述，何者為非？　(A)為甲烷的氟氯取代物　(B)可作為冰箱與冷氣的冷煤使用　(C)CF_2Cl_2 是氟氯碳化物的一種　(D)是造成二氧化碳層破壞的主因　(E)在臺灣目前已被禁用。

( ) 9. 下列有關汽油的敘述，何者為非？ (A)主要成分是 6~12 個碳的烯類 (B)添加四乙基鉛可降低純汽油在引擎內燃燒時的爆震現象 (C)揮發的鉛會傷害神經系統 (D)九五無鉛汽油未添加四乙基鉛 (E)以上皆是。

( ) 10. 下列有關乙烯的敘述，何者為非？（應選兩項） (A)屬於不飽和烴類 (B)易進行取代反應 (C)為平面分子 (D)具順反異構物 (E)可使用溴的四氯化碳溶液檢驗。

( ) 11. 下列何項物質具有順反異構物？ (A)CH_2BrCH_2Br (B)$CHBr_2CH_3$ (C)$CBr_2=CH_2$ (D)$CHBr=CHBr$ (E)$CBr≡CBr$。

( ) 12. 紅棕色的溴水(Br_2/H_2O)檢驗乙烯($CH_2=CH_2$)，結果紅棕色消失，反應產物是什麼？ (A)CH_2BrCH_2Br (B)CH_2CHBr_2 (C)$CH_2(OH)CH_2(OH)$ (D)$CH_3CH(OH)_2$ (E)$CH_2BrCH_2(OH)$。

( ) 13. 丙炔(C_3H_4)分子中，鍵結的形式與數量為何？ (A)$5\sigma+\pi$ (B)$3\sigma+2\pi$ (C)$7\sigma+\pi$ (D)$6\sigma+2\pi$ (E)$4\sigma+3\pi$。

( ) 14. 有機化合物英文系統命名時，如果同一個碳上有二個支鏈甲基，則字首為下列何者？ (A)mono- (B)di- (C)tri- (D)tetra- (E)penta-。

β－胡蘿蔔素的結構如下，請回答 15～19 題：

( ) 15. 此分子所含之官能基是什麼？ (A)烯 (B)炔 (C)醇 (D)醚 (E)酮。

( ) 16. 此分子共含幾個雙鍵？ (A)5 (B)7 (C)9 (D)11 (E)13。

（　）17. 此分子之分子式為何？　(A)$C_{38}H_{50}$　(B)$C_{42}H_{60}$　(C)$C_{40}H_{54}$　(D)$C_{36}H_{52}$　(E)$C_{30}H_{50}$。

（　）18. 一分子 β－胡蘿蔔素在人體中會轉變為幾分子的何種維生素？　(A)一分子的維生素 A　(B)二分子的維生素 A　(C)三分子的維生素 A　(D)一分子的維生素 B　(E)二分子的維生素 B。

（　）19. 承上題，此維生素之結構為何？

(A)

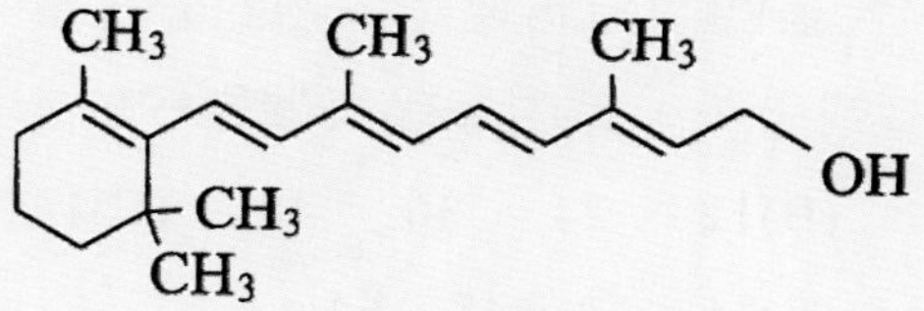

(B)

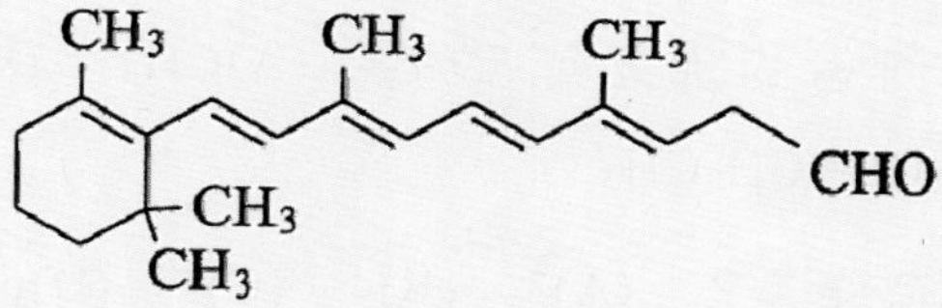

(C)

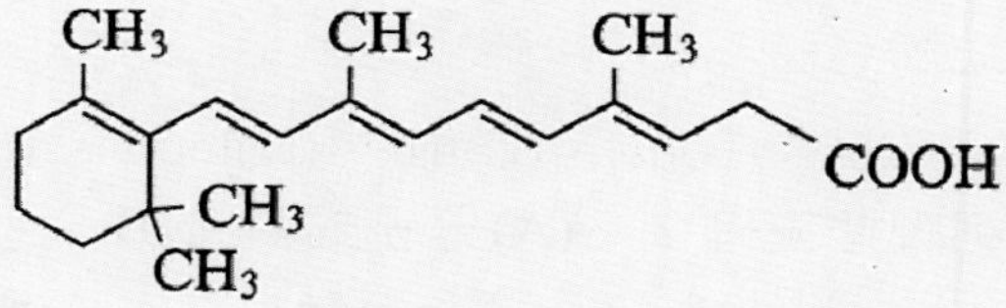

(D)

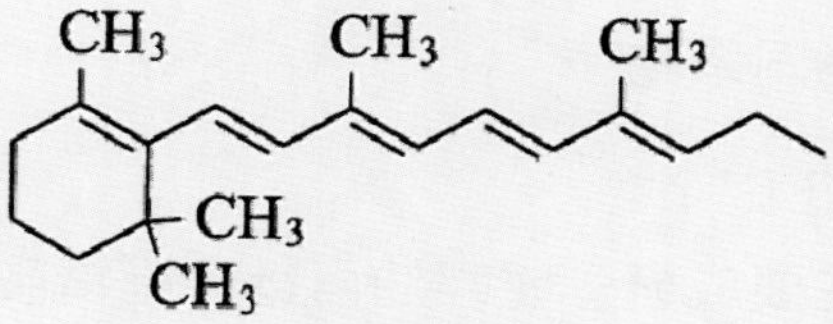

(E)

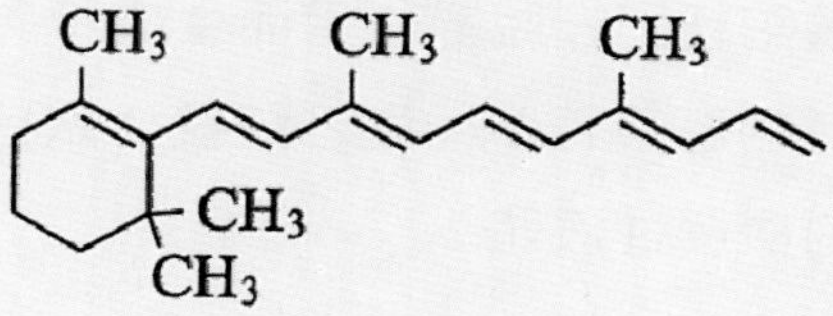

（　）20. 作為焊接的氧炔吹管，燃燒時溫度可達 3000°C，其中所用的炔是指什麼？　(A)$HC \equiv CH$　(B)$CH_3C \equiv CH$　(C)$CH_3CH_2C \equiv CH$　(D)$CH_3C \equiv CCH_3$　(E)$CH_3CH_2CH_2C \equiv CH$。

（　　）21. 下列有關苯的敘述，何者為非？　(A)屬於飽和烴類　(B)易進取代反應　(C)形狀為正六邊形　(D)分子式為 C_6H_6　(E)苯環中雙鍵有共振現象。

（　　）22. 下列何者學名 2,2,4-三甲基戊烷？
(A)$CH_3CH_2C(CH_3)_2CH_2CH_3$　　　(B)$(CH_3)_2CHCH_2C(CH_3)_3$
(C)$(CH_3)_2CHCH(CH_3)CH_2CH_3$　(D)$(CH_3)_2CHC(CH_3)_3$
(E)$(CH_3)_2CHCH_2C(CH_3)_3$。

（　　）23. 下列哪一選項的數字，代表四個脂肪烴同系物的分子量？（註：同系物通式為 C_nH_{2n+2} 或 C_nH_{2n} 或……，其中 n 代表碳原子的數目）
(A)12，12，24，36　　(B)12，24，36，48　　(C)14，28，42，56
(D)16，30，44，58　　　(E)16，32，48，64。

（　　）24. 下列有機化合物，何者的沸點最高？　(A)CH_4　(B)CH_3CH_3　(C)$CH_3CH_2CH_3$　(D)$CH_3CH_2CH_2CH_3$。

（　　）25. 戊烷的同分異構物共有幾種？　(A)3　(B)4　(C)5　(D)6　(E)7。

二、多重選擇題

（　　）1. 有關苯的敘述，下列哪些正確？　(A)分子式為 C_6H_6　(B)6 個 C－C 之鍵長完全相等　(C)有 6 個 π 電子，故可導電　(D)6 個 C 共一平面，6 個 H 則不一定　(E)與萘為同系物。

（　　）2. 有關苯的敘述，下列哪些正確？
(A)分餾煤溚所得輕油的主要成分，將輕油再行分餾精製即可得苯
(B) 將正己烷在高溫下通過鉑粉即起脫氫作用而生成苯
(C) 將乙炔通過加熱 500°C 的石英管中，則乙炔發生聚合作用產生苯
(D) 是無色、有特殊氣味的揮發性液體
(E) 可溶於水。

（　　）3. 乙烯會與下列何種試劑在室溫下發生反應？　(A)$NH_{3(g)}$　(B)$HBr_{(g)}$　(C)$KMnO_{4(aq)}$　(D)$NaOH_{(aq)}$　(E)H_2/Pt。

（　　）　4. 有關苯的敘述，下列何者正確？

　　　　　(A) 屬於芳香烴

　　　　　(B) 碳間結合角為 120°

　　　　　(C) 在暗處能使四氯化碳中的溴的紅色消失

　　　　　(D) 能和濃硫酸與濃硝酸作用產生硝基苯

　　　　　(E) 一分子苯在空氣中燃燒，會產生 6 分子二氧化碳和 6 分子水。

三、問答題

1. 何謂飽和烴與不飽和烴？試舉例說明。

2. 寫出含有五個碳原子之烷、烯、炔和環狀的化學式。

3. 用 IUPAC 命名法命名下列各化合物類。

　(1) 　$\begin{array}{c} CH_3CHCH_3 \\ | \\ CH_2CH_3 \end{array}$

　(2) 　$\begin{array}{c} CH_3CHCH_2CHCH_3 \\ |\qquad\quad | \\ CH_3\qquad CH_3 \end{array}$

　(3) $CH_3CH=CHCH_3$

　(4) $(CH_3)_3CCH_2C \equiv CH$

4. 寫出烯 C_4H_8 之所有異構物的結構式。

5. 寫出炔 C_4H_6 之所有異構物的結構式。

6. (1) 何謂辛烷值？

　(2) 汽油中為何加四乙基鉛？

　(3) 無鉛汽油中添加何物？

7. 寫出苯的共振結構。

8. 已知在適當的反應條件下，1-甲基環己烯可與一當量的 $H_{2(g)}$ 反應，生成化合物甲；與一當量的 H_2O 反應，生成反應物乙；與一當量的 $KMnO_{4(aq)}$ 反應，生成反應物丙；試根據下面的反應途徑，畫出甲、乙及丙分子的結構式。

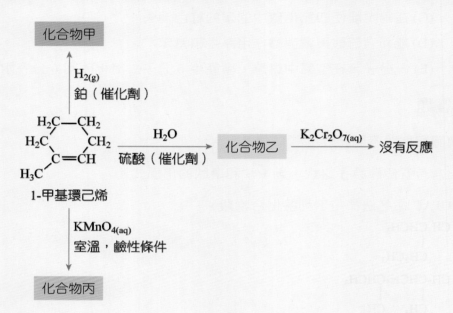

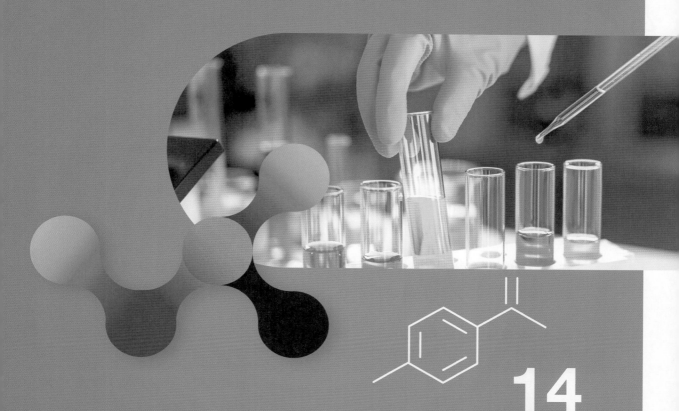

14 CHAPTER

有機化學(二)
－烴之衍生物

含碳與氫原子之有機分子，有一個或數個氫原子被其他官能基所取代，稱為烴之衍生物。

 14-1 醇、酚、醚

一、醇

羥基(–OH)接在鏈狀碳上為醇。醇依分子中所含–OH 之個數，再分為一元醇、二元醇與多元醇。一元醇的通式為 $C_nH_{2n+1}OH$，$n \geq 1$。常見之醇類見表 14-1。

▼ 表 14-1　常見醇類之結構與特性

項目	學名	俗名	結構	用途（功能）	特色
一元醇	甲醇	木精	CH_3OH	燃料、原料	與水完全互溶
	乙醇	酒精（穀精）	C_2H_5OH	燃料、消毒劑、防腐劑、低溫溫度計	發熱量高
二元醇	乙二醇	—	$CH_2(OH)CH_2(OH)$	汽車之抗凍劑	凝固點低
多元醇	丙三醇	甘油	$CH_2(OH)CH(OH)CH_2(OH)$	保濕劑、浣腸劑、炸藥成分	與水完全互溶吸濕性強

醇類 C_1~C_2 為透明液體，C_5~C_{11} 為油狀物，C_{12} 以上為固體，醇分子具有強極性之–OH 基，分子間易形成氫鍵，故有不尋常之高沸點。低級醇與水分子之間易產生分子間氫鍵，故可以任意比例互溶。多元醇之羥基數增加，可以提高甜度，譬如甘露醇（含 6 個–OH），又稱糖醇。

甲醇之製備可利用一氧化碳氫化反應：

$$CO + 2H_2 \xrightarrow[\text{高溫、高壓}]{\text{催化劑}} CH_3OH$$

而乙醇之製備可利用乙烯加水反應：

$$CH_2 = CH_2 + H_2O \xrightarrow{H_2SO_4} CH_3CH_2OH$$

醇類在觸媒作用下，可進行部分氧化，先轉為醛，最後再產生酸。例如：CH_3OH 之氧化。

$$CH_3OH+1/2O_2 \rightarrow HCHO+H_2O$$
　甲醇　　　　　　甲醛

$$HCHO+1/2O_2 \rightarrow HCOOH$$
　甲醛　　　　　　甲酸

甲醇之燃燒方程式如下：

$$2CH_3OH_{(\ell)}+3O_{2(g)} \rightarrow 2CO_{2(g)}+4H_2O_{(\ell)}，\Delta H°=-347kcal$$

乙醇之燃燒方程式如下：

$$C_2H_5OH_{(\ell)}+3O_{2(g)} \rightarrow 2CO_{2(g)}+3H_2O_{(\ell)}，\Delta H°=-326.5kcal$$

二、酚

羥基若接在芳香烴的碳上則稱為酚，苯酚 為一元酚，其中羥基之氫

原子在水中，可以游離，呈弱酸性，又稱石碳酸：

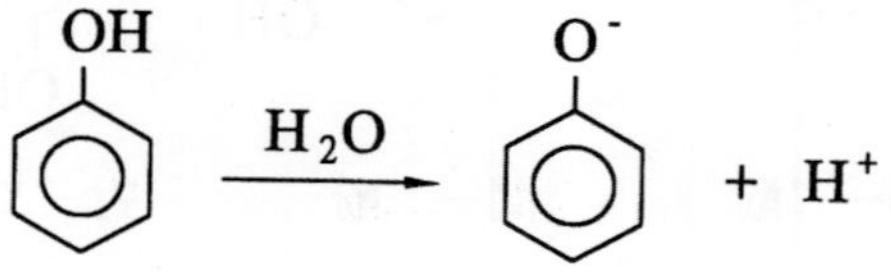

$$\text{（苯酚）} \xrightarrow{H_2O} \text{（苯氧離子）} + H^+$$

　　苯酚是具臭味晶體，殺菌力強，可作為消毒劑與殺菌劑，亦可作為合成阿斯匹靈之前驅物。

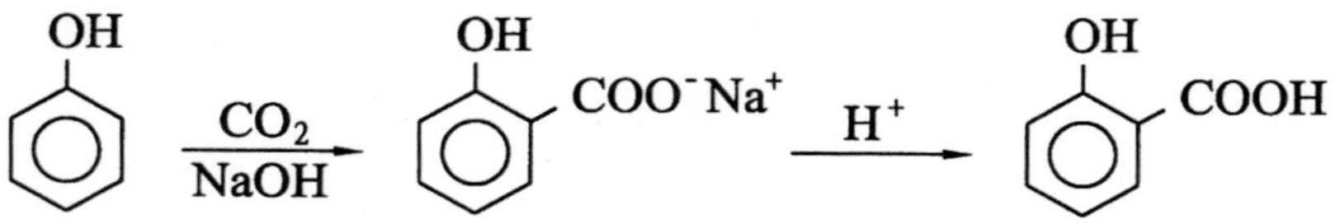

苯酚　　　　　　　　　　　　　　　　　　　　　　　　　柳酸

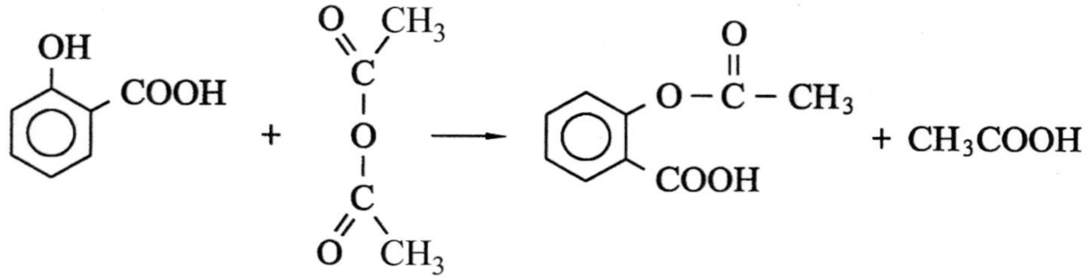

柳酸　　　　　　　乙酐　　　　　　阿斯匹靈　　　　　乙酸

　　酚之衍生物甚多，如甲酚與苯二酚皆有三種同分異構物。

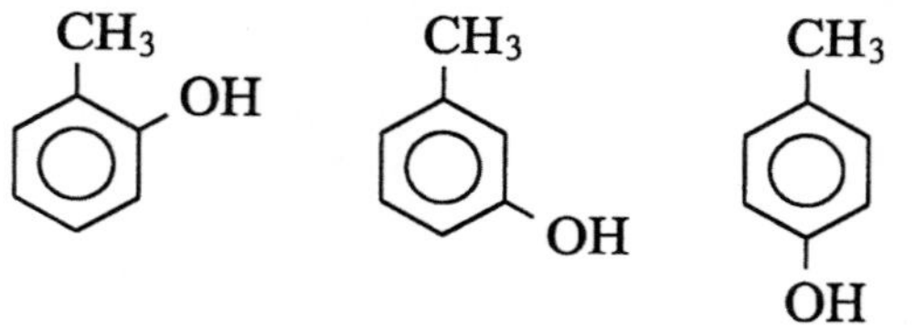

鄰－甲酚　　　　間－甲酚　　　　對－甲酚

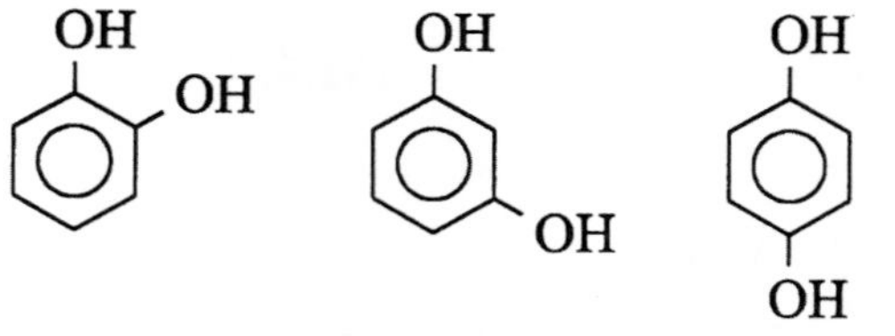

鄰－二酚　　　　間－二酚　　　　對－二酚

而**冬青油**－柳酸甲酯亦為酚之衍生物：

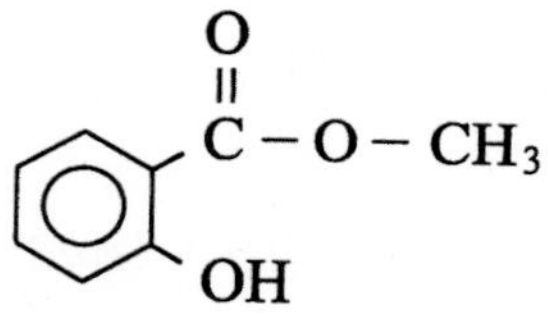

三、醚

水分子中的兩個氫原子均被烷基所取代，形成 **R–O–R′**。R 與 R′ 稱為烷基，R=R′時稱為單醚或對稱醚，R ≠ R′時，稱為混醚或不對稱醚。常見醚類如表 14-2。

▼ 表 14-2　常見醚類之結構與特性

	學名	俗名	結構	特性	功能
對稱醚	二甲醚	甲醚	$CH_3 - O - CH_3$	揮發性、可燃性、難溶於水	－
	二乙醚	乙醚	$CH_3CH_2 - O - CH_2CH_3$	難溶於水	麻醉劑、萃取有機物
	二苯醚	苯醚	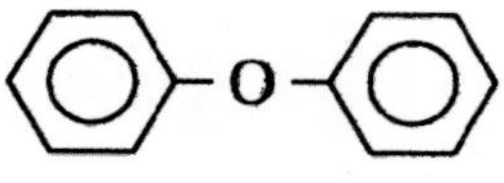 ⬡－O－⬡	化性不活潑	熱交換劑、原料
不對稱醚	甲乙醚		$CH_3 - O - CH_2CH_3$		
	苯甲醚	茴香醚	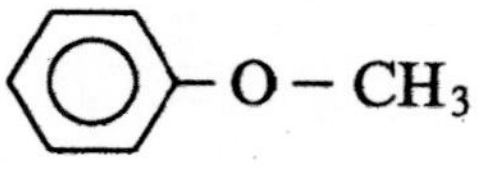 ⬡－O－CH_3	芳香味	原料
	甲基異丁基醚	MTBE	$CH_3 - O - \overset{\displaystyle CH_3}{\underset{\displaystyle CH_3}{\overset{|}{\underset{|}{C}}}} - CH_3$	抗震性	無鉛汽油之添加劑

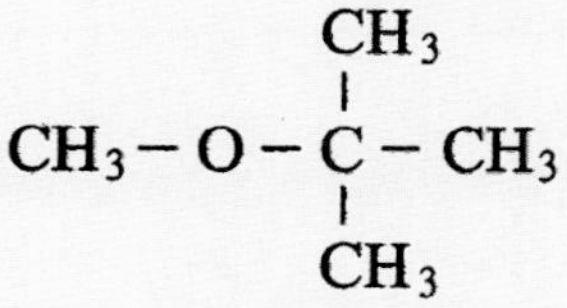

醚類具芳香味但不具分子間氫鍵，故沸點低、揮發性高而易燃。因分子極性小，故難溶於水，易溶於有機溶劑。醚與水溶液混合，形成二層，醚類比重小，故在上層，而水在下層，經逐次搖晃分液漏斗，可自水溶液中萃取有機物至醚層。

醚類之製備可藉由醇分子間脫水而製得。例如：

1. $CH_3OH + HOCH_3 \xrightarrow[\Delta]{H_2SO_4} CH_3OCH_3 + H_2O$

   　甲醇　　　　　　　　　二甲醚　　水

2. $CH_3OH + HOC_2H_5 \xrightarrow[\Delta]{H_2SO_4} CH_3OC_2H_5 + H_2O$

   　甲醇　　乙醇　　　　　甲乙醚　　水

醇與醚為同分異構物，共同分子式為 $C_nH_{2n+2}O$。

例如：乙醇 (C_2H_5OH) 分子與二甲醚 (CH_3OCH_3) 分子，二者之分子式皆為 C_2H_6O，但乙醇沸點 78°C，而甲醚為 −25°C，兩者性質有很大差異。表 14-3 列出常見醇與醚 $(C_nH_{2n+2}O)$ 之異構物的數目。

▼ 表 14-3　常見醇與醚 $(C_nH_{2n+2}O)$ 之異構物數目

n	1	2	3	4	5
醇類	1	1	2	4	8
醚類	0	1	1	3	6

14-2　醛與酮

醛（ $\overset{O}{\underset{}{R-\overset{\|}{C}-H}}$ ）與酮（ $R-\overset{\overset{O}{\|}}{C}-R'$ ）兩者皆含羰基（ $-\overset{\overset{O}{\|}}{C}-$ ），然而醛基上之

氫原子具有還原性，可進一步被氧化為酸，而酮基則不具此特性。

一、醛

醛基在碳鏈之末端，系統命名時不必標出它的位置。常見之醛類性質列於表 14-4。

▼ 表 14-4　常見之醛、酮的結構與特性

	學名	俗名	結構	特性	功能
醛	甲醛	蟻醛	HCHO	刺激性臭味	福馬林、防腐劑、燻劑
	乙醛	醋醛	CH_3CHO	殺菌性、防腐性	合成中間體
	苯甲醛	－	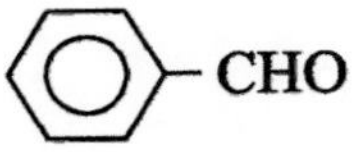 ⬡－CHO	杏仁味	－
酮	丙酮	去光水、醋酮	CH_3COCH_3	無色、芳香味、易揮發	優良有機溶劑、清洗玻璃器皿

常溫下僅甲醛為氣體，其餘為液體。醛類分子具有極性，沸點較同碳數之烷與醚高，但低於含氫鍵之醇與酸。羰基可與水分子形成氫鍵，對水溶解度大。

醛類可藉醇類部分氧化而製得或利用乙炔水解而產生（圖 13-3）。

例如：$2CH_3OH + O_2 \xrightarrow[250\sim300°C]{Cu或Ag} 2HCHO + 2H_2O$

　　　　甲醇　　　　　　　甲醛

$\quad 2CH_3CH_2OH + O_2 \xrightarrow{Ag} 2CH_3CHO + 2H_2O$

　　　　乙醇　　　　　　　　乙醛

二、酮

醛基上之氫原子被烷基取代，則產生酮基。酮基因具羰基，分子極性類似醛基，與水形成氫鍵，丙酮與水可以完全互溶。酮類化性安定，不會被氧化成酸。

丙酮可利用氧化 2–丙醇製取或在高溫下，催化水解醋酸蒸氣而得。

1.
$$CH_3\underset{\underset{\text{2-丙醇}}{OH}}{CH}CH_3 + \frac{1}{2}O_2 \xrightarrow{Cu} \underset{\text{丙酮}}{CH_3\overset{\overset{O}{\|}}{C}CH_3} + H_2O$$

2.
$$2CH_3COOH + \frac{1}{2}O_2 \xrightarrow[300℃]{MnO} \underset{\text{丙酮}}{CH_3\overset{\overset{O}{\|}}{C}CH_3} + CO_2\uparrow + H_2O\uparrow$$

區分醛與酮可利用多倫試液或斐林試液，其中醛呈正反應，酮則為負反應。

1. **多倫試液**：為硝酸銀之氨水溶液，遇醛產生銀鏡反應，即銀白色銀沉澱，在試管壁析出。

$$\underset{\text{醛}}{RCHO} + 2Ag(NH_3)_2^+ + 2OH^- \rightarrow RCOO^-NH_4^+ + \underset{\text{銀鏡}}{2Ag_{(s)}\downarrow} + 3NH_3 + H_2O$$

2. **斐林試液**：為硫酸銅、氫氧化鈉與酒石酸鉀鈉之混合物，遇醛產生紅色氧化亞銅沉澱。

$\underset{\text{醛}}{RCHO}+$	$\underset{\substack{\text{銅離子}\\(\text{深藍色})}}{2Cu^{2+}}$	$+5OH^- \rightarrow$	$\underset{\text{酸根離子}}{RCOO^-}+$	$\underset{\substack{\text{氧化亞銅}\\(\text{紅色})}}{Cu_2O_{(s)}}$	$+3H_2O_{(\ell)}$

葡萄糖、半乳糖等含有醛基，以多倫或斐林試液檢驗，均呈正反應。醛與酮為同分異構物，共同分子式為 $C_nH_{2n}O$。

例如：丙酮(CH_3COCH_3)與丙醛(CH_3CH_2CHO)分子式皆為 C_3H_6O，然而性質則不相同。表 14-5 列出常見之醛與酮($C_nH_{2n}O$)之異構物數目。

▼ 表 14-5　常見之醛、酮($C_nH_{2n}O$)之異構物數目

n	1	2	3	4	5
醛類	1	1	1	2	4
酮類	0	0	1	1	3

14-3　酸與酯

羧酸簡稱為酸，通式為 $\overset{\displaystyle O}{\underset{\displaystyle R-C-OH}{\|}}$ ，羧基(－COOH)含碳、氫、氧三種元素，在水中可解離成羧酸根離子與氫離子，故為酸性。

羧酸中之－OH 被醇(R′－OH)中之烴氧基(－OR′)所取代，則產生酯($\overset{\displaystyle O}{\underset{\displaystyle R-C-O-R'}{\|}}$)，即羧酸與醇作用產生酯，稱為酯化反應，反應過程中常加入濃硫酸脫水，以利酯類生成。

一、酸

羧酸分子之通式為 R－COOH，R 為氫原子或烴基。依分子中所含－COOH 之個數，再分為一元酸、二元酸或多元酸。常見之羧酸見表 14-6。

有機酸均具有分子極性，且分子間具氫鍵，易形成二聚物(dimer)，故沸點較高。甲酸可經由草酸與甘油共熱製得：

$$(COOH)_2 \xrightarrow[\Delta]{\text{甘油}} HCOOH + CO_2$$

草酸　　　　　　甲酸

乙酸可由乙醇氧化製得或由乙炔催化水解得到乙醛（圖 13-3），再氧化製得。

$$CH_3CH_2OH + O_2 \rightarrow CH_3COOH + H_2O$$

　　　乙醇　　　　　　　乙酸

$$2CH_3CHO + O_2 \xrightarrow{\text{V}_2\text{O}_5} 2CH_3COOH$$

　　　乙醛　　　　　　　　　乙酸

▼ 表 14-6　常見羧酸之結構與特性

	學名	俗名	結構	特性	功能
一元酸	甲酸	蟻酸	HCOOH	刺激臭味，腐蝕性	蜜蜂、螞蟻等昆蟲體內具備
	乙酸	醋酸	CH₃COOH	刺激臭味，腐蝕性	食用醋、工業原料、溶劑
	羥丙酸	乳酸	CH₃CHCOOH | OH	乳酸菌分解乳糖產生	運動過度、乳酸堆積、肌肉酸痛
	苯甲酸	安息香酸	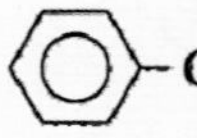 ⬡-COOH	刺激性、腐蝕性	防腐劑、香料、染料
二元酸	乙二酸	草酸	(COOH)₂	白色柱狀結晶、存於酢醬草	還原劑、染色、製革
	2,3-二羥基丁二酸	酒石酸	H | HO-C-COOH | HO-C-COOH | H	無色結晶，存於果實	清涼飲料
三元酸	3-羥基-3-羧基-戊二酸	檸檬酸	H | H-C-COOH | HO-C-COOH | H-C-COOH | H	存於檸檬、柑橘、柚子等果實	清涼飲料

脂肪或油水解可得有機酸，動物油水解可得飽和酸，而多數植物油則產生不飽和酸。

二、酯

酯類通式為 $R-\overset{\overset{\displaystyle O}{\|}}{C}-O-R'$ ，R、R'為烴基，所含 $R-\overset{\overset{\displaystyle O}{\|}}{C}-$ 稱為醯基。酯類得自酸與醇反應脫水而生成，稱為酯化反應：

$$R-COOH + H-OR' \xrightarrow[\Delta]{H_2SO_4} R-\overset{\overset{\displaystyle O}{\|}}{C}-O-R' + H_2O$$

　　酸　　　　　醇　　　　　　　　　酯　　　　　水

例如：甲酸與甲醇反應，生成甲酸甲酯。

$$H-\overset{\overset{\displaystyle O}{\|}}{C}-OH + H-O-CH_3 \xrightarrow[\Delta]{H_2SO_4} H-\overset{\overset{\displaystyle O}{\|}}{C}-O-CH_3 + H_2O$$

　　甲酸　　　　　甲醇　　　　　　　甲酸甲酯　　　　水

　　酯類的命名由某醇而得，某酸在前，某醇在後，將醇改為酯，即為某酸某酯。酯類水解產生酸與醇，是酯化的逆反應。低分子量之酯類揮發性大，可製香精。而油脂與蠟是高分子量之酯。表 14-7 列出數種常見的酯類。

　　蠟是長鏈飽和脂肪酸與長鏈一元醇所生成的高分子量酯類。油脂在常溫下為固體者，屬於脂肪，為三個飽和脂肪酸分子和一個甘油分子所生成的酯，大多存於動物組織，如牛脂等；在常溫下為液體者，屬於油，為三個不飽和脂肪酸分子和一個甘油分子反應所生成的酯。

　　油脂與氫氧化鈉溶液共熱，產生皂化反應，生成甘油與脂肪酸鈉（即肥皂）。常見之肥皂，如硬脂酸鈉($C_{17}H_{35}COONa$)為硬肥皂，可製造肥皂塊；硬脂酸鉀($C_{17}H_{35}COOK$)為軟肥皂，可製造刮鬍膏或香皂。

▼ 表 14-7　常見之酯類

酯	名稱	示性式	酯香味或用途
香蕉精 蘋果精 杏仁精 鳳梨精	乙酸戊酯 丁酸乙酯 丁酸戊酯 水楊酸戊酯	$CH_3COOC_5H_{11}$ $C_3H_7COOC_2H_5$ $C_3H_7COOC_5H_{11}$ 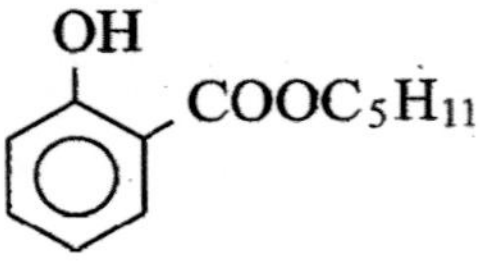	香蕉，水果香料 蘋果，水果香料 杏仁，杏仁香料 鳳梨，水果香料
鯨蠟 蟲蠟	十六酸十六酯 廿六酸廿六酯	$C_{15}H_{31}COOC_{16}H_{33}$ $C_{25}H_{51}COOC_{26}H_{53}$	蠟燭、地板蠟 藥膏、化妝品、鞋油
牛脂 豬油	脂肪酸甘油酯	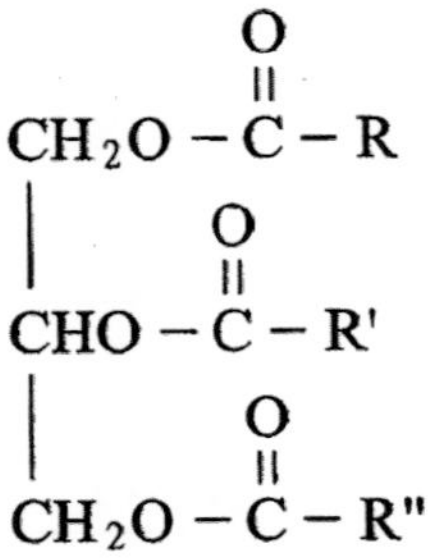	肥皂、蠟燭、潤滑油、油墨、化妝品

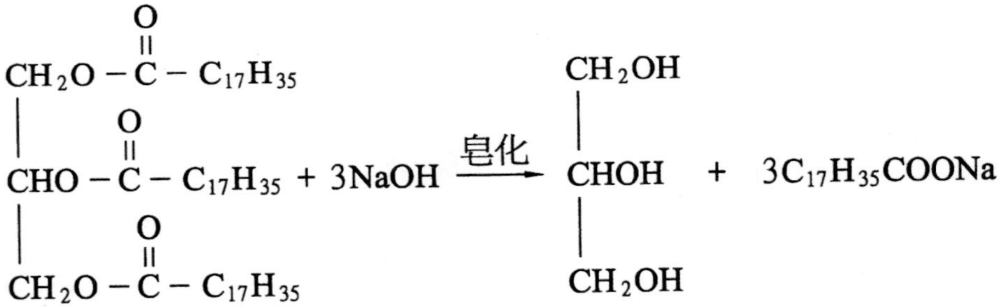

牛脂　　　　　　氫氧化鈉　　　　　甘油　　　　　硬脂酸鈉

　　酸與酯為同分異構物，共同分子式為 $C_nH_{2n}O_2$，$n \geq 2$，例如乙酸(CH_3COOH)與甲酸甲酯($HCOOCH_3$)有共同的分子式 $C_2H_4O_2$。表 14-8 列出酸與酯異構物的數目。

▼ 表 14-8　常見酸與酯($C_nH_{2n}O_2$)之異構物數目

n	1	2	3	4	5
酸類	1	1	1	2	4
酯類	0	1	2	4	9

14-4　胺與醯胺

　　烴基(R–)取代氨(NH_3)中之氫原子稱為**胺**，依烴基取代之氫原子數，可分為一級胺(**RNH_2**)、二級胺(**HNR_2**)與三級胺(**NR_3**)。

　　醯基(
$$\begin{array}{c} O \\ \parallel \\ R-C- \end{array}$$
)結合胺基(
$$-N{\Large\langle}_{R''}^{R'}$$
)，稱為**醯胺基**，分子通式為

$$\begin{array}{c} O \\ \parallel \\ R-C-N{\Large\langle}_{R''}^{R'} \end{array}$$
，R、R′、R″可為氫、烴基或芳基。常見之胺與醯胺列於表 14-9。

▼ 表 14-9　常見之胺與醯胺的結構與特性

名稱	結構	特性	功能
甲胺	CH_3NH_2	易揮發、刺激味	合成中間體，但不穩定
苯胺	⬡–NH_2	易氧化	合成中間體
乙醯苯胺	CH_3CONH–⬡	白色晶體	退熱劑、合成中間體

　　胺有刺激性臭味，屬於鹼性化合物。胺基酸、蛋白質與生物鹼中皆含有胺；魚、肉類腐敗時會釋出胺。

最簡單之醯胺可視為酸與氨脫去一分子而得，如甲醯胺。

$$H-\overset{\overset{\textstyle O}{\|}}{C}-OH + H-NH_2 \longrightarrow H-\overset{\overset{\textstyle O}{\|}}{C}-NH_2 + H_2O$$

甲酸　　　　　氨　　　　　　甲醯胺　　　水

青黴素中含有醯胺基。

14-5　費洛蒙與生物鹼

　　某些天然有機物具有特殊的結構與性質，常在生物與醫藥方面扮演重要的角色。利用有機合成製備結構與天然物相似的有機物，往往是發現新藥物的契機。以下將介紹兩種重要的天然有機物。

一、費洛蒙(Pheromons)

　　費洛蒙是某些生物藉以溝通、聯絡的天然有機物。昆蟲費洛蒙依功能來看，可分為警戒、補給、性費洛蒙等，而且僅需要極少量，即可達成任務。警戒費洛蒙象徵危險；補給費洛蒙可告知同伴食物源；性費洛蒙可吸引異性。下列是某些昆蟲的費洛蒙結構。

$$(CH_3)_2CH(CH_2)_4CH-CH(CH_2)_9CH_3$$

鞋韃蛾費洛蒙　　　　　　家蠅費洛蒙

$$cis-CH_3(CH_2)_{12}CH=CH(CH_2)_7CH_3$$

棉花象皮蟲費洛蒙

二、生物鹼(Alkaloids)

　　某些植物成分含有具氮原子之環狀分子，這些氮原子擁有未共用電子對，因此具有鹼性，屬於生物鹼。幾個天然生物鹼對人類有重要的生理效應，結構如下：

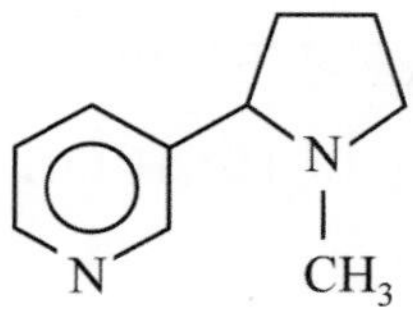

尼古丁 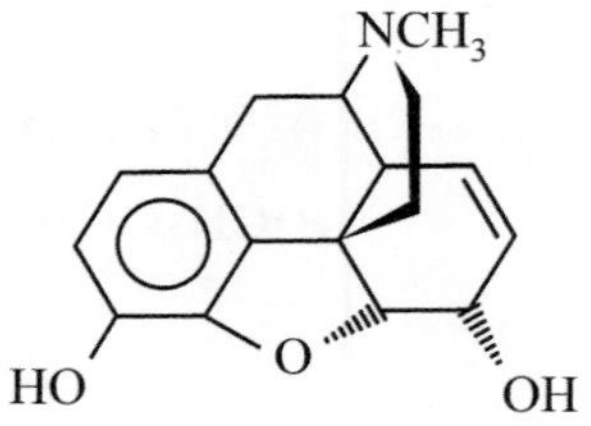　　　　　　　　　嗎啡

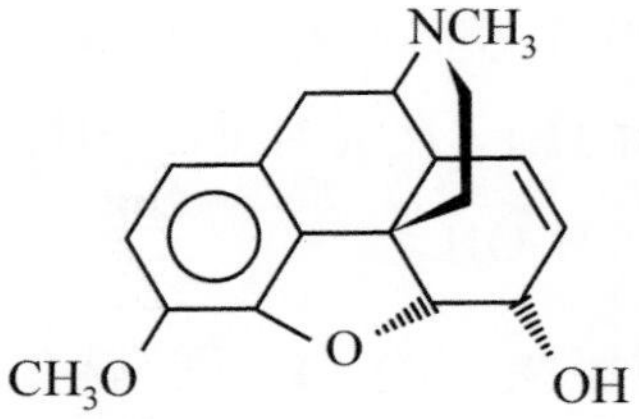

可待因 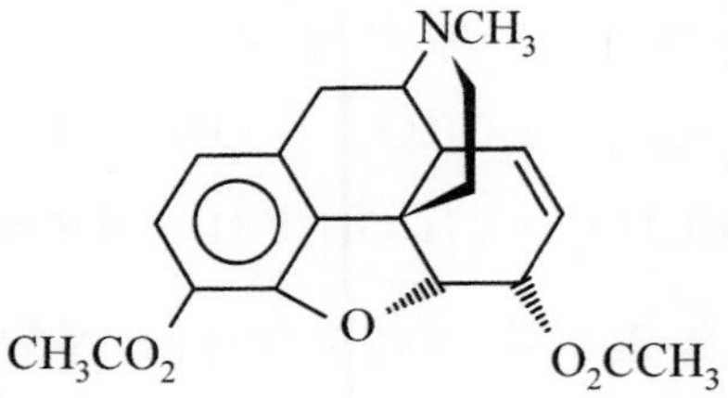　　　　　　　　　海洛因

課後練習

一、單選題

( ) 1. 小明不小心誤飲甲醇中毒，醫師急救時可在靜脈注射何種物質以解毒？
(A)HCHO　　　　(B)CH_3OCH_3　　　　(C)CH_3CH_2OH　　　　(D)$CH_2{=}CH_2$
(E)CH_3COCH_3。

( ) 2. 冬季氣溫降至冰點時，汽車水箱會結冰，此時可添加何種物質以抗凍？
(A)CH_2OHCH_2OH　(B)CH_3OCH_3　(C)CH_3CH_2OH　(D)CH_3COCH_3。

( ) 3. 乙醚常作為麻醉劑使用，試問下列何者為其同分異構物？
(A)CH_3CH_2CHO　　　(B)$CH_3CH_2CH_2CHO$　　(C)CH_3CH_2OH
(D)$CH_3CH_2CH_2OH$　　(E)$CH_3CH_2CH_2CH_2OH$。

( ) 4. 化學實驗室今有乙酸(a)、丙醇(b)與甲酸甲酯(c)三種有機物質，三者分子量相同，試問沸點高低順序為何？　(A)a＞b＞c　(B)b＞c＞a　(C)c＞a＞b　(D)c＞b＞a　(E)a＞c＞b。

( ) 5. 承上題，三者沸點相異的原因是什麼？　(A)極性的高低　(B)分子的大小　(C)氫鍵的數目　(D)官能基的不同　(E)以上皆非。

( ) 6. 【複選】瑪法達上實驗課時以多倫試液測試銀鏡反應，試問下列何種物質有負反應（未見銀鏡出現）？　(A)果糖　(B)葡萄糖　(C)半乳糖　(D)HCOOH　(E)CH_3CHO。

( ) 7. 小明上實驗課時觀察斐林試液測試乙醛的反應，他將發現產生紅色的何種沉澱物？　(A)Cu　(B)CuO　(C)Cu_2O　(D)$Cu(OH)_2$　(E)$CuSO_4$。

( ) 8. 皂化反應製備肥皂，必須在油脂中加入何項物質？　(A)肉桂油　(B)硬脂酸　(C)氫氧化鈉　(D)硫酸鈉　(E)甘油。

（　）9. 下列各化合物，哪一種沸點最高？　(A)乙烷　(B)乙醚　(C)乙醇　(D)乙醛　(E)乙酸。

（　）10. 安非他命的結構如右圖，下列有關其性質的預測，何項錯誤？　(A)在稀酸中的溶解度，大於在純水中　(B)學名為正丙基苯胺　(C)其水溶液會使紅色石蕊變藍　(D)為一級胺類。

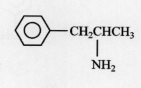

（　）11. 家庭廚房中常用的調味品有食鹽、米酒與食醋。食鹽的主要成分是氯化鈉；米酒中含有乙醇；食醋則含有乙酸。下列有關此三種物質的敘述，何者正確？

(A) 此三種物質的水溶液，食鹽與米酒呈中性，食醋呈酸性

(B) 此三種物質的水溶液，在相同濃度時，以食醋的導電性最好

(C) 氯化鈉、乙醇與乙酸中，以氯化鈉的熔點最低

(D) 氯化鈉易溶於揮發性有機溶劑。

（　）12. 下列各組有機分子的關係，何者正確？

(A) 乙酸與甲酸甲酯為同分異構物

(B) 丙酸與丁酸為同素異形體

(C) 1-戊烯與 2-戊烯為幾何異構物

(D) 丁烷和環丁烷為同系物。

題組 13~14：

　　根據環保署公布的河川汙染調查報告，國內河川中的魚貝體內，有的含有「環境荷爾蒙」，如多溴二苯醚與壬基苯酚。當動物誤食這些魚貝時，會引起基因突變或荷爾蒙分泌失調，因此這些物質被稱為「環境荷爾蒙」。試依據以上敘述，回答下列兩題：

(　) 13. 下列哪一選項正確表示壬基苯酚的分子結構？

(A) 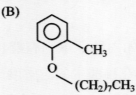 (B) (C)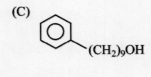

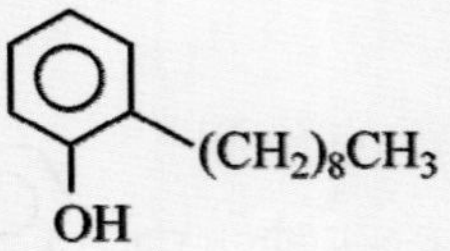

(D) 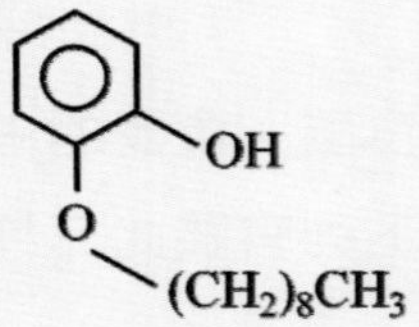 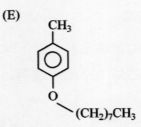 (E)

(　) 14. 這些環境荷爾蒙均具有高沸點、高脂溶性，以及不易分解的特性。若欲從河底淤泥中萃取多溴二苯醚以供檢測，則下列哪一溶劑最合適？ 　(A) 純水 　(B)氨水 　(C)稀鹽酸 　(D)食鹽水 　(E)乙酸乙酯。

(　) 15. 報載：「不肖商人於魚貨中添加致癌物甲醛」。下列有關甲醛的敘述，何者錯誤？

(A) 甲醛分子形狀是平面形

(B) 甲醛分子量為 30.0，常溫為氣態分子

(C) 甲醛可用斐林試劑檢驗，生成物為紅色

(D) 甲醛無法用多侖試劑檢驗，不會有化學反應

(E) 37%甲醛的水溶液俗稱福馬林，可以用來防腐。

二、填充題

1.

$$C_6H_{12}O_6 \xrightarrow[\text{酸酵}]{\text{酵母}} \underline{\hspace{1.5cm}\text{〔1〕}} + \underline{\hspace{1.5cm}\text{〔2〕}}$$

2.

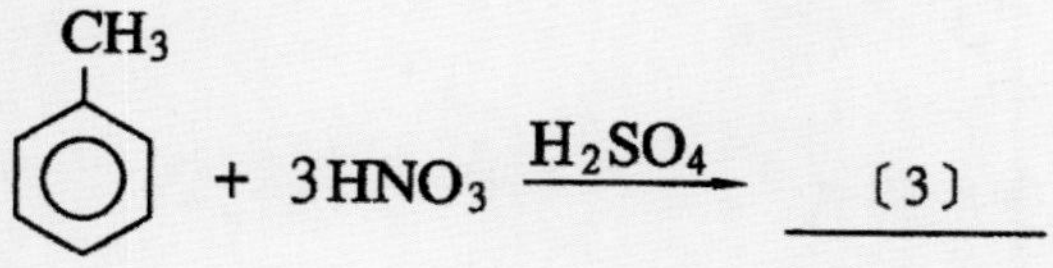

$$\text{CH}_3\text{-C}_6\text{H}_5 + 3HNO_3 \xrightarrow{H_2SO_4} \underline{\hspace{1.5cm}\text{〔3〕}}$$

3.

$$\underline{\hspace{1.5cm}\text{〔4〕}} + CH_3COOH$$

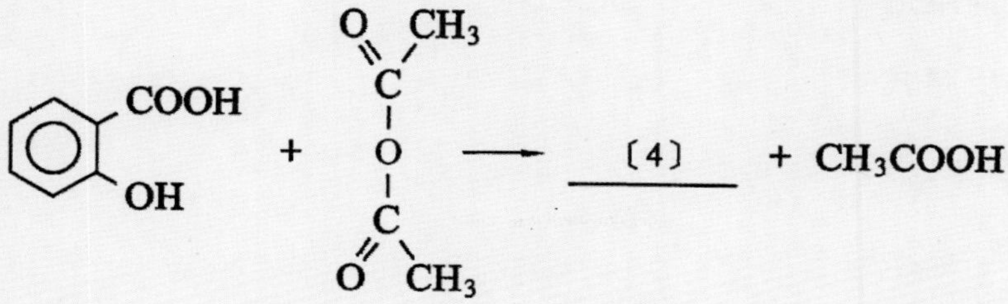

三、問答題

1. (1) 何謂烴的衍生物？

   (2) 何謂官能基？

   (3) 舉例說明七種烴的衍生物，並標示其通式及官能基。

2. 試述乙醇之製法及用途？

3. 試述乙醚之製法及用途？

4. 寫出下列有機化合物的名稱，其中 R 是烷基。

   (1) RH

   (2) ROH

   (3) RCOR

   (4) RCO_2H

   (5) RNH_2

   (6) ROR

   (7) RCHO

5. 舉例說明取代反應與加成反應之區別？

6. 醛與酮有何相同處和相異處？

7. 爬了一整天的高山，為何腿部會酸疼？

8. 列舉並說明數種常見的有機酸。

9. 如何釀酒？並寫出其釀造過程的化學反應式。

10. 何謂果香精？有何用途？

11. 寫出下列各化學反應式。

　　(1) 硝化甘油爆炸。

　　(2) 製造軟肥皂。

　　(3) 電石加水。

　　(4) 斐林反應。

　　(5) 製造丙酮。

　　(6) 酯化反應。

　　(7) 製造醋酸。

　　(8) 牛奶變酸。

　　(9) 製造 T.N.T.。

　　(10)製造硝化甘油。

12. 試命名下列有機化合物。

(1)
$$CH_3-\underset{\underset{C_2H_5}{|}}{\overset{\overset{CH_3}{|}}{CH}}-\overset{}{CH}-CH_2-CH_2-CH_2-CH_3$$

(2)
$$C_2H_5-\overset{\overset{O}{\|}}{C}-O-C_2H_5$$

(3)
$$CH_3-\underset{\underset{CH_3}{|}}{CH}-CH_2-CHO$$

(4)
$$CH_3-\underset{\underset{OH}{|}}{CH}-\underset{\underset{CH_3}{|}}{CH}-\underset{\underset{CH_3}{|}}{CH}-CH_3$$

13. 何謂生物費洛蒙？具有哪些特殊功能？試舉一例說明。

MEMO

生物化學

15

CHAPTER

生物經由化學反應產生物質與能量。物質構成體質的組成、能量提供新陳代謝所需。生物化學即研究生物之化學過程，運用化學的成分、理論與方法來解決生物的組成、能量來源與成分結構。醣類、脂肪、蛋白質、酵素與核酸是生物體內重要的組成，本章將針對這些生化分子作一探討。

15-1 醣

醣是多羥醛或多羥酮及其衍生物或聚合物的總稱，而具甜味的個別單、雙醣稱某糖。醣類由碳、氫、氧等元素組成，通式為 $C_n(H_2O)_m$，故又稱碳水化合物。

醣類依水解產物分為**單醣**、**雙醣**與**多醣**；若依官能基的不同，可分為**醛醣**

（分子結構合 $-C\overset{O}{\underset{H}{\diagup}}$ ）與**酮醣**（分子結構含 $-\overset{O}{\underset{\parallel}{C}}-$ ）。

一、單　醣

單醣是不能水解的最簡單的醣。單醣又可依碳數分為三碳醣、四碳醣、五碳醣、六碳醣與七碳醣，例如葡萄糖與果糖是單醣，也是六碳醣。

1. **葡萄糖**：分子式為 $C_6H_{12}O_6$，具有一個醛基與六個羥基。結構式有直鏈與環狀，如下式所示；在溶液中，環狀結構占 99%。萄萄糖為體內重要能源，體內葡萄糖濃度降低易造成部分腦細胞過敏，會產生痙攣、意識模糊，甚至死亡。

α- 葡萄糖 (36%)　　　　葡萄糖　　　　β- 葡萄糖 (63%)

直鏈式葡萄糖在水溶液中形成環狀式葡萄糖（有兩種異構物，差別在 1 號碳上的－OH 基，－OH 在下方者為 α 型異構物；－OH 在上方者為 β 型異構物。）

　　葡萄糖因具醛基，故有還原性，可發生斐林反應與銀鏡反應。

2. **果糖**：分子式亦為 $C_6H_{12}O_6$，具有一個酮基與六個羥基。其結構式亦有直鏈與環狀（五員環）兩種，如下式所示。果糖雖為酮醣，仍具有還原性，可與斐林、多倫試劑反應。其甜度在所有醣類中最高。

α- 果糖　　　　　　　D- 果糖　　　　　　　β- 果糖

直鏈式果糖在水溶液形成環狀式果糖（有兩種異構物，差別在 2 號碳上的－OH 基，－OH 在下方者為 α 型異構物；–OH 在上方者為 β 型異構物。）

二、雙　醣

　　雙醣是水解後可得兩分子單醣的醣。分子式為 $C_{12}H_{22}O_{11}$，例如蔗糖、麥芽糖與乳糖。

1. **蔗糖**：由一分子葡萄糖與一分子果糖脫水縮合，以醚基(R–O–R′)連結而成，結構式如下式所示，含有 8 個羥基，可與水形成氫鍵，故易溶於水。蔗糖非還原糖，不與斐林、多倫試劑起反應。常提煉自甘蔗與甜菜。

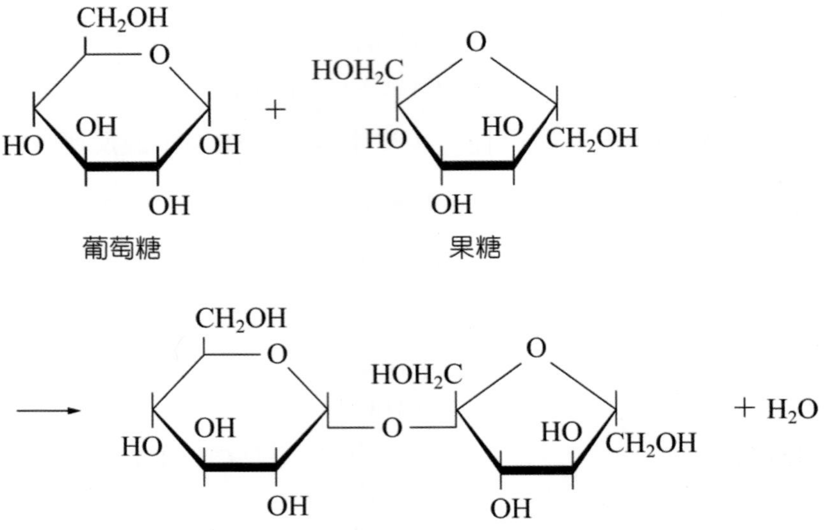

葡萄糖　　　　　　　　　果糖

蔗糖

2. **麥芽糖**：由二分子葡萄糖脫一分子水，以醚基連結而成，結構式如下式所示。麥芽糖為還原糖，呈白色針狀結晶，加熱呈飴狀，俗稱飴糖，有止咳功效，常用作止咳糖漿。

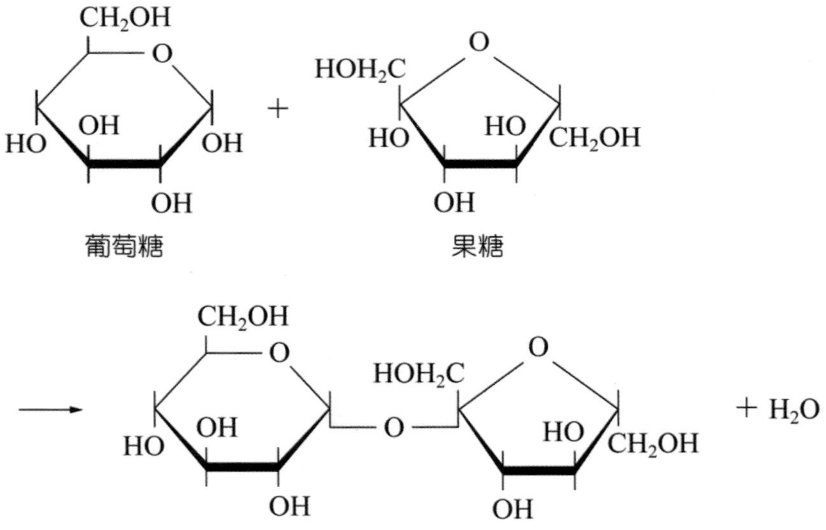

葡萄糖　　　　　　　　　果糖

蔗糖

3. **乳糖**：由一分子半乳糖與一分子葡萄糖脫水縮合，以醚基連結而成，結構式如下式所示。乳糖呈白色粉末固體，是易溶於水的還原糖，除了充當營養素，尚可幫助鈣的吸收。

半乳糖 + 葡萄糖 → 乳糖 + H_2O（水）

三、多　醣

多醣是水解後可產生許多單醣分子的醣，通式為 $H(C_6H_{10}O_5)_nOH$，n 值很大，例如澱粉與纖維素。

1. **澱粉**：由 α －葡萄糖脫水形成的醚鏈同元聚合物，分子量約為 $4000 \sim 1.5 \times 10^5$，分子量較小之澱粉可溶於水，分子量大之澱粉則難溶於水，結構式如下式所示。當澱粉在水中烹煮時，溫度升高，澱粉顆粒開始膨脹，脹裂成黏膠，此過程稱為糊化。食用澱粉類食物，身體中的酶會將澱粉消化為聚合較短的糊精，再消化為麥芽糖，最後水解為葡萄糖。澱粉遇碘液呈藍色反應。

澱粉（α型結構）

2. 纖維素：由 β － 葡萄糖脫水形成的同元聚合物，分子量約為數十萬，難溶於水，較穩定，不被人體吸收，但可幫助腸胃蠕動，結構式如下式所示。

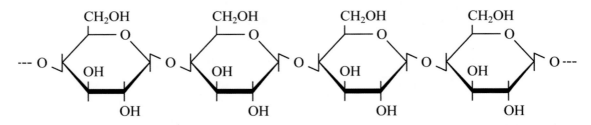

　　纖維素在建築家具與造紙材料方面應用極廣。若以硫酸與硝酸處理可得硝酸纖維素，供製造無煙火藥。賽璐珞是加酒精至硝酸纖維素 75%和樟腦 25%中製得的塑膠材料。

　　澱粉與纖維素兩者皆沒有甜味，且不具還原性。

15-2　脂　肪

Chemistry

　　「油脂」是來自動／植物體的油。在室溫下以液態存在者稱為「油」，如花生油、大豆油、橄欖油等；而在室溫下為固態者，則稱為「脂」，如豬油、牛脂等。油脂是由一分子甘油與三分子高級脂肪酸脫水而成，構造如下所示，R_1, R_2, R_3 為烴基。

$$
\begin{array}{ccc}
\begin{array}{c}
CH_2OH \\ | \\ CHOH \\ | \\ CH_2OH
\end{array}
&
+
\begin{array}{c}
R_1COOH \\ | \\ R_2COOH \\ | \\ R_3COOH
\end{array}
&
\longrightarrow
\begin{array}{c}
\overset{\displaystyle O}{\overset{\|}{CH_2O - C} - R_1} \\ | \\ \overset{\displaystyle O}{\overset{\|}{CHO - C} - R_2} \\ | \\ \overset{\displaystyle O}{\overset{\|}{CH_2O - C} - R_3}
\end{array}
+ \ 3H_2O
\end{array}
$$

甘油　　　　　脂肪酸　　　　　　　　　油脂　　　　水

普通的脂肪或油脂皆為多種酯類的混合物，故無一定之熔點與沸點，油脂中之羧酸分子的碳原子數約在 12~20 間。一般植物性油脂之熔點較動物性油脂低。因植物性油的脂肪酸多為含雙鍵之不飽和酸，而動物油為飽和酸，故可經氫化作用改變植物性油之外形，由液態轉變成固態，稱為油的硬化，如人造奶油的製造。

$$R-CH=CH(CH_2)_n COOH + H_2 \xrightarrow{\text{Pt或Ni}} RCH_2CH_2(CH_2)_n COOH$$

油脂不溶於水與乙醇，但可溶於有機溶劑，如乙醚、氯仿、苯與汽油等。甘油三脂可起皂化作用，即脂肪在鹼性水溶液中起水解作用，形成脂肪酸鹽及甘油。例如：

$$
\begin{array}{c}
\overset{\displaystyle O}{\overset{\|}{CH_2O - C} - C_{17}H_{35}} \\ | \\ \overset{\displaystyle O}{\overset{\|}{CHO - C} - C_{17}H_{35}} \\ | \\ \overset{\displaystyle O}{\overset{\|}{CH_2O - C} - C_{17}H_{35}}
\end{array}
+ \ 3NaOH \xrightarrow{\text{皂化}}
\begin{array}{c}
CH_2OH \\ | \\ CHOH \\ | \\ CH_2OH
\end{array}
+ \ 3C_{17}H_{35}COONa
$$

牛脂　　　　　氫氧化鈉　　　　甘油　　　　硬脂酸鈉（肥皂）

上述反應生成之硬脂酸鈉即肥皂；若使用氫氧化鉀則形成軟肥皂($C_{17}H_{35}COOK$)，再添加苯酚等殺菌劑則成藥皂。

除鈣(Ca)、鎂(Mg)之脂肪酸鹽（硬水）難溶於水，其餘易溶。每克脂肪在人體內完全氧化時放出大約 9 仟卡的熱量，而每克的醣與蛋白質則只有 4 仟卡。

15-3 蛋白質

蛋白質由 α－胺基酸分子間脫水形成醯胺鍵（ $\begin{smallmatrix} O & H \\ \| & \| \\ -C & -N- \end{smallmatrix}$ ，又稱胜鍵）而成之

聚醯胺，為一鏈狀結構。α－胺基酸之結構如下式所示。

$$\underset{H}{\overset{R}{H_2N - \underset{|}{\overset{|}{C}} - \overset{O}{\overset{\|}{C}} - OH}}$$

最常見之胺基酸約 20 種，見表 15-1。R=H 時，稱為**甘胺酸**，是最簡單的胺基酸。

R = H： $H_2N - \underset{H}{\overset{H}{\underset{|}{C}}} - \overset{O}{\overset{\|}{C}} - OH$

甘胺酸（2- 胺基乙酸）

R = CH₃： $H_2N - \underset{H}{\overset{CH_3}{\underset{|}{C}}} - \overset{O}{\overset{\|}{C}} - OH$

丙胺酸（2- 胺基丙酸）

家庭中常用的味精為胺基酸之麩胺酸的鈉鹽，稱**麩胺酸鈉**。

$$Na^+O^- \overset{O}{\overset{\|}{C}} - CH_2 - CH_2 - \underset{NH_2}{\underset{|}{CH}} - C\overset{\nearrow O}{\underset{\searrow OH}{}}$$

麩胺酸鈉

▼ 表 15-1　天然胺基酸

名稱	縮寫符號	化學式
胺基丙酸(＋)-Alanine	Ala A	CH_3CHCOO^- 　　$\underset{+NH_3}{\vert}$
魚精胺酸(＋)-Arginine[e]	Arg R	$H_2NCNHCH_2CH_2CH_2CHCOO^-$ 　$\underset{+NH_2}{\Vert}$　　　　　　$\underset{NH_2}{\vert}$
天冬素(－)-Asparagine	Asn N	$H_2NCOCH_2CHCOO^-$ 　　　　　$\underset{+NH_3}{\vert}$
天冬酸(＋)-Aspartic acid	Asp D	$HOOCCH_2CHCOO^-$ 　　　　$\underset{+NH_3}{\vert}$
半胱胺酸(－)-Cysteine	Cys C	$HSCH_2CHCOO^-$ 　　　$\underset{+NH_3}{\vert}$
胱胺酸(－)-Cystine	Cys－Cys	$^-OOCCHCH_2S-SCH_2CHCOO^-$ 　　$\underset{+NH_3}{\vert}$　　　　　　$\underset{+NH_3}{\vert}$
麩胺酸(＋)-Glutamic acid	Glu E	$HOOCCH_2CH_2CHCOO^-$ 　　　　　　$\underset{+NH_3}{\vert}$
麩醯胺(＋)-Glutamine	Gln Q	$H_2NCOCH_2CH_2CHCOO^-$ 　　　　　　$\underset{+NH_3}{\vert}$
甘胺酸或胺基乙酸 Glycine	Gly G	CH_2COO^- 　$\underset{+NH_3}{\vert}$
組織胺酸(－)-Histidine[e]	His H	CH_2CHCOO^- 　　　$\underset{+NH_3}{\vert}$
羥離胺酸（羥二脂基己酸）(－)-Hydroxylysine	Hyl	$^+H_3NCH_2CHCH_2CH_2CHCOO^-$ 　　　　$\underset{OH}{\vert}$　　　　$\underset{NH_2}{\vert}$
羥吡咯啶甲酸(－)-Hydroxyproline	Hyp	

▼ 表 15-1 天然胺基酸（續）

名稱	縮寫符號	化學式
異白胺酸(＋)-Isoleucine[e]	Ile I	$CH_3CH_2CH(CH_3)\underset{\underset{+NH_3}{\vert}}{C}HCOO^-$
白胺酸(－)-Leucine[e]	Leu L	$(CH_3)_2CHCH_2\underset{\underset{+NH_3}{\vert}}{C}HCOO^-$
離胺酸（二胺基己酸）(＋)-Lysine[e]	Lys K	$^+H_3NCH_2CH_2CH_2CH_2\underset{\underset{+NH_2}{\vert}}{C}HCOO^-$
甲硫丁胺酸(－)-Methionine[e]	Met M	$CH_3SCH_2CH_2\underset{\underset{+NH_3}{\vert}}{C}HCOO^-$
苯胺基丙酸(－)-Phenylalanine[e]	Phe F	$\bigcirc\!\!-CH_2\underset{\underset{+NH_3}{\vert}}{C}HCOO^-$
吡咯啶甲酸(－)-Proline	Pro P	環狀結構 —COO⁻，N⁺ 連接 H H
絲胺酸(－)-Serine	Ser S	$HOCH_2\underset{\underset{+NH_3}{\vert}}{C}HCOO^-$
蘇胺酸(－)-Threonine[e]	Thr T	$CH_3CHOH\underset{\underset{+NH_3}{\vert}}{C}HCOO^-$
色胺酸(－)-Tryptophane[e]	Trp W	$CH_2\underset{\underset{+NH_3}{\vert}}{C}HCOO^-$ 吲哚環，N H
乾酪胺酸(－)-Tyrosine	Tyr Y	$HO\!-\!\bigcirc\!\!-CH_2\underset{\underset{+NH_3}{\vert}}{C}HCOO^-$
纈胺酸(＋)-Valine[e]	Val V	$(CH_3)_2CH\underset{\underset{+NH_3}{\vert}}{C}HCOO^-$

註：(＋)為右旋，(－)為左旋，[e] 為必需胺基酸。

兩個胺基酸分子縮合成二肽：

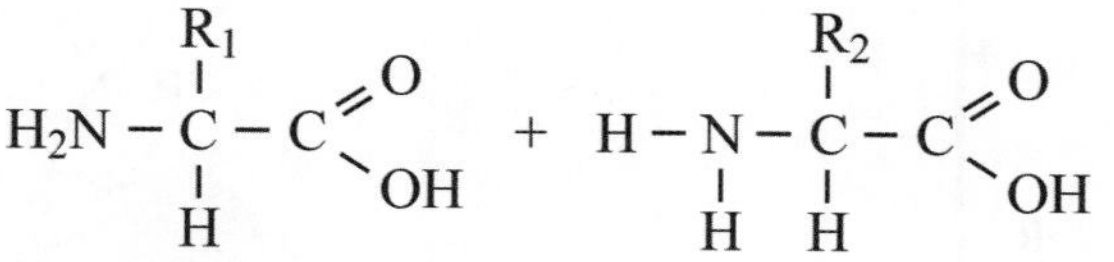

$$H_2N-\overset{\overset{\displaystyle R_1}{|}}{\underset{\underset{\displaystyle H}{|}}{C}}-\overset{\displaystyle C}{\underset{\displaystyle OH}{}}\overset{\displaystyle O}{}\quad + \quad H-\overset{}{\underset{\underset{\displaystyle H}{|}}{N}}-\overset{\overset{\displaystyle R_2}{|}}{\underset{\underset{\displaystyle H}{|}}{C}}-\overset{\displaystyle C}{\underset{\displaystyle OH}{}}\overset{\displaystyle O}{}$$

胺基酸   胺基酸

$$\longrightarrow \quad H_2N-\overset{\overset{\displaystyle R_1}{|}}{\underset{\underset{\displaystyle H}{|}}{C}}-\overset{\overset{\displaystyle O}{\|}}{C}-\overset{}{\underset{\underset{\displaystyle H}{|}}{N}}-\overset{\overset{\displaystyle R_2}{|}}{\underset{\underset{\displaystyle H}{|}}{C}}-\overset{\overset{\displaystyle O}{\|}}{C}-OH \quad + \quad H_2O$$

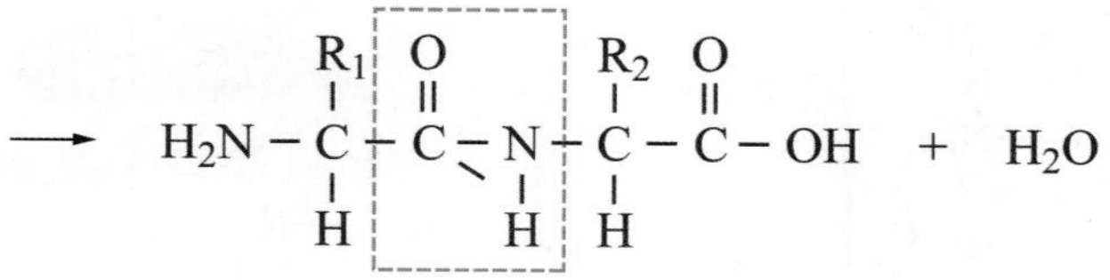

二肽（胜）

三個胺基酸分子縮合成三肽，多個胺基酸分子縮合成多肽：

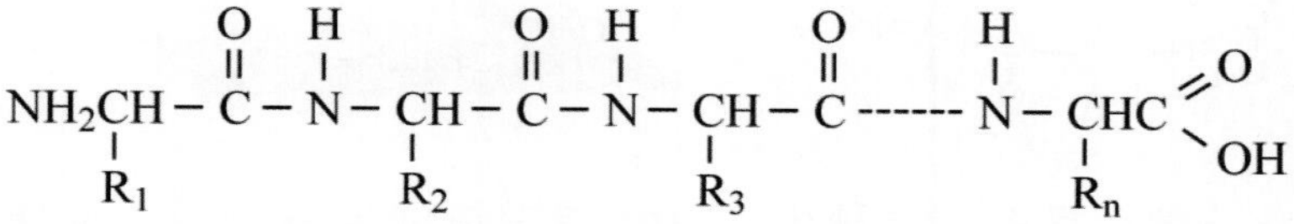

$$NH_2CH-\overset{\overset{\displaystyle O}{\|}}{C}-\overset{\overset{\displaystyle H}{|}}{N}-CH-\overset{\overset{\displaystyle O}{\|}}{C}-\overset{\overset{\displaystyle H}{|}}{N}-CH-\overset{\overset{\displaystyle O}{\|}}{C}-----\overset{\overset{\displaystyle H}{|}}{N}-CHC\overset{\displaystyle O}{\underset{\displaystyle OH}{}}$$
$$\underset{\displaystyle R_1}{}\qquad\qquad \underset{\displaystyle R_2}{}\qquad\qquad \underset{\displaystyle R_3}{}\qquad\qquad \underset{\displaystyle R_n}{}$$

通常 100 個以上胺基酸分子縮合成的多肽，稱為**蛋白質**。胺基酸排列的順序可決定蛋白質的特性。胺基酸所組成之直鏈結構，稱為蛋白質之**一級結構**，此鏈可藉氫鍵（ $-NH-----O=C\diagdown$ ）或雙硫鍵($-S-S-$)結合，形成 $\alpha-$螺旋結構或褶板結構，稱為蛋白質之**二級結構**，如圖 15-1 所示。一、二級結構的胺基酸支鏈間，彼此相互作用，扭曲纏繞成立體的**三級結構**，如圖 15-2 所示。若蛋白質含兩條以上的多肽鏈，除每條多肽鏈扭曲摺疊外，彼此間再以非共價鍵方式結合者，稱為**四級結構**。

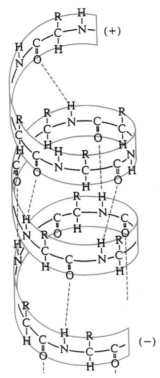

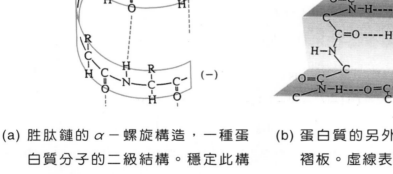

(a) 胜肽鏈的 α －螺旋構造，一種蛋白質分子的二級結構。穩定此構造的氫鍵以藍色虛線表示

(b) 蛋白質的另外一種二級結構，β －褶板。虛線表示氫鍵

◯ 圖 15-1

　　蛋白質受熱或以酒精、丙酮等處理，可破壞蛋白質結構，使其失去活性，稱為**蛋白質變性**。

　　蛋白質分子量常達數萬以上，形態主要分為**球狀蛋白**與**纖維蛋白**。白蛋白、酶、抗體等為球狀蛋白，易溶於水，質地柔軟鬆散，易擴散。而毛髮、指甲等為纖維蛋白、長狀或桿狀，質地緊密，不易溶於水。

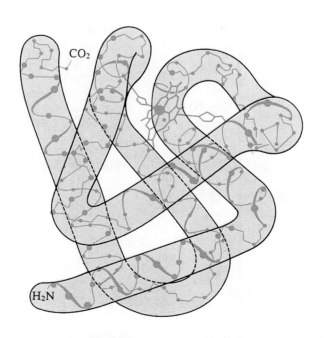

⊃ 圖 15-2　肌紅蛋白的三級結構。肌紅蛋白為一種存在於肌肉組織中的儲氧蛋白，圖中顯示摺疊的三級結構，以及螺旋狀的二級結構（柱狀區域）。一級結構則以紅色點線標示

15-4　酵素（酶）

　　酵素又稱生物催化劑或酶，為一蛋白質分子，有些是簡單蛋白質，大部分是拼合蛋白質，包括簡單蛋白質（酶蛋白）和非蛋白質部（輔酶或輔基）。人體內各種反應皆需要酶，酶在溫和狀態下進行催化，可降低反應之活化能，但不會破壞平衡。酵素與受質先形成複體，然後再分解成產物與酵素，而且反應前後酵素的性質不會改變，故可反覆使用。

　　酶僅與受質表面某些特定部分反應，此處稱為活化中心。反應系中若加入偽受質，則與受質競爭活化中心，使產物減少，例如對胺基苯磺醯胺，即為對胺基苯甲酸之偽受質。

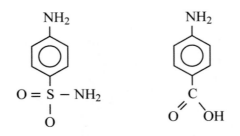

對胺基苯磺醯胺   對胺基苯甲酸

酶具特異性與選擇性，一種酶僅能催化一種反應，例如尿素酶僅可催化尿素。

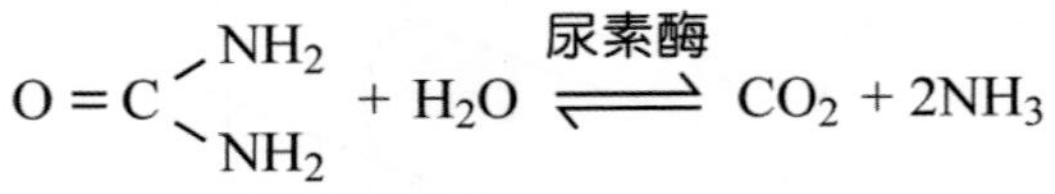

$$O = C \underset{NH_2}{\overset{NH_2}{\diagdown}} + H_2O \underset{尿素酶}{\rightleftharpoons} CO_2 + 2NH_3$$

尿素

$$O = C \underset{NHCH_3}{\overset{NH_2}{\diagdown}} + H_2O \underset{尿素酶}{\longleftarrow}$$

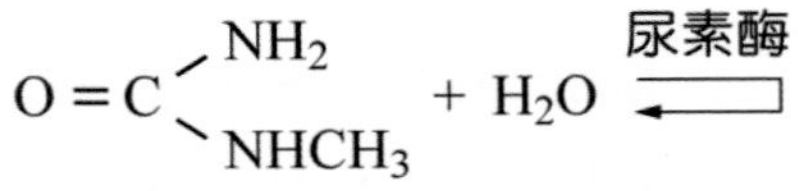

N－甲基尿素

15-5 核 酸

核酸分成兩種：其一為去氧核糖核酸(deoxyribonucleic acid)，簡稱 DNA，為細胞核之成分；另一種核糖核酸(ribonucleic acid)，簡稱 RNA，在細胞質中大量存在。

核酸是由含氮鹽基（表 15-2）和五碳醣的核糖或去氧核糖脫水結合而生成核苷或去氧核苷，再與磷酸根進行酯化，產生核苷酸或去氧核苷酸，最後這些核苷酸或去氧核苷酸經縮合聚合，產生聚核苷酸的高分子化合物－核糖核酸與去氧核糖核酸。核酸結構之生成，如圖 15-3 所示。

▼ 表 15-2　存於 DNA 及 RNA 中之嘌呤和嘧啶（含氮鹼基）

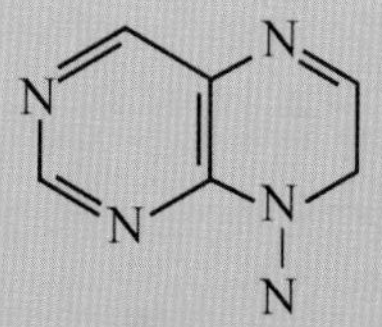

同存於 DNA 及 RNA 中 嘌呤		同存於 DNA 及 RNA 中 嘧啶	僅存於 DNA 中	僅存於 RNA 中
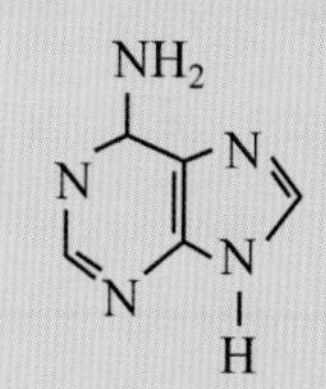 (A) 腺嘌呤 (Adenine)	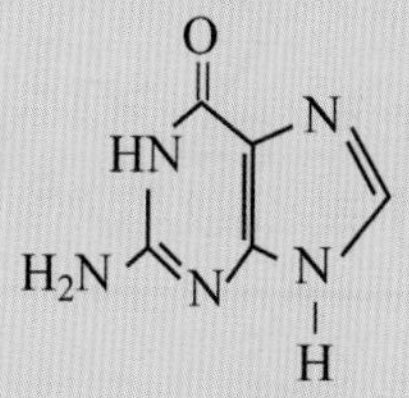 (G) 鳥嘌呤 (Guanine)	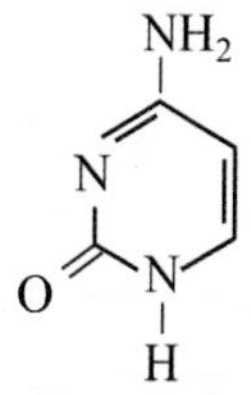 (G) 胞嘧啶 (Cytosine)	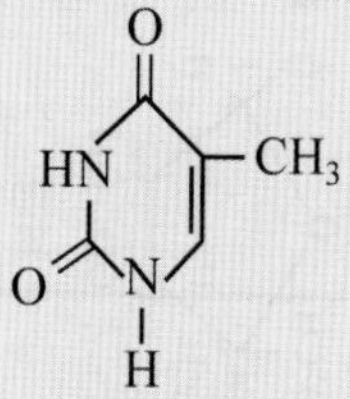 (T) 胸腺嘧啶 (Thymine)	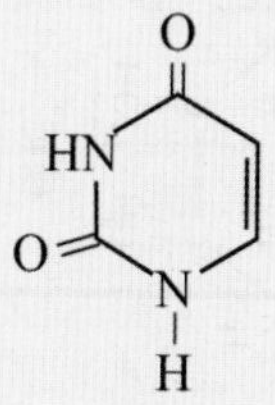 (U) 尿嘧啶 (Uracil)

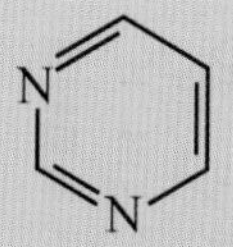

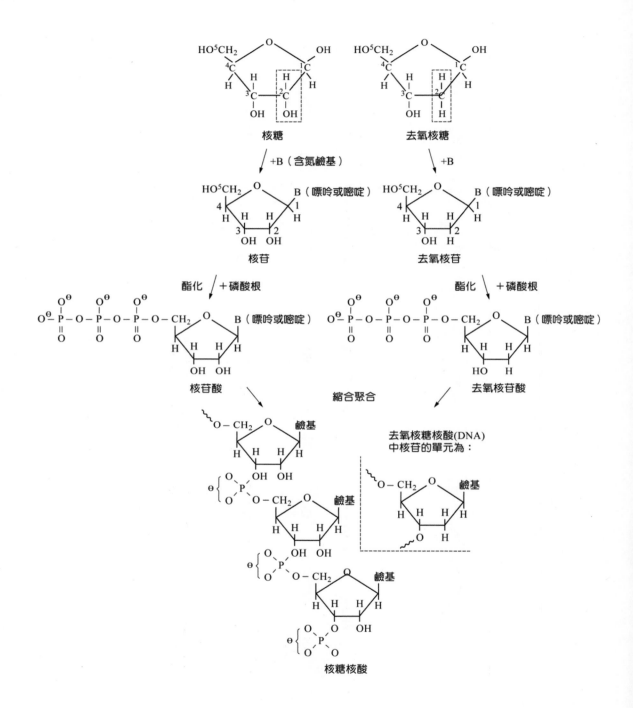

⊃ 圖 15-3　核酸結構之生成

　　DNA 由於在氮鹼基 A 與 T、G 和 C 之間形成氫鍵而成雙螺旋結構，如圖 15-4 所示。兩條核苷酸互補，但方向相反。鏈上的鹽基排列形成遺傳上的密碼，由三個鹽基（如 ACT, ACG 等）組合，依次排列成遺傳的形質。

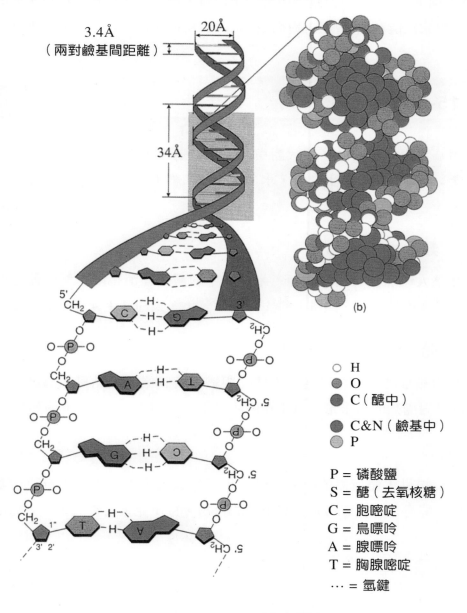

H
O
C（醣中）
C&N（鹼基中）
P

P = 磷酸鹽
S = 醣（去氧核糖）
C = 胞嘧啶
G = 鳥嘌呤
A = 腺嘌呤
T = 胸腺嘧啶
… = 氫鍵

⊃ 圖 15-4　DNA 的雙螺旋體結構

RNA 接受 DNA 的密碼後，在細胞質內的核醣體進行蛋白質的合成，同時決定胺基酸結合的次序。

DNA 與 RNA 決定遺傳基因與合成蛋白質，是主宰生命現象極為重要的物質。目前生化學家已能利用這些知識與技術來改良物種與合成新藥，造福人群。

15-6　營　養

人體為了維持體內的新陳代謝與生理機能運作，需要由食物中攝取充分的六大營養素：醣類、脂肪、蛋白質、水、礦物質和維生素，以利於提供生命活動所需的能量。

一、醣　類

醣類是人體熱量的主要來源。米、麥中的澱粉經消化酶水解成葡萄糖後，再氧化釋出二氧化碳、水與熱量。每 1 克醣類氧化，大約產生 4 仟卡的熱量。

二、脂　肪

脂肪的熱量最高，亦可構成人體的組織。畜牧業的肉品可作為高能量食物的來源，降低對醣類的需求量。每 1 克脂肪氧化，大約產生 9.4 仟卡的熱量。

三、蛋白質

蛋白質提供人體所需的部分熱量，更是促進人體組織生長和新陳代謝的必需品。大豆、酵母、綠藻等皆是含高蛋白的食物。每 1 克蛋白質氧化，大約產生 4 仟卡的熱量。

四、水

　　人體體重至少含 50%的水。水扮演著體內輸送養分與排泄廢物的重要功能，更是體內化學反應不可或缺的溶劑。所以除了由日常的飲食中攝取水分外，每天仍應經常補充水分，以維持正常的生理機能。

五、礦物質

　　礦物質是體內不可或缺的微量元素，常為骨架中的重要成分，譬如碘(I_2)可預防甲狀腺腫大；鐵(Fe)是血紅素中的元素，可防止貧血；鈣(Ca)、磷(P)有助於人體骨骼、牙齒和神經系統的正常生長，而鎂(Mg)是葉綠素的重要元素等。

六、維生素

　　維生素可作為體內酶催化反應的輔助劑，人體的需求量並不多，但缺乏某種維生素，將抑制某特定酶催化反應的進行，降低人對疾病的抵抗力，並影響人體的成長。人體中需要的包含水溶性維生素（如維生素 B, C）與脂溶性維生素（如維生素 A, D, E, K 等），養成均衡的飲食習慣，不偏食，才能有均衡的維生素。表 15-3 列出維生素的化學式、來源及功能。

▼ 表 15-3　維生素之化學式、來源及功能

維生素	來源	在體內的功能	缺乏時所患病狀
A $(C_{20}H_{29}OH)$	魚肝油、肝臟、乳品、蛋黃、蔬菜	促進生長、產生視紫素 (Visual purple)、抗眼疾	夜盲、眼炎
B$_1$ $(C_{12}H_{18}ON_4SCl_2)$	酵母、穀類的糠、豌豆、蛋黃、乳品、花生	促進生長、消化、食慾、抗神經疾病	食慾不振、倦怠、神經過敏、腳氣
B$_2$ $(C_{17}H_{20}O_6N_4)$	酵母、肝臟、魚、糖、乳品、蛋黃	預防並治療蜀黍疹（粗皮病）、幫助生長並使皮膚及眼睛保持健康	腹瀉、黑舌病、神經失調、嘴角破裂、皮膚炎、眼缺損、生長遲滯

▼ 表 15-3 維生素之化學式、來源及功能（續）

維生素	來源	在體內的功能	缺乏時所患病狀
B_6 吡哆素 ($C_6H_{11}O_3N$)	魚、肉、蛋黃、穀類	促進脂肪及蛋白質之正常代謝作用	皮膚炎、癲癇症
B_{12} ($C_{63}H_{88}CoN_{14}O_{14}P$)	肝臟、蛋黃、肉	抗惡性貧血	惡性貧血
$C(C_6H_8O_6)$	橘科果品、草莓、番茄、綠色植物	促進健全組織及骨骼生長，使牙齒及齒齦健康、促進傷口癒合	軟齦、出血、軟骨、壞血病
$D_2(C_{28}H_{43}OH)$ $D_3(C_{27}H_{43}OH)$	鱈、比目魚、鮪的肝、乳品、蛋黃、酵母、魚肝油、紫外線照射皮膚	控制身體的鈣及磷的平衡、軟骨症促進鈣固醇之生長	骨骼脆弱、齲齒、佝僂病
$E(C_{29}H_{50}O_2)$	麻油、玉米油、小麥胚油、花生油、綠色蔬菜	促進細胞之生殖代謝作用	不孕症、生殖組織退化
$K_1(C_{31}H_{46}O_2)$	豬肝、有葉蔬菜、蛋黃、魚、五穀的油	血液凝固所必需	血液緩凝、出血

15-7　食品添加物

Chemistry

　　市面上的各類食品，在加工製造過程中，為了提高營養價值、增加甜度、突顯特殊風味、強調外觀顏色、殺菌、防止腐敗等因素，或多或少都會摻入適當的食品添加物。

一、增進營養的添加物

　　食品加工過程可能流失部分營養素，因此有必要在食品中摻入適量的礦物質、維生素等，用來防止因缺乏這些營養素所引起的疾病，譬如食鹽中添加碘化鉀 (KI)，用以降低甲狀腺腫大；果汁飲料中添加維生素 C，防止壞血病發生；乳產品中添加維生素 D，用以消除軟骨病等。

二、增進味道的添加物

　　食鹽、味素、醬油、醋、辣椒、蒜頭等佐料的添加，使得食物更美味可口，促進我們的食慾，這些都是增進味道的添加物。適當的食鹽（氯化鈉，NaCl）是營養上所必需的，但食用過量會引起高血壓的症狀。味素（麩胺酸鈉）可使食物甜美，但少數人食用後會產生頭痛、軟弱無力等不良反應，此種現象稱為中國餐館症候群。因此，增進味道的添加物應謹慎使用，以避免不必要的副作用。

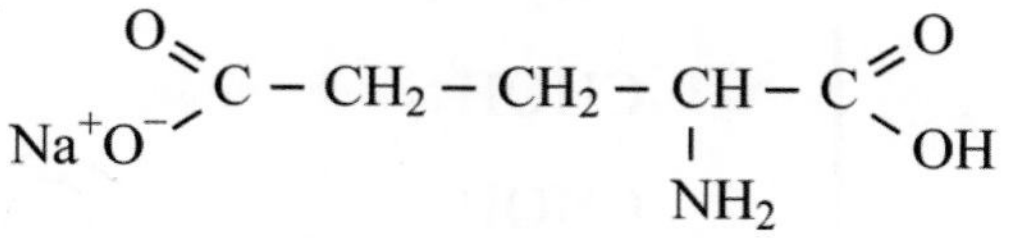

麩胺酸鈉

三、改變顏色的添加物

　　為了使各類加工食品秀色可餐，常使用變色的添加劑，譬如紅花中萃取的番紅花、黃色的胡蘿蔔素等皆是取自天然植物的色素；而人工增色劑可能危害人體，消費者必須詳閱食品標籤，以免誤食。過去的紅色二號與黃色三號皆有致癌疑慮，早已被禁用。

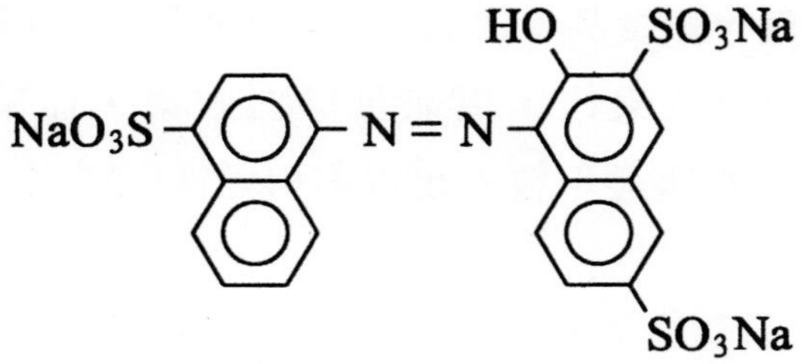

紅色二號 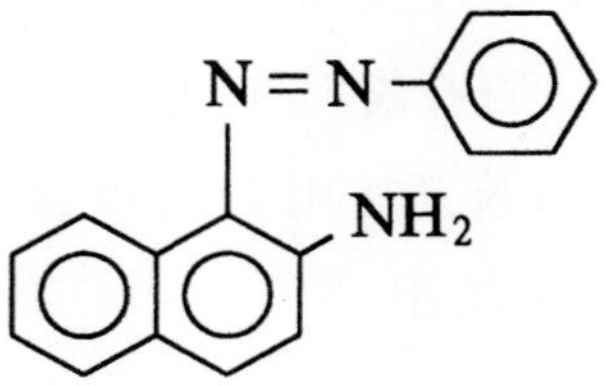　　　　　　**黃色三號**

四、增加甜度的添加物

食品中添加葡萄糖、果糖與蔗糖皆可增加甜味，此外，尚有己六醇和戊五醇等人工甘味劑。這些代糖的優點是不會因在口腔中分解而引起齲齒，而過去的低熱量代糖－糖精，因有致癌疑慮，現已全面禁用。

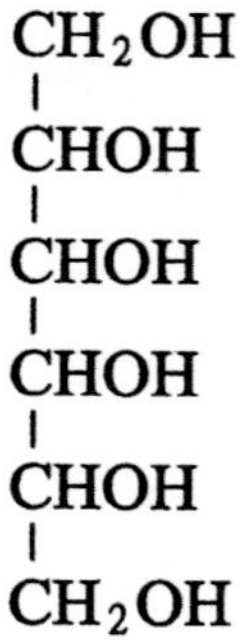

己六醇 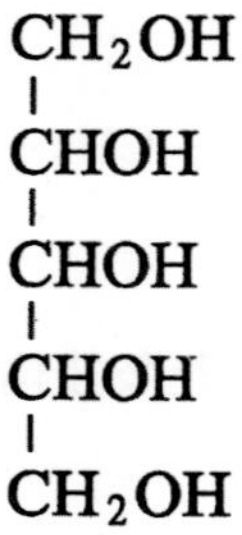　　　　　戊五醇 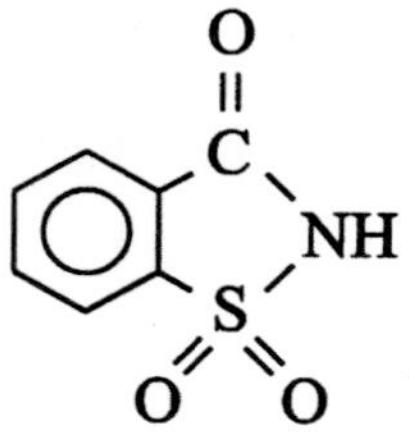　　　　　糖精

五、防止腐敗的添加物

為了增加食品的保存期限，經常在食品中加入防腐劑來抑制細菌和黴菌的生長。丙酸(CH_3CH_2COOH)、苯甲酸(C_6H_5COOH)、己二烯酸($CH_3CH=CHCH=CHCOOH$)及其鹽類等防腐劑，常用於麵包類食品；二氧化硫(SO_2)常用於葡萄乾、果凍、玉米醬等果乾食品的防腐，不但效果佳，更兼具漂白效果。亞硝酸鈉($NaNO_2$)過去常用於肉類食品的防腐，但後來發現會引起胃癌和變性血紅素血症，因此已被禁用。

15-8　藥　物

Chemistry

藥物的來源主要來自於發酵、提煉天然物與化學合成。透過干擾神經傳導物質、抑制酵素與接受器的相互作用，以及抑制運輸過程等藥物作用的機轉來達成藥效。下述為常用藥物。

一、阿斯匹靈（乙醯柳酸）

　　阿斯匹靈是柳酸的乙醯酯，生理上可抑制前列腺素的合成，故有退燒、消炎與止痛的功能。由於阿斯匹靈是酸性藥品，應與制酸劑同時服用，以免傷害腸胃。

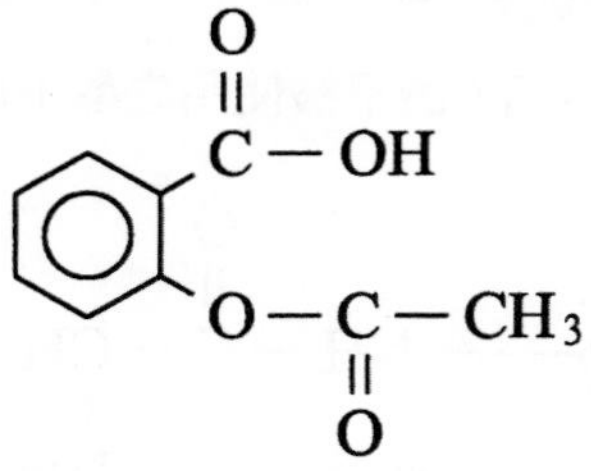

乙醯柳酸

二、磺胺劑

　　磺胺藥的主要結構是對－胺基苯磺醯胺，由其衍生的相關化合物達千種以上，其中約 30 種可用於臨床治療，通稱為磺胺劑。磺胺劑會抑制人體內細菌的生長繁殖，產生制菌作用。

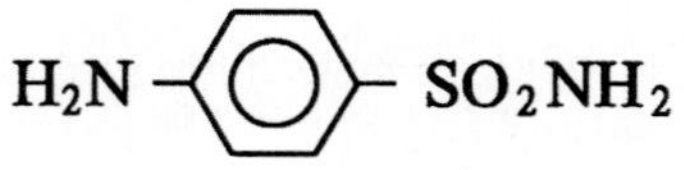

苯磺胺 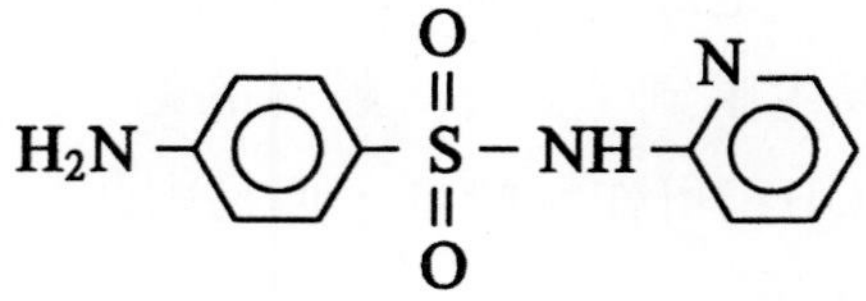　　　　　　　　　吡啶磺胺

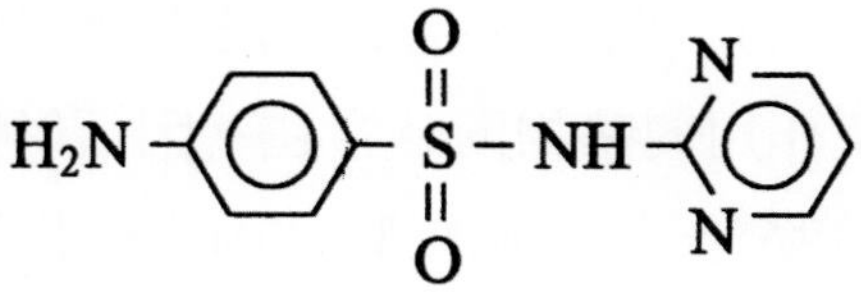

嘧啶磺胺 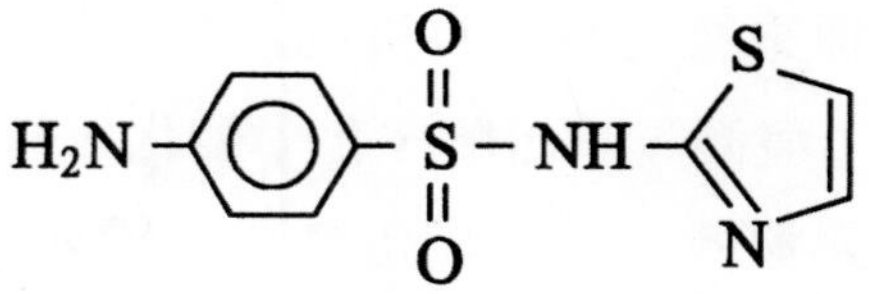　　　　　　　　噻唑磺胺

三、抗生素

　　抗生素類藥物大多是細菌、黴菌等微生物新陳代謝的產物，能阻止其他微生物的生長，甚至可將其他微生物破壞，譬如盤尼西林（青黴素）、安美西林等。

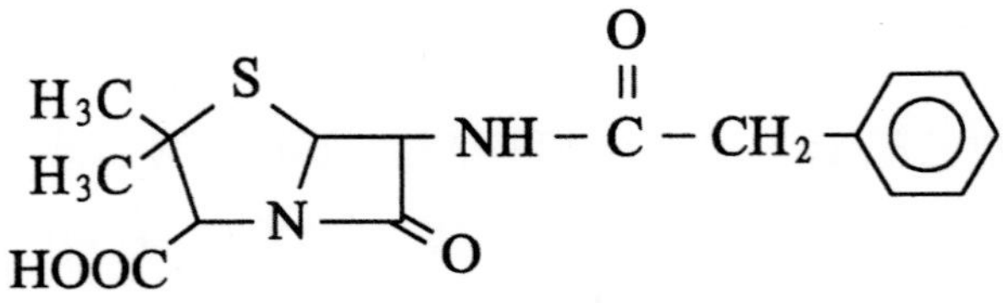

盤尼西林 G（最早被使用之盤尼西林）

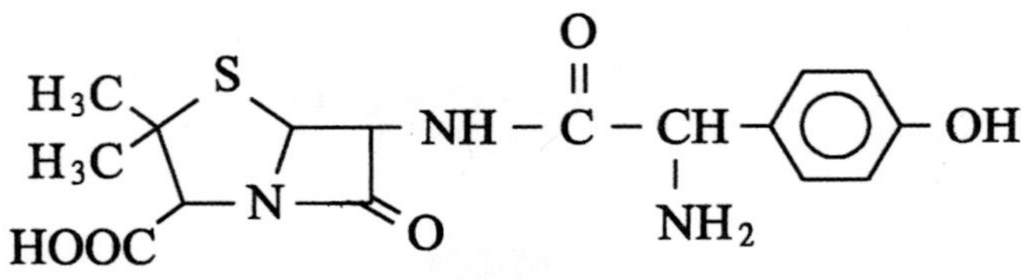

安美西林（一種廣效抗生素）

四、制酸劑

　　制酸劑可中和胃酸，提高胃內的酸鹼值（pH 值）。碳酸氫鈉（小蘇打，$NaHCO_3$）是最常被使用的制酸劑，易溶於水，可迅速中和胃酸，但因產生大量 CO_2，易生脹氣。此外，鹼性的鋁、鈣及鎂鹽亦常作為臨床的制酸劑，譬如氫氧化鎂$(Mg(OH)_2)$可作制酸劑，但易引起輕瀉作用，如同時混合鈣鹽與鋁鹽，則可以抵消此缺失。

　　各種藥物均有其特殊的理化性質，如在配方、製造、包裝、處方調劑時，發生變色、發潮、不溶解、化學變化，甚至有反作用的藥物同時存在，因而影響處方的安全與療效，稱為配伍禁忌，譬如碳酸鹽與酸配伍成液劑時，因化學作用產生 CO_2 氣體；又如魚肝油與水配合，則無法溶解。所以在處方時應設法避免配伍禁忌，以求最大藥效。

課後練習 Exercise

一、單選題

( ) 1. 關於蛋白質的敘述，下列何者為非？ (A)人體的蛋白質由 20 種胺基酸組成 (B)必需胺基酸共 8 種，由食物中攝取 (C)人體的胺基酸均屬於 D－α－胺基酸 (D)由 100 個以上的胺基酸所組成 (E)形狀為球狀或長桿狀。

( ) 2. 下列因素何者無法使蛋白質變性？ (A)加熱 (B)加入硫酸 (C)加入酒精 (D)輻射 (E)以上皆可。

( ) 3. 下列有關葡萄糖分子($C_6H_{12}O_6$)的敘述，何者為非？ (A)直鏈結構含 4 個不對稱性碳原子 (B)六碳鏈中第五碳所接的－OH 在直鏈碳的右側稱作 D－葡萄糖 (C)溶於水中主要以環狀結構較穩定 (D)環狀結構由第一碳的醇基與第五碳的醛基脫水而形成醚鏈 (E)第一碳所接的－OH 在六員環的平面之下稱作 α－葡萄糖。

題組 4~7：

一雙醣分子結構如下，請回答下列題目。

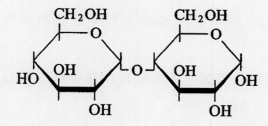

( ) 4. 此雙醣分子結構屬於何者？ (A)蔗糖 (B)乳糖 (C)麥芽糖 (D)肝醣 (E)黏多糖。

( ) 5. 兩六員環間以何種官能基相連結？ (A)醇 (B)醚 (C)酯 (D)酮 (E)酸。

（　）　6. 承上題，此官能基分別得自於兩單醣分子何處的醇基脫水而形成？
（A)第一碳與第五碳　　(B)第一碳與第六碳　　(C)第二碳與第六碳　　(D)第二碳與第五碳　　(E)第一碳與第四碳。

（　）　7. 此雙醣水解的產物為何？　(A)二分子葡萄糖　(B)二分子果糖　(C)一分子葡萄糖與一分子果糖　(D)一分子葡萄糖與一分子半乳糖　(E)一分子半乳糖與一分子果糖。

（　）　8. 以斐林試劑檢驗下列何者會產生正反應（沉澱發生）？（應選三項）
（A)葡萄糖　(B)果糖　(C)酒精　(D)醋酮　(E)蟻酸。

（　）　9. 蔗糖水解會產生何種單醣？　(A)二分子葡萄糖　(B)葡萄糖+乳糖　(C)葡萄糖+果糖　(D)葡萄糖+半乳糖。

（　）10. 此一葡萄糖屬於下列何者？　(A)α－葡萄糖
（B)β－葡萄糖　(C)D－葡萄糖　(D)L－葡萄糖　(E)L－α－葡萄糖。

（　）11. 承上題，此一葡萄糖含幾個不對稱性碳原子？　(A)2　(B)3　(C)4　(D)5　(E)6。

（　）12. 環狀葡萄糖是利用第一碳的醛基與第幾碳的羥基脫水而結合？　(A)2　(B)3　(C)4　(D)5　(E)6。

（　）13. 承上題，脫水後所形成的新官能基為何者？　(A)醚　(B)醛　(C)半縮醛　(D)酯　(E)酮。

（　）14. 關於胺基酸的敘述，下列何者為非？　(A)分子含兩種官能基　(B)人體
蛋白質的胺基酸為 L－α－胺基酸　(C)分子結構為 $H_2N-\underset{\underset{R}{|}}{\overset{\overset{H}{|}}{C}}-COOH$
(D)組成人體蛋白質的胺基酸共 20 多種　(E)結構含雙鍵。

（　）15. 胺基酸結合成蛋白質，胺基酸分子間的鍵結為何？　(A)胜鍵　(B)肽鍵
(C)胜肽鍵　(D)醯胺鍵　(E)以上皆是。

（　）16. 承上題，分子結構為何？

(A) $-\overset{\overset{O}{\|}}{C}-\overset{\overset{H}{|}}{N}-$

(B) $-\overset{\overset{O}{\|}}{C}-O-C-$

(C) $\overset{}{>}C=N\overset{}{<}$

(D) $-\overset{\overset{O}{\|}}{C}-OH$

(E) $-\overset{\overset{O}{\|}}{C}-$

（　）17. 組成蛋白質的胺基酸數目(n)？　(A)$n<10$　(B)$10<n<100$　(C)$n>100$
(D)$n=2$　(E)$n>1000$。

（　）18. 下列每克物質，何種在人體內完全氧化產生最大的能量？　(A)醣類
(B)蛋白質　(C)脂肪　(D)核酸　(E)酵素。

（　）19. 軟肥皂的化學成分為何？　(A)$C_{17}H_{35}COONa$　(B)$C_{17}H_{35}COOK$
(C)$Ca(C_{17}H_{35}COO)_2$　(D)$Mg(C_{17}H_{35}COO)_2$　(E)以上皆非。

（　）20. 以豬油進行皂化反應實驗，必須加入何種物質？　(A)硫酸　(B)硝酸
(C)鹽酸　(D)氫氧化鈉　(E)碳酸鈉。

（　　）21. 下列有關酶之敘述，何者為非？　(A)具專一性　(B)具選擇性　(C)蛋白質分子　(D)可催化多種反應　(E)以上皆是。

（　　）22. 下圖為某分子之結構：

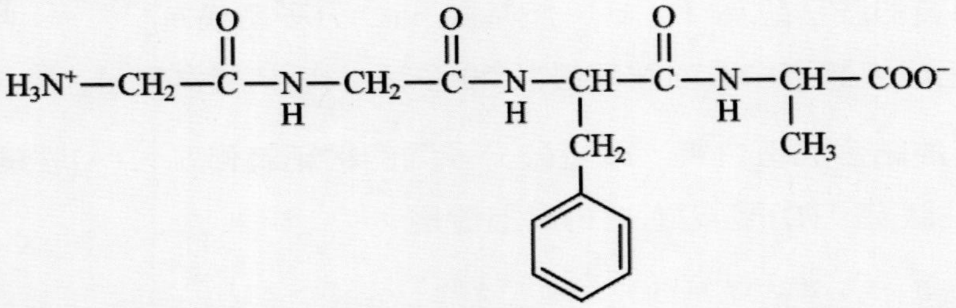

$$H_3N^+-CH_2-\overset{O}{\overset{||}{C}}-\underset{H}{N}-CH_2-\overset{O}{\overset{||}{C}}-\underset{H}{N}-CH-\overset{O}{\overset{||}{C}}-\underset{H}{N}-CH-COO^-$$

下列有關該分子之敘述何者正確？
(A)此分子含有四個胺基酸　(B)此分子完全水解後可得四種胺基酸　(C)此分子有三種官能基可以和三級胺形成氫鍵　(D)此圖所示為一個三肽分子。

（　　）23. 下列關於葡萄糖的敘述，何者正確？
(A)生物體中的葡萄糖的氧化是放熱反應
(B)果糖與葡萄糖的分子式不同，但是碳、氫、氧的原子數均相同
(C)葡萄糖是碳原子與水分子結合成的化合物，所以稱為碳水化合物
(D)葡萄糖是單糖，蔗糖是雙糖，所以葡萄糖的分子量是蔗糖的一半。

（　　）24. 下列何者含有醯胺鍵？　(A)DNA　(B)RNA　(C)脂肪　(D)甘油　(E)毛髮。

（　　）25. 下列有關去氧核糖核酸的敘述，何者正確？　(A)結構中含有硫酸根　(B)結構中糖的成分來自果糖　(C)以胺基酸為單體聚合而成　(D)其雙股螺旋結構中具有氫鍵。

二、問答題

1. 如何檢驗糖尿病人的尿液中有無葡萄糖？

2. 為何牛、羊、馬吃草可獲得能源，而人不能？

3. 為何慢慢嚼米飯久一點，會口齒生香？

4. 澱粉和纖維素的實驗式相同，其結構式有何不同？

5. 為何牛奶和米酒久露空氣中都會變酸？有何不同？

6. 蛋白質對人體有何重要性？

7. DNA 和三種 RNA 如何配合，以製造人體蛋白質？

8. 對－胺苯磺胺抑制葡萄球菌生長的原理何在？

9. 寫出葡萄糖(Glucose)的結構式，其以鏈狀和環狀平衡方式存在。

10. 寫出由二個胺基酸(Amino Acid)聯接為雙硫鍵的反應方程式。

11. 說明酶（酵素）和一般催化劑（如 MnO_2）的不同點和其反應特性。

12. DNA 的雙螺旋體結構，主要依靠什麼？

13. DNA 和 RNA 有何不同？

14. 如何區別葡萄糖和果糖？

15. 組成蛋白質的基本單位是什麼？寫出其通式。

16. 何謂人體的六大營養素？其中哪些可經氧化作用提供熱能？

17. 食品添加物包含哪幾大類？各有何特色與功能？

18. 試寫出阿斯匹靈的結構與功能？

19. 何謂配伍禁忌？試舉例說明。

MEMO

CHEMISTRY

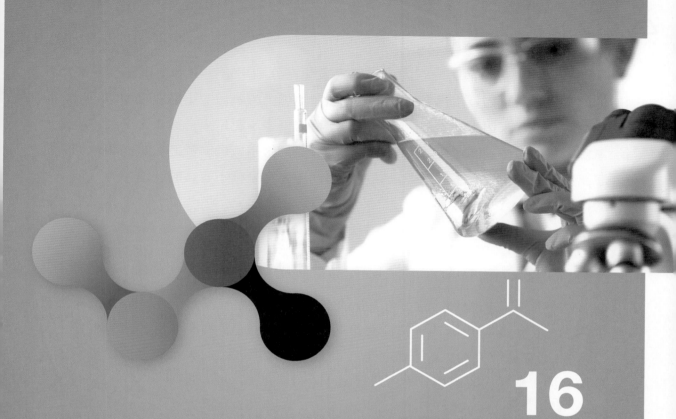

環境化學

16
CHAPTER

地球提供生物活動的空間與資源，人類充分利用這些資源造就了今日高科技的社會，滿足了物質生活方面的需求。然而地球上的資源並不是取之不盡，用之不竭的；長期以來追求物質文明所帶來對環境的傷害，更是未曾休止。今天不論是大氣圈、水圈、土石圈或生物圈皆遭受環境汙染的嚴重威脅。我們只有一個地球，為了萬物的永續生存，了解問題焦點並消弭問題，實是刻不容緩的議題。

16-1　空氣汙染

全球工業化的發展，需要利用充足的能源；世界一家的實現，需要便捷的交通動力。因大量使用能源，造成嚴重的空氣汙染，這是大家有目共睹的事實。表16-1 列出空氣汙染的主要來源、影響及其解決之道。由此表可見，機動車輛排放的廢氣與工廠釋出的黑煙，不啻是空氣汙染的首惡。

▼ 表 16-1　空氣汙染的主要來源、影響及其解決之道

汙染物	來源	影響	解決方法
碳氫化合物 (C_nH_m)	機動車輛及噴射引擎之廢氣	輕則呼吸不暢，重則導致肺癌	改良引擎設計、加油站加裝油氣回收設備
鉛 (Pb)	使用高級汽油之機動車輛廢氣	破壞神經系統，重則導致死亡	全面使用無鉛汽油
一氧化碳 (CO)	碳氫化合物燃燒不完全	CO 與紅血球中血紅素結合，降低血紅素帶氧功能，可能導致休克、死亡	改良引擎設計車輛、加裝觸媒轉化器
二氧化碳 (CO_2)	碳氫化合物完全燃燒	造成地表溫度升高，溫室效應	降低對碳氫能源的依賴，開發太陽能等替代能源

▼ 表 16-1　空氣汙染的主要來源、影響及其解決之道（續）

汙染物	來源	影響	解決方法
氮氧化物 (NO_x)	機動車輛、噴射機引擎、火力發電廠	影響能見度、傷害呼吸系統、引起酸雨	排氣系統加裝觸媒轉化器
二氧化硫 (SO_2)	火力發電廠燃燒含硫石化燃料	形成酸雨，刺激眼睛、皮膚、傷害農作物、土壤、腐蝕金屬、雕像	石化燃料脫硫後再使用、火力發電廠加裝除硫設備

　　空氣汙染，輕則降低能見度，引起眼睛、皮膚的不適；重則傷害呼吸系統，引起支氣管與肺部的疾病。由於大氣的擴散性與流動性，沒有國界之分，大氣汙染已是全球性的問題。當前酸雨、溫室效應與臭氧層破壞是全體人類所共同關切的，分別說明如下。

一、酸　雨

　　硫氧化物(SO_x)、氮氧化物(NO_x)與碳氧化物(CO_x)等空氣汙染物結合雨水所生成。

1. 亞硫酸與硫酸

$$SO_2 + 1/2O_2 \rightarrow SO_3$$
$$SO_2 + H_2O \rightarrow H_2SO_3（亞硫酸）$$
$$SO_3 + H_2O \rightarrow H_2SO_4（硫酸）$$

2. 硝酸與亞硝酸

$$NO + 1/2O_2 \rightarrow NO_2$$
$$NO + O_3 \rightarrow NO_2 + O_2$$
$$NO + OH \cdot（自由基）\rightarrow HNO_2（亞硝酸）$$
$$NO_2 + OH \cdot（自由基）\rightarrow HNO_3（硝酸）$$

3. 碳酸

$$CO+1/2O_2 \rightarrow CO_2$$

$$CO_2+H_2O \rightarrow H_2CO_3（碳酸）$$

酸雨降至地面易溶解岩石與土壤中的金屬元素，酸化土壤，不利作物與森林成長，如圖 16-1 所示。若酸雨流入河川、湖泊時，不利水體生物生存，破壞原有之生態平衡，形成死湖，這些情況早已屢見不鮮。

(a)酸雨所造成的森林傷害　　　　(b)汙染的空氣對古代雕像的侵蝕

⊃ 圖 16-1　空氣汙染造成的傷害實例

二、溫室效應（地球暖化）

大量使用石化燃料和濫伐森林，使 CO_2 含量增加，籠罩地表。CO_2 的功能類似溫室的玻璃(SiO_2)，可透過太陽光；但吸引地表發出的紅外光，使輻射熱無法釋放至大氣中，地球周遭環境溫度因而升高，與溫室內恆溫效果如出一轍。圖 16-2 顯示溫室效應的情形。

專家估計到西元 2050 年時，大氣中 CO_2 含量將會倍增，使溫度升高約 $2°C$，將導致南北極冰山融化、海平面上升，沿海陸地也會因此而淹沒。同時，水中 CO_2 溶解量增加，會形成碳酸，使水中甲殼類生物的石灰質外殼溶解，而無法生存。

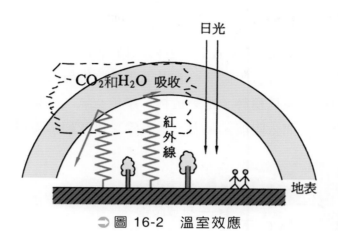

⊃ 圖 16-2　溫室效應

三、臭氧層的破壞

　　以往在冰箱、冷氣、髮膠與噴射機引擎中，過度使用氟氯碳化物作為冷媒，由於物質不滅定律，這些氟氯碳化物隨大氣環流運動，上升至平流層，在高能紫外線的照射下分解臭氧，造成臭氧層的破洞，例如二氟二氯化碳(CF_2Cl_2)對臭氧的分解反應。

$$CF_2Cl_2 \xrightarrow{\text{紫外光}} CF_2Cl + Cl$$
$$Cl + O_3 \rightarrow ClO + O_2$$

此外，高空噴射機的 NO_x 廢氣，亦會與臭氧起反應：

$$NO + O_3 \rightarrow NO_2 + O_2$$
$$NO_2 \xrightarrow{\text{日光}} NO + O$$

　　臭氧層的破壞，會造成到達地表的紫外光輻射加劇，增加罹患皮膚癌的可能性。目前世界各國已有共識，全面禁用氟氯碳化物，並積極尋求其他替代物。

四、空氣汙染的防治

空氣汙染之防治應由治標與治本兩方面同時著手。在治標方面，車輛須加裝觸媒轉換器，如圖 16-3 所示。工廠須使用集塵器收集粉塵，利用吸收塔與吸附塔消除有毒氣體及臭味。廣植樹林、密集造林、淨化空氣、綠化環境；在治本方面，積極尋求替代性能源，如太陽能、風力、地熱等，以減輕環境負荷。

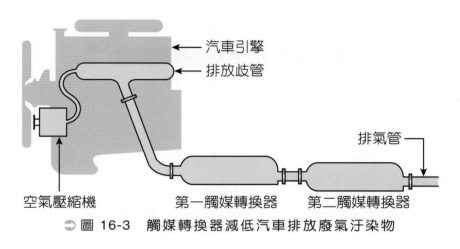

➲ 圖 16-3　觸媒轉換器減低汽車排放廢氣汙染物

16-2　水汙染

自然界中生物及非生物活動排放至水域的汙染物，河川、湖泊、海洋等原本具有自淨能力，可以藉由理化因素或生物因素將之分解轉化為能夠循環利用的物質，然而高度的工業化，使得汙染源大增，如人口暴增後，家庭汙水量直線上升、精緻農業大量使用肥料、農藥與殺蟲劑，以及養殖業的排洩物等，都直接或間接地汙染了各種水體。

一、優養化

湖泊、河川之「優養化」，肇因於農作物過度施肥或汙水中含磷酸鹽與硝酸鹽等營養源，使藻類大量繁殖，覆蓋水體，減少水中溶氧量，魚、蝦等水中生物因而死亡。食物鏈被破壞後，整個水域生態將全面崩潰，如圖 16-4。

(a)湖泊的優養化作用，最後轉變為沼澤及陸地

(b)水汙染所造成的魚群死亡

➲ 圖 16-4　湖泊優養化與水汙染之實例

二、工業廢水

　　工業與農業廢水未經處理，直接排放至水域，其中所含的酸、鹼、可溶性鹽類、重金屬和不易分解的有機物，皆可能直接傷害水中生物，如圖 16-5。

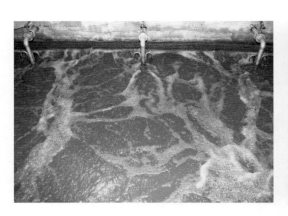

○ 圖 16-5　工業廢水未經處理直接排放之實例

　　例如六氯化苯（benzene hexachloride, $C_6H_6Cl_6$，簡稱 B.H.C.）、DDT (dichlorodiphenyl trichloroethane)等有機氯農藥不易降解，汙染灌溉水源後，沉積土壤中，經由食物鏈，會干擾鳥類鈣的代謝，使產卵後的蛋殼薄弱易碎，無法孵化，影響種族延續；其累積性與穩定性將毒害人體，可能致癌。

六氯化苯：

DDT：

　　表 16-2 列出工業上常見之**重金屬**汙染及其對人體之影響。這些重金屬在體內無法代謝，其濃度累積增加後，易傷害人體的組織器官，甚至因而致命。

▼ 表 16-2　工業上常見之重金屬汙染及其對人體之影響

重金屬	影響	病名
汞(Hg)	傷害神經系統、引起狂躁、聽障、行動障礙	水俁病
鎘(Cd)	傷害腎臟、骨骼變形彎曲、疼痛不止	痛痛病
砷(As)	皮膚色素沉澱、末梢神經炎、皮膚癌	烏腳病
鉛(Pb)	臉色蒼白、腸胃不適、貧血、神經傷害、腦部受損	－

三、熱汙染

　　某些發電廠利用海洋、湖泊的水來作為冷卻水，帶走發電後之廢熱，使得局部水域水溫升高，影響水中生物的存活，稱為水體之熱汙染。

四、水汙染之防治

　　建立完善的汙水與雨水下水道系統，家庭汙水應集中於汙水幹管，經汙水處理後再放流至河川、海洋等水體中。

　　工廠與養殖場廢水排放前，須先經廢水處理再放流。一般處理的方式可分為**物理處理法**（如沉澱、浮除、過濾、乾燥與焚燒）、**生物處理法**（如活性汙泥法、汙水氧化塘法、滴濾處理法與消化處理法），以及**化學處理法**（如中和、吸附、離子交換、氧化還原與混凝沉澱）。

　　減少汙染源的使用，適度施肥，避免濫用農藥與清潔劑，盡可能改用天然物質，如以肥皂絲取代洗衣粉、黃豆粉代替洗碗精。立法嚴禁任意傾倒垃圾、棄土於河川、水源區，建立適當的放流水排放標準，根絕河川之汙染。

16-3　土壤汙染

　　土石圈是大多數動、植物賴以立足維生的地方，土壤本身藉著生物、物理、化學的機能，展現其自淨能力。然而長期或大量地傾倒廢棄物，以及空氣與水汙染的滲透，常使得受汙染的土壤難以復原。

一、汙染現況

　　工業廢棄物中，重金屬汙染土壤，如鎘米。易分解之固體產生耗氧作用，而難分解之固體會堵塞孔隙，引起土壤缺氧，阻礙農作物生產，造成產量減少。

　　隨著物質生活水準提高，家庭廢棄物不論質與量，每年皆有大幅成長，「垃圾大戰」時有所聞，垃圾處理已成重大社會問題，如圖 16-6 所示。譬如聚乙烯(Polyethylene, P.E.)、聚氯乙烯(Polyvinyl chloride, P.V.C.)、保麗龍(Polyester, PET)

等塑膠製品，丟棄後不易分解，受熱易釋出有毒物質，如多氯聯苯(Polychloride benzene, PCBs)、戴奧辛(Dioxin)等，造成嚴重的二次汙染問題。

⊃ 圖 16-6　垃圾的處理需適當，否則容易造成環境汙染

多氯聯苯之一　　　　　　　　　戴奧辛

　　土壤酸鹼度（pH 值）常因酸雨或廢棄物中的有機物或鹽類而引起劇變，pH 值太低除直接傷害生物外，同時會溶解出土壤中的鋅、鐵、錳等重金屬，產生劇毒。

二、土壤汙染之防治

1. 勿任意丟棄汙染性廢棄物，做好廢棄物分類，使用堆肥法處理適宜分解的固體廢棄物，分解後的產物可作為土壤的改良劑或肥料。

2. 選擇適當地點做衛生掩埋，完善的防水層與覆土處理，避免汙染地下水源；良好的通風與廢棄收集設備，以免發生沼氣燃燒的意外。

3. 焚化法可以有效處理可焚燒的固體廢棄物，適合地狹人稠的區域，達到垃圾減量與能源回收的功能。

4. 減少使用農藥與不易被微生物分解的保麗龍、塑膠等，達到資源回收與再生。

16-4　輻射汙染

　　放射性元素的不穩定原子核在蛻變為穩定狀態的過程中，會以電磁波（如 X－射線、γ－射線等）或粒子（如 α 粒子、β 粒子、中子等）的形式放出高能量的輻射線，此一輻射線經由直接照射，或藉空氣、水、食物鏈等途徑進入人體，影響人類的健康與生存，稱為輻射汙染。

一、輻射來源

1. **天然輻射**：宇宙射線（主要是質子）、地球岩石圈中的天然放射性元素（如鈾－235、鉀－40、碳－14）以及空氣中的氡－222 等，這些天然輻射源的數量與人為輻射源相較極少。

2. **人為輻射**：世界上核能發電廠與原子彈大多是利用鈾 235(^{235}U)的核分裂反應，如圖 16-7，以其微小的質量耗損而轉換成巨大的能量。

　(1) **核武試爆**：二次大戰美國在日本廣島與長崎所投下的原子彈，以及戰後核武國家的一連串試爆，產生大量具有放射性的落塵，其中以鍶－90、銫－134、銫－137、碘－131 與碳－14 危害最大，輻射塵隨大氣環流移動，到處擴散，危害至烈。

　(2) **核能電廠**：核能發電提供能源**多元化**的選擇，也落實了分散能源的政策，確實有效解決能源不足的窘境。然而核能電廠運轉的安全性，以及放射性核廢料的最終處置問題，如果未能妥善處理，所引發的輻射汙染可能造成生態浩劫。1986 年 4 月，在前蘇聯烏克蘭共和國境內的車諾比爾核能電廠發生有史以來最嚴重的核電廠爆炸事故，反應爐中的放射性物質大量外洩，對土地、生物與人類所造成的高度輻射傷害，直至今日仍不減。

　(3) **醫療照射**：醫療方面，利用鈷－60 放出 γ－射線治療癌症、鈉－24 用於治療心臟病、碘－131 可以檢查甲狀腺功能，而 X 光照射可以透視人體內部，以了解病情，並及時治療。

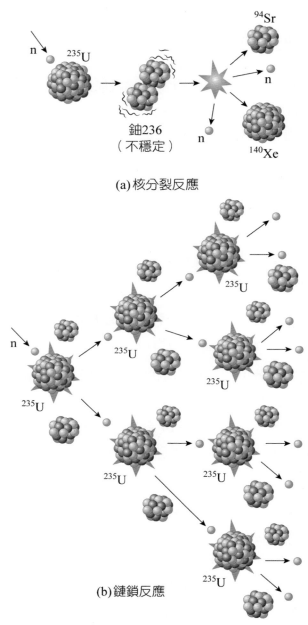

(a)核分裂反應

(b)鏈鎖反應

⭢ 圖 16-7　鈾 235(^{235}U)的分裂反應

(4) **其他輻射汙染源**：農作物的品種改良、植物病蟲害防治、食品的殺菌、機場的行李檢查，以及輻射鋼筋建造之輻射屋，皆可能造成環境的輻射汙染而易被大家所忽視。

二、輻射傷害

受輻射照射短期內的急性反應有噁心、嘔吐、骨髓造血機能受損；較嚴重者，白血球、紅血球、血小板減少，胃腸、肝、脾出現機能性障礙，甚至在兩週內死亡。

此外，少劑量長期性的輻射照射，可能在一、二十年後引發骨癌、肺癌和甲狀腺癌等癌症，以及白血病、不孕症、白內障、畸形、短壽與惡性腫瘤等。而放射線也會引起基因突變和染色體畸變，禍延下一代。所以在輻射場工作的相關人員，不可不慎，務必重視輻射的防護。

三、輻射汙染防治

1. **禁止核武試爆**：多數擁有核子武器的國家已簽署禁止核武試爆條約，如能全面禁止核武試爆，即能消弭輻射塵的主要汙染源，解除人類的潛在危機。

2. **放射性廢物最終處置**：核廢料深埋於陸地或投入於深海中待放射性物質自然蛻變以減弱其強度。臺灣的核廢料目前暫存於蘭嶼與各核能電廠中。

3. **加強放射性物質的管制**：以避免不當的流失。

4. **加強放射性汙染的監測工作**：例如民眾可向原子能委員會索取測試劑，以了解自家是否為輻射屋。

16-5　生態法則

Chemistry

空氣汙染、水汙染、土壤汙染與輻射汙染並非各自獨立的單一環境問題，由於自然界的營力作用與汙染物本身的特性，汙染的層面可能由最初的點、線、面擴及任一領域，所以空氣、水、土壤與輻射四種汙染彼此交互影響、相互滲透，更深化問題的嚴重性。另外，汙染物也可能受到溫度、光線、濕度、風量、酸鹼度、溶氧量等因素的影響，而使汙染現象複雜化，甚至衍生新汙染物。

生態法則告訴我們：

一、物物相關

汙染物質透過食物鏈，經由生物累積或濃縮作用，造成人類與環境更大的危機，沒有一個人可以置身事外。

二、物有所歸

依照物質不滅定律，自然界中並無所謂的廢物。動物呼吸作用產生的 CO_2，恰可提供植物行光合作用產生 O_2，再供動物使用。人類依恃科技，利用資源，製造新產品，雖然滿足了物質需求，但並未深思物有所歸，這些物質一旦失去功效被棄置之後，可能隱身於自然界繼續累積危害。

三、自然善知

自然界生物所產生的有機質，自然界存在可以破壞它的酵素。然而現代技術企圖改善自然，製造出清潔劑、殺蟲劑、塑膠、人造橡膠等，事先並未周詳考慮自然界是否已經具備充分的涵容能力與分解能力。人為的引進新物質，往往危害其他生物與自己的生存。這不啻是一種自我毀滅的行為。

四、天下沒有白吃的午餐

地球生態圈是一個緊密相連的整體，由人力居中取走任何一物，必須另以他物替代。此種代價之支付無法逃避，只能拖延；拖延太久，將造成更大的環境危機。也就是說，每有所得，必付代價。

我們只有一個地球，為了全球人類的福祉與未來子子孫孫的幸福，重視生態法則，解決環境危機，是大家責無旁貸，刻不容緩的責任。

 課後練習

一、單選題

( )　1. 大氣中的水蒸氣與下列何種氣體不會產生酸性物質？
(A)一氧化碳(CO)　(B)二氧化碳(CO$_2$)　(C)一氧化氮(NO)　(D)二氧化硫(SO$_2$)。

( )　2. 下列有關空氣汙染的敘述，何者正確？
(A) 逆溫現象是冷空氣覆蓋在較暖空氣層上，使大氣中的汙染物不能發散而造成嚴重的空氣汙染
(B) 汽車排放的廢氣中不含「含氮化合物」
(C) 空氣中過多的一氧化碳，因吸收太陽光中的紅外線而產生溫室效應
(D) 燃煤工廠所排放的廢氣中，因含有「含硫化合物」而造成酸雨。

( )　3. 過量的紫外光照射人體會造成傷害，大氣中的臭氧可濾除紫外光，保護生物圈。下列有關臭氧的敘述，何者最合理？
(A) 汽車的廢氣可產生臭氧，所以可彌補大氣中損失的臭氧
(B) 臭氧將紫外光反射回太空，所以會減弱了照射到地表的紫外光
(C) 臭氧可因吸收紫外光而分解，所以會減弱了照射到地表的紫外光
(D) 臭氧與氧氣是同一物質的不同能量態，氧氣吸收紫外光而變成高能量態的臭氧。

( )　4. 氟氯碳化合物一般為非毒性，具有不能幫助燃燒及低沸點的特性。從 1930 年代開始，這些化合物被大量使用在噴霧罐、冷氣機及冰箱上，但因環境考量現已限制使用。下列何者不是氟氯碳化合物？
(A)CCl$_2$F$_2$　(B)CFCl$_3$　(C)CHCl$_3$　(D)CFCl$_2$CFCl$_2$。

（　）　5. 過去 100 年來，地球平均氣溫越來越高，下列何者是一般認為造成地球
氣溫升高的主要原因？

(A) 因空氣中帶有硫酸及硝酸成分煙塵顆粒太多所引起

(B) 人為二氧化碳的排放量增加及綠色植物減少

(C) 火山活動增加，加上聖嬰現象造成氣溫異常

(D) 太陽輻射從臭氧層的破洞照到地表。

二、問答題

1. 試述空氣汙染的主要來源、影響與解決方法？

2. 當今全球三大大氣汙染問題為何？

3. 何謂酸雨？其形成原因為何？

4. 何謂溫室效應？其影響為何？

5. 試說明臭氧層破壞的原因與機制？

6. 何謂優養化？

7. 試說明常見之重金屬汙染與影響？

8. 試說明如何有效地處理固體廢棄物？

9. 如何有效地防治水汙染問題？

10. 何謂輻射汙染？人為輻射源有哪些？

11. 試說明輻射汙染可能造成的傷害？

12. 試述生態法則？

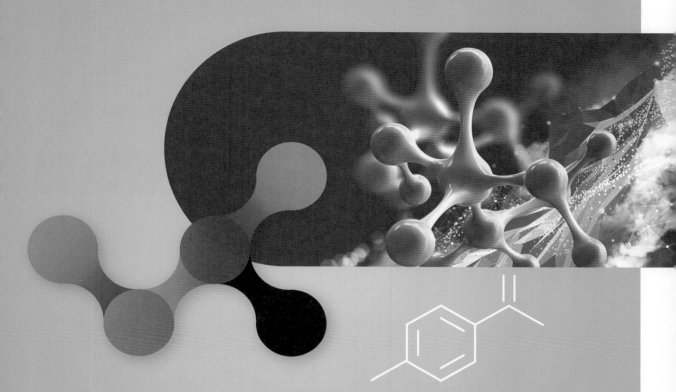

附　錄

附錄一 國際原子量表

本表係依據 2011 年國際純粹與應用化學聯合會(IUPAC)國際化學教育通訊第廿期刊載內容。

原子序	元素	中文譯名	符號	原子量	原子序	元素	中文譯名	符號	原子量
1	Hydrogen	氫	H	1.00797	26	Iron	鐵	Fe	55.847
2	Helium	氦	He	4.0026	27	Cobalt	鈷	Co	58.9332
3	Lithium	鋰	Li	6.939	28	Nickel	鎳	Ni	58.71
4	Beryllium	鈹	Be	9.0122	29	Copper	銅	Cu	63.54
5	Boron	硼	B	10.811	30	Zinc	鋅	Zn	65.73
6	Carbon	碳	C	12.01115	31	Gallium	鎵	Ga	69.72
7	Nitrogen	氮	N	14.0067	32	Germanium	鍺	Ge	72.59
8	Oxygen	氧	O	15.9994	33	Arsenic	砷	As	74.9216
9	Fluorine	氟	F	18.9984	34	Selenium	硒	Se	78.96
10	Neon	氖	Ne	20.183	35	Bromine	溴	Br	79.909
11	Sodium	鈉	Na	22.9898	36	Krypton	氪	Kr	83.80
12	Magnesium	鎂	Mg	24.312	37	Rubidium	銣	Rb	85.47
13	Aluminum	鋁	Al	26.9815	26	Iron	鐵	Fe	55.847
14	Silicon	矽	Si	28.080	27	Cobalt	鈷	Co	58.9332
15	Phosphorus	磷	P	30.9738	28	Nickel	鎳	Ni	58.71
16	Sulfur	硫	S	32.064	29	Copper	銅	Cu	63.54
17	Chlorine	氯	Cl	32.453	30	Zinc	鋅	Zn	65.73
18	Argon	氬	Ar	39.948	31	Gallium	鎵	Ga	69.72
19	Potassium	鉀	K	39.102	32	Germanium	鍺	Ge	72.59
20	Calcium	鈣	Ca	40.08	33	Arsenic	砷	As	74.9216
21	Scandium	鈧	Sc	44.956	34	Selenium	硒	Se	78.96
22	Titanum	鈦	Ti	47.90	35	Bromine	溴	Br	79.909
23	Vanadium	釩	V	50.942	36	Krypton	氪	Kr	83.80
24	Chromium	鉻	Cr	51.996	37	Rubidium	銣	Rb	85.47
25	Manganese	錳	Mn	54.9380	38	Strontium	鍶	Sr	87.62

原子序	元素	中文譯名	符號	原子量	原子序	元素	中文譯名	符號	原子量
39	Yttrium	釔	Y	88.905	68	Erbium	鉺	Er	167.26
40	Zinconium	鋯	Zr	91.22	69	Thulium	銩	Tm	168.934
41	Niobium	鈮	Nb	92.906	70	Ytterbium	鐿	Yb	173.04
42	Molybdenum	鉬	Mo	95.94	71	Lutetium	鎦	Lu	174.97
43	Technetium	鎝	Tc	(97)	72	Hafnium	鉿	Hf	178.49
44	Ruthenium	釕	Ru	101.07	73	Tantalum	鉭	Ta	180.948
45	Rhodium	銠	Rn	102.905	74	Tungsten	鎢	W	183.85
46	Palladium	鈀	Pd	106.4	75	Rhenium	錸	Re	186.2
47	Silver	銀	Ag	107.870	76	Osmium	鋨	OS	190.2
48	Cadmium	鎘	Cd	112.40	77	Iridium	銥	Ir	192.2
49	Indium	銦	In	114.82	78	Platinum	鉑	Pt	195.09
50	Tin	錫	Sn	118.69	79	Gold	金	Au	196.967
51	Antimony	銻	Sb	121.75	80	Mercury	汞	Hg	200.59
52	Tellurium	碲	Te	127.60	81	Thallium	鉈	Tl	204.37
53	Iodine	碘	I	126.9044	82	Lead	鉛	Pb	207.19
54	Xenon	氙	Xe	131.30	83	Bismuth	鉍	Bi	208.980
55	Cesium	銫	Cs	132.905	84	Polonium	釙	Po	(209)
56	Barium	鋇	Ba	137.34	85	Astatine	砈	At	(210)
57	Lanthanum	鑭	La	138.91	86	Radon	氡	Rn	(222)
58	Cerium	鈰	Ce	140.12	87	Francium	鍅	Fr	(223)
59	Praseodymium	鐠	Pr	140.907	88	Radium	鐳	Ra	(226)
60	Neodymium	釹	Nd	144.24	89	Actinium	錒	Ac	(227)
61	Promethium	鉅	Pm	(145)	90	Thorium	釷	Th	232.038
62	Samarium	釤	Sm	150.35	91	Protactinium	鏷	Pa	(231)
63	Europium	銪	Eu	151.96	92	Uranium	鈾	U	238.03
64	Gadolinium	釓	Gd	157.25	93	Neptunium	錼	Np	(237)
65	Terbium	鋱	Tb	158.924	94	Plutonium	鈽	Pu	(244)
66	Dysprosium	鏑	Dy	162.50	95	Americium	鋂	Am	243
67	Holmium	鈥	Ho	164.930	96	Curium	鋦	Cm	(247)

原子序	元素	中文譯名	符號	原子量	原子序	元素	中文譯名	符號	原子量
97	Berkelium	鉳	Bk	(247)					
98	Californium	鉲	C	(251)					
99	Einsteinium	鑀	Es	(254)					
100	Fermium	鐨	Fm	(253)					
101	Mendelevium	鍆	Md	(256)					
102	Nobelium	鍩	No	(253)					
103	Lawrencium	鐒	Lw	(257)					
104	Rutherfordium	鑪	Rf	(261)					
105	dubnium	𨧀	Db	(262)					
106	Seaborgium	𨭎	Sg	(263)					
107	bohrium	𨨏	Bh	(262)					
108	hassium	𨭆	Hs	(265)					
109	meitnerium	䥑	Mt	(267)					
110	darmstadium	鐽	Ds	(269)					
111	roentgenium	錀	Rg	(272)					
112	copernicium	鎶	Cn	(285)					
114	flerovium	鈇	FI	(289)					
116	livermorium	鉝	Lr	(293)					

註： 本表係依據 1967 年國際純粹與應用化學聯合會(IUPAC)之決證以 $C^{12}=12.00000$ 而定，
括弧內數字乃其半生期最長的同位素之質量數。

附錄二 基本單位

物理量	單位 (cgs 制)	符號	單位 (SI 制)	符號	換算因子 (cgs 換算成 SI 乘以)
長 度	公分 Centimeter	cm	公尺(米) Meter	m	10^{-2}
	埃 Angstrom	Å			10^{-10}
質 量	克 Gram	g	千克 Kilogram	kg	10^{-3}
	原子質量單位 Atomic mass unit	u, amu			1.6605655×10^{-2}
時 間	秒 Second	sec	秒 Second	s	1
電 流	安培 Ampere	amp, a, A	安培 Ampere	A	1
溫 度	克耳文 Kelvin	K	克耳文 Kelvin	K	1
	攝氏溫度 Degree centigrade, Celsius	°C			$T(K)=T(°C)+273.15$
物質量	莫耳 Mole	mole	莫耳 Mole	mol	1
			千莫耳 Kilomole	kmol	10^{-3}
亮 度	—	—	燭光 Candela	cd	—

附錄三　誘導單位

物理量	單位(cgs制)	符號	單位(SI制)	符號	換算成 SI 系 (cgs 以) 換算因子
面積	平方公分	cm^2	平方公尺(米)	m^2	10^{-4}
	平方埃	$Å^2$			10^{-20}
密度	公分	$g\,cm^{-3}=g\,ml^{-1}$		kgm^{-3}	10^3
電阻	歐姆	$\Omega=ohm=VA^{-1}$	歐姆	$\Omega=VA^{-1}=kgm^2A^{-2}s^{-3}$	1
電量	庫倫	$C=Asec$	庫	$C=As$	1
	靜電單位	$esu=cm^{3/2}/g^{1/2}sec^{-1}$			$3.33641(14)\times10^{-10}$
電動勢	伏特	V,v	伏特	$V=kgm^2A^{-1}s^{-3}$	1
能量	爾格	$erg=gcm^2\,sec^{-2}$	焦耳	$J=kgm^2s^{-2}$	10^{-7}
	卡	cal			4.184
	電子伏	eV			1.6021892×10^{-19}
	升大氣	$Latm=24.217256cal$			1.01325×10^2
	波數	cm^{-1}			1.986477×10^{-23}
	原子質量單位	amu			1.492442×10^{-10}
力	達因	$dyne=gcm\,sec^{-2}$	牛頓	$N=kgm\,s^{-2}$	10^{-5}
頻率	週/秒	$cps=sec^{-1}$	赫茲	$Hz=s^{-1}$	1
動力	馬力	hp	瓦	$w=kgm^2s^{-3}$	7.46×10^2
壓力	大氣	atm	帕斯卡	$Pa=Nm^{-2}=kgm^{-1}s^{-2}$	1.01325×10^5
	巴	bar			10^5
	磅/平方吋	psi			6.894757293167×10^3
	毫米汞柱	$torr=mmHg$			$1.3332236842\,1\times10^2$
體積	立方公分	$cm^3,\ cc$		m^3	10^{-6}
	升	L			10^{-3}

附錄 四　基本常數

符號	量	值	cgs 制	S 制
a_0	波耳半徑	5.2917706(44)	10^{-1}Å	10^{-11}m
c	光速	2.99792458(12)	10^{10}cm sec^{-1}	10^8ms^{-1}
e	電荷	1.6021892(46)	10^{-10}esu	10^{-19}C
F	法拉第常數	9.648456(27)	10^4C mole^{-1}	10^4C mol^{-1}
		2.306036(6)	10^4cal mole^{-1}	
h	蒲郎克常數	6.626176(36)	10^{-27} erg sec	10^{-34}Js
N	亞佛加厥數	6.022045(31)	10^{23}mole^{-1}	10^{23}mol^{-1}
m_e	電子靜止質量	9.109534(47)	10^{-28}g	10^{-31}kg
m_n	中子靜止質量	1.6749543(86)	10^{-24}g	10^{-27}kg
m_p	質子靜止質量	1.6726485(86)	10^{-24}g	10^{-27}kg
R	氣體常數	8.31441(26)	10^7erg °K^{-1} mole^{-1}	J mol^{-1} K^{-1}
		1.98719(6)	cal mole^{-1} °K^{-1}	
		8.20568(26)	10^{-2} latm mole^{-1}°K^{-1}	10^{-5}m^3 atm mol^{-1} K^{-1}
V	理想氣體莫耳體積	22.41383(70)	1 mole^{-1}	10^{-3}m^3 mol^{-1}

附錄五　酸類之游離常數

$$HB_{(aq)} \rightleftharpoons H^+_{(aq)} + B^-_{(aq)}$$

$$K_A = \frac{[H^+][B^-]}{[HB]}$$

酸			強度	反　　應	K_A
過	氯	酸 (perchloric acid)	甚　強	$HClO_4 \longrightarrow H^+ + ClO_4^-$	極大
氫	碘	酸 (hydriodic acid)		$HI \longrightarrow H^+ + I^-$	極大
氫	溴	酸 (hydrobromic acid)		$HBr \longrightarrow H^+ + Br^-$	極大
氫	氯	酸 (hydrochloric acid)		$HCl \longrightarrow H^+ + Cl^-$	極大
硝		酸 (nitric acid)		$HNO_3 \longrightarrow H^+ + NO_3^-$	極大
硫		酸 (sulfuric acid)	甚　強	$H_2SO_4 \longrightarrow H^+ + HSO_4^-$	極大
草		酸 (oxalic acid)		$HOOCCOOH \longrightarrow H^+ + HOOCCOO^-$	5.4×10^{-2}
亞	硫	酸 (sulfurous acid $(SO_2 + H_2O)$)		$H_2SO_3 \longrightarrow H^+ + HSO_3^-$	1.7×10^{-2}
硫酸	氫根	離子 (hydrogen sulfate ion)	強	$HSO_4^- \longrightarrow H^+ + SO_4^{2-}$	1.3×10^{-2}
磷		酸 (phosphoric acid)		$H_3PO_4 \longrightarrow H^+ + H_2PO_4^-$	7.1×10^{-3}
鐵	離	子 (ferric ion)		$Fe(H_2O)_6^{3+} \longrightarrow H^+ + Fe(H_2O)_5(OH)^{2+}$	6.0×10^{-3}
碲	化	氫 (hydrogen telluride)		$H_2Te \longrightarrow H^+ + HTe^-$	2.3×10^{-3}
氫	氟	酸 (hydrofluoric acid)	弱	$HF \longrightarrow H^+ + F^-$	6.7×10^{-4}
亞	硝	酸 (nitrous acid)		$HNO_2 \longrightarrow H^+ + NO_2^-$	5.1×10^{-4}
硒	化	氫 (hydrogen selenide)		$H_2Se \longrightarrow H^+ + HSe^-$	1.7×10^{-4}
鉻	離	子 (chromic ion)		$Cr(H_2O)_6^{3+} \longrightarrow H^+ + Cr(H_2O)_5(OH)^{2+}$	1.5×10^{-4}
苯	甲	酸 (benzoic acid)		$C_6H_5COOH \longrightarrow H^+ + C_6H_5COO^-$	6.6×10^{-5}
草酸	氫根	離子 (hydrogen oxalate ion)		$HOOCCOO^- \longrightarrow H^+ + OOCCOO^{2-}$	5.4×10^{-5}
醋		酸 (acetic acid)		$CH_3COOH \longrightarrow H^+ + CH_3COO^-$	1.8×10^{-5}
鋁	離	子 (aluminum ion)	弱	$Al(H_2O)_6^{3+} \longrightarrow H^+ + Al(H_2O)_5(OH)^{2+}$	1.4×10^{-5}
碳		酸 (carbonic acid $(CO_2 + H_2O)$)		$H_2CO_3 \longrightarrow H^+ + HCO_3^-$	4.4×10^{-7}
硫	化	氫 (hydrogen sulfide)		$H_2S \longrightarrow H^+ + HS$	1.0×10^{-7}
磷酸	二氫	根 (dihydrogen phosphate ion)		$H_2PO_4^- \longrightarrow H^+ + HPO_4^{2-}$	6.3×10^{-8}
亞硫酸	氫根	離子 (hydrogen sulfite ion)	弱	$HSO_3^- \longrightarrow H^+ + SO_3^{2-}$	6.2×10^{-8}
銨	離	子 (ammonium ion)		$NH_4^+ \longrightarrow H^+ + NH_3$	5.7×10^{-10}
碳酸	氫根	離子 (hydrogen carbonate ion)		$HCO_3^- \longrightarrow H^+ + CO_3^{2-}$	4.7×10^{-11}
碲氫	根	離子 (hydrogen telluride ion)		$HTe^- \longrightarrow H^+ + Te_2^-$	1.0×10^{-11}
過	氧化	氫 (hydrogen peroxide)	甚　弱	$H_2O_2 \longrightarrow H^+ + HO_2^-$	2.4×10^{-12}
磷酸	氫根	離子 (monohydrogen phosphate ion)		$HPO_4^{2-} \longrightarrow H^+ + PO_4^{3-}$	4.4×10^{-13}
硫氫	根離	子 (hydrogen sulfide ion)		$HS^- \longrightarrow H^+ + S^{2-}$	1.2×10^{-15}
水		(water)		$H_2O \longrightarrow H^+ + OH^-$	$1.8 \times 10^{-16*}$
氫氧	根	離子 (hydroxide ion)		$OH^- \longrightarrow H^+ + O^{2-}$	$> 10^{-26}$
氨		(ammonia)	甚　弱	$NH_3 \longrightarrow H^+ + NH_2^-$	極小

*水的平衡常數 $K_A = \dfrac{K_W}{H_2O} = \dfrac{1.00 \times 10^{-14}}{55.5}$

附錄六 鹽類之游離常數

化學式	名 稱	K_b	化學式	名 稱	K_b
CH_3COO^-	乙酸根離子	5.701×10^{-10}	NO_3^-	硝酸根離子	5×10^{-17}
NH_3	氨	1.6×10^{-3}	NO_2^-	亞硝酸根離	1.4×10^{-11}
$C_6H_5NH_2$	苯胺	4.2×10^{-10}	$C_2O_4^{2-}$	草酸根離子	1.6×10^{-10}
AsO_4^{3-}	砷酸根離子	3.3×10^{-12}	$HC_2O_4^{2-}$		1.79×10^{-13}
$HAsO_4^{3-}$		9.1×10^{-8}	MnO_4^-	高錳酸根離子	5.0×10^{-17}
$H_2AsO_4^-$		1.5×10^{-12}	PO_4^{3-}	磷酸根離子	1×10^{-2}
$H_2BO_3^-$	硼酸根離子	1.6×10^{-5}	HPO_4^{2-}		1.5×10^{-7}
$B_4O_7^{2-}$		10^{-3}	$H_2PO_4^-$		1.3×10^{-12}
Br^-	溴離子	10^{-23}	SiO_3^{2-}	偏矽酸根離子	6.7×10^{-3}
CO_3^{2-}	碳酸根離子	2.1×10^{-4}	$HSiO_3^-$		3.1×10^{-5}
HCO_3^-		2.2×10^{-8}	SO_4^{2-}	硫酸根離子	1.0×10^{-12}
Cl^-	氯離子	3×10^{-23}	SO_3^{2-}	亞硫酸根離子	2.0×10^{-7}
CrO_4^{2-}	鉻酸根離子	3.1×10^{-8}	HSO_3^-		6.99×10^{-13}
CN^-	氰離子	1.6×10^{-5}	S^{2-}	硫離子	3×10^{-2}
$(C_2H_5)_2NH$	二乙胺	9.5×10^{-4}	HS^-		1.0×10^{-7}
$(CH_3)_2NH$	二甲胺	5.9×10^{-4}	NCS^-	硫氰酸根離子	1.4×10^{-11}
$C_2H_5NH_2$	乙胺	4.7×10^{-4}	$S_2O_3^{2-}$	硫代硫酸根離子	
F^-	氟離子	1.5×10^{-11}			3.1×10^{-12}
$HCOO^-$	甲酸根離子	5.643×10^{-11}	$(C_2H_5)_3N$	三乙胺	5.2×10^{-4}
I^-	碘離子	3×10^{-24}	$(CH_3)_3N$	三甲胺	6.3×10^{-5}
CH_3NH_2	甲胺	3.9×10^{-4}			

$$X^-_{(aq)} + H_2O \rightleftharpoons HX_{(aq)} + OH^-_{(aq)}$$

$$K_b = \frac{[HX] \times [OH^-]}{[X^-]}$$

附錄七 溶度積常數

乙酸鹽			BaCrO$_4$	1.2 $\times 10^{-10}$
Ag(CH$_3$COO)	4.4 $\times 10^{-3}$		Ag$_2$CrO$_4$	2.5 $\times 10^{-12}$
Hg$_2$(CH$_3$COO)$_2$	4 $\times 10^{-10}$		PbCrO$_4$	2.8 $\times 10^{-13}$
砷酸鹽			氰化物	
Ag$_3$AsO$_4$	1 $\times 10^{-22}$		AgCN	2.3 $\times 10^{-16}$
溴化物			氟化物	
PbBr$_2$	3.9 $\times 10^{-5}$		BaF$_2$	1.0 $\times 10^{-6}$
CuBr	5.2 $\times 10^{-9}$		MgF$_2$	6.8 $\times 10^{-9}$
AgBr	4.9 $\times 10^{-13}$		SrF$_2$	2.5 $\times 10^{-9}$
Hg$_2$Br$_2$	5.8 $\times 10^{-23}$		CaF$_2$	2.7 $\times 10^{-11}$
碳酸鹽			ThF$_4$	4 $\times 10^{-28}$
MgCO$_3$	1 $\times 10^{-5}$		亞鐵氰化物	
NiCO$_3$	1.3 $\times 10^{-7}$		KFe[Fe(CN)$_6$]	3 $\times 10^{-41}$
CaCO$_3$	3.84$\times 10^{-9}$		Ag$_4$[Fe(CN)$_6$]	2 $\times 10^{-41}$
BaCO$_3$	2.0 $\times 10^{-9}$		K$_2$Zn$_3$[Fe(CN)]$_2$	1 $\times 10^{-95}$
SrCO$_3$	5.2 $\times 10^{-10}$		氫氧化物($=K_b$)	
MnCO$_3$	5.0 $\times 10^{-10}$		Ba(OH)$_2$	1.3 $\times 10^{-2}$
CuCO$_3$	2.3 $\times 10^{-10}$		Sr(OH)$_2$	6.4 $\times 10^{-3}$
CoCO$_3$	1.0 $\times 10^{-10}$		Ca(OH)$_2$	4.0 $\times 10^{-5}$
FeCO$_3$	2.1 $\times 10^{-11}$			
ZnCO$_3$	1.7 $\times 10^{-11}$		Mg(OH)$_2$	7.1 $\times 10^{-12}$
Ag$_2$CO$_3$	8.1 $\times 10^{-12}$		BiO(OH)	1 $\times 10^{-12}$
CdCO$_3$	1.0 $\times 10^{-12}$		Be(OH)$_2$	4 $\times 10^{-13}$
PbCO$_3$	7.4 $\times 10^{-14}$		Zn(OH)$_2$	3.3 $\times 10^{-13}$
氯化物			Mn(OH)$_2$	2 $\times 10^{-13}$
PbCl$_2$	2 $\times 10^{-5}$		Cd(OH)$_2$	8.1 $\times 10^{-15}$
CuCl	1.2 $\times 10^{-6}$		Pb(OH)$_2$	1.2 $\times 10^{-15}$
AgCl	1.8 $\times 10^{-10}$		Fe(OH)$_2$	8 $\times 10^{-16}$
Hg$_2$Cl$_2$	1.3 $\times 10^{-18}$		Ni(OH)$_2$	3 $\times 10^{-16}$
鉻酸鹽			Co(OH)$_2$	2 $\times 10^{-16}$
CaCrO$_4$	6 $\times 10^{-4}$		SbO(OH)	1 $\times 10^{-17}$
SrCrO$_4$	2.2 $\times 10^{-5}$		Cu(OH)$_2$	1.3 $\times 10^{-20}$
Hg$_2$CrO$_4$	2.0 $\times 10^{-9}$		Hg(OH)$_2$	4 $\times 10^{-26}$

$Sn(OH)_2$	6×10^{-27}		Li_3PO_4	3×10^{-13}
$Cr(OH)_3$	6×10^{-31}		$Mg(NH_4)PO_4$	3×10^{-12}
$Al(OH)_3$	3.5×10^{-34}		Ag_3PO_4	1.4×10^{-16}
$Fe(OH)_3$	3×10^{-39}		$AlPO_4$	5.8×10^{-19}
$Sn(OH)_4$	10^{-57}		$Mn_3(PO_4)_2$	1×10^{-22}
碘化物			$Ba_3(PO_4)_2$	3×10^{-23}
PbI_2	7.1×10^{-9}		$BiPO_4$	1.3×10^{-23}
CuI	1.1×10^{-12}		$Ca_3(PO_4)_2$	10^{-26}
AgI	8.3×10^{-17}		$Sr_3(PO_4)_2$	4×10^{-28}
HgI_2	3×10^{-26}		$Mg_3(PO_4)_2$	10^{-32}
Hg_2I_2	4.5×10^{-29}		$Pb_3(PO_4)_2$	7.9×10^{-43}
硝酸鹽			硫酸鹽	
$BiO(NO_3)$	2.8×10^{-3}		$CaSO_4$	2.5×10^{-5}
亞硝酸鹽			Ag_2SO_4	1.5×10^{-5}
$Ag(NO_2)$	6.0×10^{-4}		Hg_2SO_4	6.8×10^{-7}
草酸鹽			$SrSO_4$	3.5×10^{-7}
MgC_2O_4	8×10^{-5}		$PbSO_4$	2.2×10^{-8}
CoC_2O_4	4×10^{-6}		$BaSO_4$	1.7×10^{-10}
FeC_2O_4	2×10^{-7}		硫化物	
NiC_2O_4	1×10^{-7}		MnS	2.3×10^{-13}
SrC_2O_4	5×10^{-6}		FeS	4.2×10^{-17}
CuC_2O_4	3×10^{-8}		NiS	3×10^{-19}
BaC_2O_4	2×10^{-8}		ZnS	2×10^{-24}
CdC_2O_4	2×10^{-8}		CoS	2×10^{-25}
ZnC_2O_4	2×10^{-9}		SnS	3×10^{-27}
CaC_2O_4	1×10^{-9}		CdS	2×10^{-28}
$Ag_2C_2O_4$	3.5×10^{-11}		PbS	1×10^{-28}
PbC_2O_4	4.8×10^{-12}		CuS	6×10^{-34}
$Hg_2C_2O_4$	2×10^{-13}		Cu_2S	3×10^{-48}
MnC_2O_4	1×10^{-15}		Ag_2S	7.1×10^{-50}
$La_2(C_2O_4)_3$	2×10^{-28}		HgS	4×10^{-53}
磷酸鹽			Fe_2S_3	1×10^{-83}

附錄八 半反應之標準還原電位

	$E°(v)$
$F_2 + 2e^- \rightleftharpoons 2F^-$	2.87
$O_3 + 2H^+ + 2e^- \rightleftharpoons O_2 + H_2O$	2.07
$H_2O_2 + 2H^+ + 2e^- \rightleftharpoons 2H_2O$	1.78
$Au^+ + e^- \rightleftharpoons Au$	1.68
$MnO_4^- + 4H^+ + 3e^- \rightleftharpoons MnO_2 + 2H_2O$	1.68
$Ce^{4+} + e^- \rightleftharpoons Ce^{3+}$	1.61
$Mn^{3+} + e^- \rightleftharpoons Mn^{2+}$	1.51
$MnO_4^- + 8H^+ + 5e^- \rightleftharpoons Mn^{2+} + 4H_2O$	1.49
$ClO_3^- + 6H^+ + 5e^- \rightleftharpoons \frac{1}{2}Cl_2 + 3H_2O$	1.47
$ClO_3^- + 6H^+ + 6e^- \rightleftharpoons Cl^- + 3H_2O$	1.45
$Au^{3+} + 3e^- \rightleftharpoons Au$	1.42
$ClO_4^- + 8H^+ + 8e^- \rightleftharpoons Cl^- + 4H_2O$	1.37
$Cl_{2(g)} + 2e^- \rightleftharpoons 2Cl^-$	1.36
$Cr_2O_7^{2-} + 14H^+ + 6e^- \rightleftharpoons 2Cr^{3+} + 7H_2O$	1.33
$O_2 + 4H^+ + 4e^- \rightleftharpoons 2H_2O$	1.23
$MnO_2 + 4H^+ + 2e^- \rightleftharpoons Mn^{2+} + 2H_2O$	1.21
$Br_{2(aq)} + 2e^- \rightleftharpoons 2Br^-$	1.09
$Br_{2(l)} + 2e^- \rightleftharpoons 2Br^-$	1.07
$NO_3^- + 4H^+ + 3e^- \rightleftharpoons NO + 2H_2O$	0.96
$NO_3^- + 3H^+ + 2e^- \rightleftharpoons HNO_2 + H_2O$	0.94
$2Hg^{2+} + 2e^- \rightleftharpoons Hg_2^{2+}$	0.91
$ClO^- + H_2O + 2e^- \rightleftharpoons Cl^- + 2OH^-$	0.90
$Hg^{2+} + 2e^- \rightleftharpoons Hg$	0.85
$\frac{1}{2}O_2 + 2H^+(10^{-7}M) + 2e^- \rightleftharpoons H_2O$	0.82
$2NO_3^- + 4H^+ + 2e^- \rightleftharpoons N_2O_4 + 2H_2O$	0.81
$Ag^+ + e^- \rightleftharpoons Ag$	0.80
$Hg_2^{2+} + 2e^- \rightleftharpoons 2Hg$	0.80
$Fe^{3+} + e^- \rightleftharpoons Fe^{2+}$	0.77
$Fe(CN)_6^{3-} + e^- \rightleftharpoons Fe(CN)_6^{4-} (1M\ H_2SO_4)$	0.69
$O_2 + 2H^+ + 2e^- \rightleftharpoons H_2O_2$	0.68
$MnO_4^- + 2H_2O + 3e^- \rightleftharpoons MnO_2 + 4OH^-$	0.58
$IO_3^- + 2H_2O + 4e^- \rightleftharpoons IO^- + 4OH^-$	0.56
$I_2 + 2e^- \rightleftharpoons 2I^-$	0.54
$Cu^+ + e^- \rightleftharpoons Cu$	0.52
$Fe(CN)_6^{3-} + e^- \rightleftharpoons Fe(CN)_6^{4-} (0.01M\ NaOH)$	0.46
$O_2 + 2H_2O + 4e^- \rightleftharpoons 4OH^-$	0.40
$ClO_3^- + H_2O + 2e^- \rightleftharpoons ClO_2^- + 2OH^-$	0.35

$Ag_2O+H_2O+2e^-\rightleftharpoons 2Ag+2OH^-$	0.34
$Cu^{2+}+2e^-\rightleftharpoons Cu$	0.34
$AgCl+e^-\rightleftharpoons Ag+Cl^-$	0.22
$SO_4^{2-}+4H^++2e^-\rightleftharpoons H_2SO_3+H_2O$	0.20
$ClO_4^-+H_2O+2e^-\rightleftharpoons ClO_3^-+2OH^-$	0.17
$Cu^{2+}+e^-\rightleftharpoons Cu^+$	0.16
$Sn^{4+}+2e^-\rightleftharpoons Sn^{2+}$	0.15
$AgBr+e^-\rightleftharpoons Ag+Br^-$	0.07
$2H^++2e^-\rightleftharpoons H_2$	0.00
$AgCN+e^-\rightleftharpoons Ag+CN^-$	−0.02
$Fe^{3+}+3e^-\rightleftharpoons Fe$	−0.04
$Pb^{2+}+2e^-\rightleftharpoons Pb$	−0.13
$Sn^{2+}+2e^-\rightleftharpoons Sn$	−0.14
$2SO_4^{2-}+4H^++2e^-\rightleftharpoons S_2O_6^{2-}+2H_2O$	−0.20
$Ni^{2+}+2e^-\rightleftharpoons Ni$	−0.23
$Fe^{2+}+2e^-\rightleftharpoons Fe$	−0.44
$Cr^{3+}+e^-\rightleftharpoons Cr^{2+}$	−0.41
$NO_2^-+H_2O+e^-\rightleftharpoons NO+2OH^-$	−0.46
$2CO_2+2H^++2e^-\rightleftharpoons H_2C_2O_4$	−0.49
$Fe(OH)_3+e^-\rightleftharpoons Fe(OH)_2+OH^-$	−0.56
$Ni(OH)_2+2e^-\rightleftharpoons Ni+2OH^-$	−0.66
$Cr^{3+}+3e^-\rightleftharpoons Cr$	−0.74
$Zn^{2+}+2e^-\rightleftharpoons Zn$	−0.76
$2H_2O+2e^-\rightleftharpoons H_2+2OH^-$	−0.83
$Sn(OH)_6^{2-}+2e^-\rightleftharpoons HSnO_2^-+3OH^-+H_2O$	−0.96
$Mn^{2+}+2e^-\rightleftharpoons Mn$	−1.03
$ZnO_2^-+2H_2O+2e^-\rightleftharpoons Zn+4OH^-$	−1.22
$Mn(OH)_2+2e^-\rightleftharpoons Mn+2OH^-$	−1.47
$Be^{2+}+2e^-\rightleftharpoons Be$	−1.70
$Al^{3+}+3e^-\rightleftharpoons Al(0.1M\ NaOH)$	−1.71
$\frac{1}{2}H_2+e^-\rightleftharpoons H^-$	−2.23
$Mg^{2+}+2e^-\rightleftharpoons Mg$	−2.38
$Na^++e^-\rightleftharpoons Na$	−2.71
$Ca^{2+}+2e^-\rightleftharpoons Ca$	−2.76
$Sr^{2+}+2e^-\rightleftharpoons Sr$	−2.89
$Ba^{2+}+2e^-\rightleftharpoons Ba$	−2.90
$Cs^++e^-\rightleftharpoons Cs$	−2.92
$K^++e^-\rightleftharpoons K$	−2.92
$Rb^++e^-\rightleftharpoons Rb$	−2.93
$Ca(OH)_2+2e^-\rightleftharpoons Ca+2OH^-$	−3.02
$Li^++e^-\rightleftharpoons Li$	−3.05

附錄九 錯離子之解離常數

錯離子	解離常數	錯離子	解離常數	錯離子	解離常數
$[Ag(NH_3)_2]^+$	6.2×10^{-8}	$[Cd(en)_2]^{2+}$	2.60×10^{-11}	$[Fe(C_2O_4)_3]^{3-}$	3×10^{-21}
$[AgBr_2]^-$	7.8×10^{-8}	$[CdI_4]^{2-}$	8×10^{-7}	$[Fe(C_2O_4)_3]^{4-}$	6×10^{-6}
$[AgCl_2]^-$	9×10^{-6}	$[Cd(SCN)_4]^{2-}$	1×10^{-3}	$[Fe(SCN)_3]$	5×10^{-7}
$[AgCl_4]^{3-}$	5×10^{-6}	$[Co(NH_3)_6]^{2+}$	9×10^{-6}	$[HgCl_4]^{2-}$	2×10^{-16}
$[Ag(CN)_2]^-$	1×10^{-22}	$[Co(en)_3]^{2+}$	1.52×10^{-14}	$[Hg(SCN)_4]^{2-}$	2.0×10^{-22}
$[Ag(en)]^+$	1×10^{-5}	$[Co(en)_3]^{3+}$	2.04×10^{-49}	$[Mg(nta)_2]^{4-}$	6.3×10^{-11}
$[Ag(OH)_3]^{2-}$	1.7×10^{-5}	$[Co(C_2O_4)_3]^{4-}$	2.2×10^{-7}	$[Mg(P_2O_7)]^{2-}$	2×10^{-6}
$[Ag(SCN)_4]^{3-}$	2.1×10^{-10}	$[Cu(NH_3)_4]^{2+}$	1×10^{-13}	$[Ni(NH_3)_6]^{2+}$	1×10^{-9}
$[AlF_6]^{3-}$	3×10^{-20}	$[CuCl_2]^-$	1.15×10^{-5}	$[Pb(SCN)_2]$	3×10^{-3}
$[Au(CN)_2]^-$	5×10^{-39}	$[Cu(edta)]^{2-}$	1.38×10^{-19}	$[PdBr_4]^{2-}$	8.0×10^{-14}
$[Ca(nta)_2]^{4-}$	2.44×10^{-12}	$[Cu(gly)_2]$	5.6×10^{-16}	$[PdCl_4]^{2-}$	6×10^{-14}
$[Ca(P_2O_7)]^{2-}$	1×10^{-5}	$[Cu(OH)_4]^{2-}$	7.6×10^{-17}	$[Zn(NH_3)_4]^{2+}$	3.46×10^{-10}
$[Cd(CH_3NH_2)_4]^{2+}$	2.82×10^{-7}	$[Cu(C_2O_4)_2]^{2-}$	6×10^{-11}	$[Zn(CN)_4]^{2-}$	2.4×10^{-20}
$[Cd(NH_3)_4]^{2+}$	1×10^{-7}	$[Cu(P_2O_7)]^{2-}$	2.0×10^{-7}	$[Zn(edta)]^{2-}$	2.63×10^{-17}
$[Cd(NH_3)_6]^{2+}$	1×10^{-5}	$[Cu(SCN)_2]^-$	1.8×10^{-6}	$[Zn(gly)_2]$	1.1×10^{-10}
$[CdBr_4]^{2-}$	2×10^{-4}	$[Fe(CN)_6]^{4-}$	1.3×10^{-37}	$[Zn(OH)_4]^{2-}$	5×10^{-21}
$[CdCl_4]^{2-}$	9.3×10^{-3}	$[Fe(CN)_6]^{3-}$	1.3×10^{-44}		
$[Cd(CN)_4]^{2-}$	8.2×10^{-18}	$[Fe(C_2O_4)]^{2-}$	2×10^{-8}		

註：(en) 乙二胺 (ethylenediamine) $H_2NCH_2CH_2NH_2$,

(gly) 甘胺酸根離子 (glycine ion) ($H_2NCH_2COO^-$),

(edta) 乙二胺四乙酸根離子 (ethylenediaminetetraacetate ion) $(^-OOCH_2)_2NCH_2CH_2N(CH_2COO^-)_2$

王健行(2004)・*化學*（三版）・高立。

田憲儒(2002)・*簡明化學*・匯華。

李安榮、鄒台黎、金佩齡(2021)・*化學*・永大。

林經綸(2004)・*自然科學概論*（二版）・新文京。

林經綸(2015)・*化學*・新文京。

洪文東(1996)・*師院普通化學*・五南。

紀致中(2020)・*化學*（三版）・新文京。

張基隆、胡祐甄、黃姿菁、鄭筱翎、謝寶萱(2020)・*生物化學*・華杏。

曹文正、柯清彬、羅文瑞、蔡明松、林旺德、郭文隆、楊天賜、卓怡玓(2015)・*新編普通化學*（四版）・華格那。

陳立功、張洪淵、何偉琭(2009)・*生物化學*（二版）・新文京。

黃添銓(2002)・*醫護化學*・華杏。

楊寶旺(1997)・*高級中學化學*（十二版）・國立編譯館。

TIMBERLAKE (2022)・*普通化學*（王正隆、林秀雄、涂育聖、黃兆君、溫雅蘭、潘文彬、魏麗梅譯；初版）・高立。（原著出版於 2021）

Holtzclaw,H., Robinson,R., & Odom, J. (1994). *General Chemistry with Qualitative Analysis*. Heath And Company.

Malone, L. J., & Dolter, T. (2008). *Basic concepts of chemistry*. John Wiley & Sons.

Zumdahl,S.S. (1993). *Chemistry*. (3rd ed.). Heath And Company.

國家圖書館出版品預行編目資料

新編化學／黃秉炘、呂卦南編著.－初版.－
新北市：新文京開發出版股份有限公司，2022.08
　　面；　公分
　　ISBN 978-986-430-863-7（平裝）

　　1.CST：化學

340　　　　　　　　　　　　　　　111011952

新編化學　　　　　　　　　　　　　　　　（書號：E458）

編　著　者	黃秉炘　呂卦南
出　版　者	新文京開發出版股份有限公司
地　　　址	新北市中和區中山路二段 362 號 9 樓
電　　　話	(02) 2244-8188（代表號）
Ｆ　Ａ　Ｘ	(02) 2244-8189
郵　　　撥	1958730-2
初　　　版	西元 2022 年 08 月 15 日

法律顧問：蕭雄淋律師
ISBN　978-986-430-863-7